"十二五"职业教育国家规划教材修订版

G101平法识图与钢筋算量

（第3版）

主　编　赵治超

参　编　程　莉　黄海波　程沙沙

　　　　刘　颖　杨　勇

主　审　徐长春　秦荷成

U0233323

北京理工大学出版社

BEIJING INSTITUTE OF TECHNOLOGY PRESS

内 容 提 要

本书为"十二五"职业教育国家规划教材修订版，共包括三部分：建筑力学基础知识（第一章），主要讲解力、力偶、内力、杆件变形的基本概念，构件内力以及内力图的求解。钢筋混凝土结构设计基础（第二章），主要讲解建筑结构的两种极限状态，钢筋和混凝土两种材料的材料强度，建筑结构的荷载，受弯构件、受压构件、受扭构件、预应力混凝土构件的基础知识，高层建筑结构体系。平法识图与钢筋算量（第三~九章），此部分是本书的重点，详细讲解钢筋混凝土结构施工图平法标注方式及其钢筋计算方法，包含了基础、柱、墙、梁、板、板式楼梯等构件。

本书可作为高等院校土木工程、工程管理专业的教学用书，也可作为高职高专院校建筑工程技术、工程造价等相关专业的教材，还可供从事土建工作的相关工程技术人员参考使用。

图书在版编目（CIP）数据

Ci01平法识图与钢筋算量/赵治超主编. -- 3版

. -- 北京：北京理工大学出版社，2022.8重印

ISBN 978-7-5763-0105-2

Ⅰ.①G… Ⅱ.①赵… Ⅲ.①钢筋混凝土结构—建筑

构图—识别—高等学校—教材②钢筋混凝土结构—结构计

算—高等学校—教材 Ⅳ.①TU375

中国版本图书馆CIP数据核字（2021）第149116号

出版发行 / 北京理工大学出版社有限责任公司

社　　　址 / 北京市海淀区中关村南大街5号

邮　　　编 / 100081

电　　　话 / （010）68914775（总编室）

　　　　　　 （010）82562903（教材售后服务热线）

　　　　　　 （010）68944723（其他图书服务热线）

网　　　址 / http://www.bitpress.com.cn

经　　　销 / 全国各地新华书店

印　　　刷 / 北京紫瑞利印刷有限公司

开　　　本 / 787毫米×1092毫米　1/16

印　　　张 / 15

插　　　页 / 9　　　　　　　　　　　　　　　　责任编辑 / 钟　博

字　　　数 / 404千字　　　　　　　　　　　　　文案编辑 / 钟　博

版　　　次 / 2022年8月第3版第3次印刷　　　　责任校对 / 周瑞红

定　　　价 / 45.00元　　　　　　　　　　　　　责任印制 / 边心超

第3版前言

2015年以来，住房和城乡建设部陆续发布实施了《混凝土结构设计规范（2015年版）》（GB 50010—2010）和《建筑抗震设计规范（2016年版）》（GB 50011—2010），加上《高层建筑混凝土结构设计规程》（JGJ 3—2010），共同组成了三大国家建筑结构设计规范。紧随结构设计规范的更新，2016年国家建筑标准设计研究院颁布实施了2016年版G101平法图集，本书就是在国家新规范、新图集颁布实施的背景下编写的，反映了新规范和新图集的要求。

钢筋算量是一门实践性很强的课程，只有把力学结构的知识融汇到钢筋算量的全过程，采取工作过程化教学模式，让学生感受到工作的氛围，体验到项目完成的喜悦和自豪感，才能激发学生的学习兴趣。

2003年以来，平法标注方式在混凝土结构施工图中得到广泛应用，现在混凝土结构施工图基本都采用平法标注方式。平法识图与钢筋算量是一直困扰在校师生的一大难题，主要表现在：对于教师而言，平法是结构施工图一种全新的设计标注方式，市场上没有合适的教材可以使用，因此普遍感觉课堂难以组织；对于学生而言，钢筋藏在混凝土里面，看不见也摸不着，是比较抽象的，再加上没有合适的教材，学生在学习时只能看国家标准图集，但是对于初学者来讲，看图集算钢筋是相当困难的，需要相当扎实的专业知识，但是学生还不具备这项专业技能，这是学生反映钢筋算量比较难的根本原因。

2016年8月5日，中华人民共和国住房和城乡建设部以建质函〔2016〕168号文明确通知：自2016年9月1日起废止11系列平法图集，由16系列平法图集替代。

新平法的背景：2008年汶川地震、2010年玉树地震。痛定思痛，根据对震害的分析，为了在混凝土结构设计中贯彻执行国家的技术经济政策，做到安全、实用、经济、保证质量，国家先后修订了三大结构设计规范——《混凝土结构设计规范（2015年版）》（GB 50010—2010）、《建筑抗震设计规范（2016年版）》（GB 50011—2010）和《高层建筑混凝土结构设计规程》（JCJ 3—2010）。由于新规范中补充了结构方案、抗震设计，修改了保护层等有关规定，故16G101系列平法图集根据新规范进行了大量调整，从而取代了11G101系列平法图集。

新规范的主要影响：①钢筋材料发生变化；②基本构造发生变化（保护层、钢筋锚固、钢筋端部弯钩和机械锚固、钢筋连接）；③构件节点发生变化；④新平法发生变化（柱墙梁取消非抗震构造；锚固长度和搭接长度计算方式发生变化；新图集增加框架扁梁节点构造等）。

本书由广西建设职业技术学院赵治超担任主编并统稿，广西建设职业技术学院程莉、黄海波、程沙沙、刘颖，广西经济管理干部学院杨勇参与编写。具体编写分工为：第三、四、五、六、八章由赵治超编写，第九章由程莉编写，第七章由黄海波编写，第一、二章由程沙沙编写，另外，刘颖、杨勇参与资料收集、文字编辑等工作。全书由广西华蓝工程管理有限公司徐长春和广西建设职业技术学院秦荷成主审。

本书编写成员大多是从事多年教学工作的专业教师和建筑业企业的高级工程师，全书凝聚了每位编者的教学和工作经验，希望本书对学生学习平法识图与钢筋算量带来一定的帮助。本书虽经编者反复校对，但仍难免出现纰漏，敬请读者批评指正，以便再版时修正，如有问题，请反馈至主编邮箱191428953@qq.com。

编　者

第2版前言

2015年以来，住房和城乡建设部陆续发布实施了《混凝土结构设计规范（2015年版）》（GB 50010—2010）和《建筑抗震设计规范（2016年版）》（GB 50011—2010），加上《高层建筑混凝土结构设计规程》（JGJ 3—2010），共同组成了三大国家建筑结构设计规范。紧随结构设计规范的更新，2016年国家建筑标准设计研究院颁布实施了2016年版G101平法图集，本教材就是在国家新规范、新图集颁布实施的背景下编写的，反映了新规范和新图集的要求。

钢筋算量是一门实践性很强的课程，只有把力学结构的知识融汇到钢筋算量的全过程，采取工作过程化教学模式，让学生感受到工作的氛围，体验到项目完成的喜悦和自豪感，才能激发学生的学习兴趣。

2003年以来，平法标注方式在混凝土结构施工图中得到广泛应用，现在混凝土结构施工图基本都采用平法标注方式。平法识图与钢筋算量是一直困扰在校师生的一大难题，主要表现在：对于教师而言，平法是结构施工图一种全新的设计标注方式，市场上没有合适的教材可以使用，因此普遍感觉课堂难以组织；对于学生而言，钢筋藏在混凝土里面，看不见也摸不着，是比较抽象的，再加上没有合适的教材，学生在学习时只能看国家标准图集，但是对于初学者来讲，看图集算钢筋是相当困难的，需要相当扎实的专业知识，但是学生还不具备这项专业技能，这是学生反映钢筋算量比较难的根本原因。

2016年8月5日，中华人民共和国住房和城乡建设部以建质函〔2016〕168号文明确通知规定：自2016年9月1日起废止11系列平法图集，由16系列平法图集替代。

新平法的背景：2008年汶川地震、2010年玉树地震。痛定思痛，根据对震害的分析，为了在混凝土结构设计中贯彻执行国家的技术经济政策，做到安全、实用、经济、保证质量，国家先后修订了三大结构设计规范——《混凝土结构设计规范（2015年版）》（GB 50010—2010）、《建筑抗震设计规范（2016年版）》（GB 50011—2010）和《高层建筑混凝土结构设计规程》（JCJ 3—2010）。由于新规范中补充了结构方案、抗震设计，修改了保护层等有关规定，故16G101系列平法图集根据新规范进行了大量调整，也从而取代了11G101系列平法图集。

新规范的主要影响：①钢筋材料发生变化；②基本构造发生变化（保护层、钢筋锚固、钢筋端部弯钩和机械锚固、钢筋连接）；③构件节点发生变化；④新平法发生变化（柱、墙、梁取消非抗震构造；锚固长度和搭接长度计算方式发生变化；新图集增加框架扁梁节点构造等）。

本书由广西建设职业技术学院赵治超担任主编并统稿，广西建设职业技术学院程莉、黄海波、程沙沙、刘颖，广西经济管理干部学院杨勇，广西建设职业技术学院秦荷成，威海职业学院董远林参与了本书部分章节的编写工作。具体编写分工为：第三、四、五、六、八章由赵治超编写，第九章由程莉编写，第七章由黄海波编写，第一、二章由程沙沙编写，另外，刘颖、秦荷成、杨勇、董远林参与资料收集、文字编辑等工作。全书由广西建设职业技术学院周慧玲、广西建设监理协会梁波主审。

本书编写成员大多是从事多年教学工作的专业教师和建筑业企业的高级工程师，全书凝聚了每位编者的教学和工作经验，希望本书对学生学习平法识图与钢筋算量带来一定的帮助。本书虽经编者反复校对，但仍难免出现纰漏，敬请读者批评指正，以便再版时修正。

编　者

第1版前言

2010年以来，新版国家建筑结构设计规范陆续颁布实施，紧随设计规范的更新，2011年，国家建筑标准设计研究院颁布实施了新版G101平法图集，本书就是在国家新规范、新图集颁布实施的背景下编写的，反映了新规范和新图集的要求。

钢筋算量是一门实践性很强的课程，只有把力学结构的知识融汇到钢筋算量的全过程，采取工作过程化教学模式，让学生感受到工作的氛围，体验到项目完成的喜悦和自豪感，这样才能激发学生的学习兴趣。

2003年以来，平法标注方式在混凝土结构施工图中得到广泛应用，现在混凝土结构施工图基本都采用平法标注方式。平法识图与钢筋算量是一直困扰在校师生的一大难题，表现在：对于教师而言，平法相对来说还是一个新鲜事物，市场上没有合适的教材可以使用，因此普遍感觉课堂教学难于组织；对于学生而言，钢筋藏在混凝土里面，看不见也摸不着，是比较抽象的，再加上没有合适的教材，学生在学习时只能看国家标准图集，但是对于初学者来讲，看图集算钢筋是相当困难的，需要相当扎实的专业知识，而学生还不具备这项专业技能，这是学生反映钢筋算量课程比较难学的根本原因。

2011年7月21日，中华人民共和国住房和城乡建设部建质函〔2011〕110号文发布，通知明确规定在2011年9月1日废止03系列平法图集，其由11系列平法图集替代。

新平法的背景：2008年汶川地震、2010年玉树地震。痛定思痛，根据对震害的分析，为了在混凝土结构设计中贯彻执行国家的技术经济政策，做到安全、实用、经济、保证质量，国家先后修订了三大结构设计规范——《混凝土结构设计规范》（GB 50010—2010）、《建筑抗震设计规范》（GB 50011—2010）和《高层建筑混凝土结构技术规程》（JGJ 3—2010）。由于新规范中补充了结构方案、抗震设计，修改了保护层等有关规定，故11G101系列平法图集根据新规范进行了大量调整，并取代了03G101系列平法图集。

新规范的主要影响：①钢筋材料发生变化；②基本构造发生变化（保护层、钢筋锚固、钢筋端部弯钩和机械锚固、钢筋连接）；③构件节点发生变化；④新平法发生变化（图集构成变化、各构件制图规则和构造详图变化）。

为了在教学中执行新规范、新平法，为在校师生提供一本实用的教材，方便教师组织课堂，利于学生学习理解，本书采用案例教学法，结合一套完整的结构施工图，对每一种构件——柱、剪力墙、梁、板、基础和楼梯进行系统讲解，总结出钢筋的计算公式，针对每种构件给出计算案例，通过理论知识和案例讲解，使学生切实掌握钢筋计算方法。

本书编写成员大多是从事多年教学工作的专业教师和建筑业企业的高级工程师，全书凝聚了每位编者的教学和工程经验，希望本书对学生学习平法识图与钢筋算量带来一定的帮助。本书虽经编者反复校对，但仍难免出现纰漏，敬请读者批评指正，以便再版时修正。

编　者

目 录

第一章 建筑力学基础知识 …………… 1

第一节 建筑力学的基本概念 ………… 1

一、力的概念 ………………………… 1

二、静力学基本公理 ………………… 2

三、约束与约束反力 ………………… 4

四、物体的受力分析与受力图 ……… 7

第二节 平面力系平衡条件的应用 …… 9

一、力矩与力偶 ……………………… 9

二、平面力系平衡条件的应用 …… 10

三、静定问题与超静定问题的概念… 11

第三节 内力与内力图 ……………… 11

一、杆件变形的基本形式 ………… 12

二、内力和应力的概念 …………… 13

三、轴向拉伸和压缩时的内力 …… 13

四、受弯构件的内力 ……………… 15

第二章 钢筋混凝土结构设计基础…… 20

第一节 荷载和材料强度 …………… 20

一、荷载分类 ……………………… 20

二、荷载取值 ……………………… 20

三、钢筋设计指标 ………………… 23

四、混凝土设计指标 ……………… 23

第二节 混凝土结构设计方法 ……… 24

一、结构的功能要求 ……………… 24

二、结构的极限状态 ……………… 25

三、极限状态方程 ………………… 25

四、承载能力极限状态设计

表达式 ……………………………… 26

五、正常使用极限状态设计

表达式 ……………………………… 27

第三节 钢筋混凝土受弯构件 ……… 28

一、概述 …………………………… 28

二、受弯构件的一般构造要求 …… 29

三、受弯承载力计算 ……………… 31

四、受剪承载力计算 ……………… 35

第四节 钢筋混凝土受压构件 ……… 39

一、概述 …………………………… 39

二、受压构件的构造要求 ………… 40

三、轴心受压构件计算 …………… 41

四、偏心受压构件受力特点 ……… 42

第五节 钢筋混凝土受扭构件 ……… 43

一、受力特点 ……………………… 43

二、构造要求 ························· 44

第六节 钢筋混凝土梁板结构 ·········· 44

一、楼盖的类型 ····················· 44

二、楼梯 ··························· 46

第七节 预应力混凝土构件基本知识 ···· 49

一、预应力混凝土的基本概念 ········ 49

二、施加预应力的方法 ············· 49

第八节 多、高层建筑结构 ·········· 51

一、高层建筑的现状及发展 ········· 51

二、多高层建筑的结构体系 ········· 53

第三章 平法施工图通用规则介绍 ········ 62

第一节 混凝土结构的环境类别 ······ 62

第二节 钢筋的混凝土保护层厚度 ···· 63

一、混凝土保护层的作用 ·········· 63

二、混凝土保护层最小厚度的规定 ···· 63

第三节 受拉钢筋的锚固长度 ········ 64

第四节 钢筋的连接 ··············· 68

一、纵向受力钢筋的绑扎连接 ······ 68

二、纵向受力钢筋的机械连接 ······ 69

三、纵向受力钢筋的焊接连接 ······ 70

第五节 建筑上部结构和下部结构的

分界 ······················· 70

第四章 基础平法施工图与钢筋算量 ···· 72

第一节 独立基础平法识图与计算 ···· 72

一、独立基础平法识图 ············ 72

二、独立基础钢筋计算 ············ 74

第二节 筏形基础平法识图与计算 ···· 78

一、筏形基础主次梁平法识图 ······ 78

二、筏形基础主次梁平法计算 ······ 79

三、基础平板平法识图 ············ 82

四、基础平板平法计算 ············ 83

第五章 柱平法施工图与钢筋算量 ······ 86

第一节 柱平法施工图制图规则 ······ 86

一、列表注写方式 ················ 86

二、截面注写方式 ················ 88

第二节 柱标准构造详图 ············ 90

一、柱根部钢筋构造 ·············· 90

二、框架柱和地下室框架柱中间层

钢筋构造 ··················· 93

三、柱顶钢筋构造 ················ 96

四、柱箍筋构造 ·················· 98

第三节 柱钢筋算量计算方法 ········ 100

一、柱纵筋的计算方法 ··········· 100

二、柱箍筋的计算方法 ··········· 102

第四节 柱钢筋工程量计算实例 ······ 103

一、纵筋长度和根数 ············· 104

二、箍筋长度和根数 ············· 105

三、纵筋接头数量 ··············· 107

第六章 剪力墙平法施工图与钢筋算量 ···· 111

第一节 剪力墙平法施工图制图

规则 ······················· 111

一、剪力墙平法施工图的表示方式 ··· 111

二、列表注写方式……………111

三、剪力墙柱表的内容………116

四、剪力墙身表的内容………116

五、剪力墙梁表的内容………117

六、剪力墙洞口的表示方式…118

第二节　剪力墙标准构造详图……119

一、剪力墙身钢筋构造………120

二、剪力墙柱钢筋构造………126

三、剪力墙梁钢筋构造………128

四、剪力墙洞口补强钢筋构造…132

第三节　剪力墙钢筋算量计算方法…135

一、剪力墙身钢筋计算………135

二、剪力墙柱钢筋计算………136

三、剪力墙梁钢筋计算………136

第四节　剪力墙钢筋工程量计算

实例……………………137

一、剪力墙身（Q1）钢筋计算……138

二、剪力墙柱（GBZ1）钢筋计算…139

三、连梁（LL1）钢筋计算………140

四、钢筋汇总表………………140

第七章　梁平法施工图与钢筋算量…145

第一节　梁平法施工图制图规则…145

一、梁平法施工图表示方式…145

二、平面注写方式……………145

三、截面注写方式……………150

第二节　梁标准构造详图………150

一、抗震框架梁纵筋构造……150

二、抗震框架梁箍筋、拉筋和

吊筋构造……………………154

三、纯悬挑梁和各类梁的悬挑端

配筋构造……………………155

四、非框架梁配筋构造………156

第三节　梁钢筋计算方法与算例…158

一、框架梁钢筋计算方法与算例…158

二、纯悬挑梁和各类梁的悬挑端

钢筋计算方法与算例…………160

三、非框架梁钢筋计算方法与

算例……………………164

第八章　板平法施工图与钢筋算量…167

第一节　板构件平法识图…………167

一、板构件的分类……………167

二、有梁楼盖平法施工图制图规则…168

三、无梁楼盖平法施工图制图规则…172

四、相关构造识图……………176

第二节　板构件钢筋构造…………176

一、板底筋钢筋构造…………176

二、板顶筋钢筋构造…………179

三、支座负筋构造……………182

四、其他钢筋构造……………182

第三节　板构件钢筋计算…………182

一、板底筋钢筋计算…………182

二、板顶筋钢筋计算…………185

三、支座负筋计算……………188

第九章　楼梯平法施工图与钢筋算量······193

　第一节　楼梯平法施工图制图规则···193

　　一、楼梯的分类·······················193

　　二、板式楼梯包含的构件··········194

　　三、板式楼梯的类型及其适用条件···195

　　四、楼梯平法施工图表示方式····197

　第二节　楼梯标准构造详图·············202

　　一、AT型楼梯梯板配筋构造·········202

　　二、BT型楼梯梯板配筋构造·········204

　　三、CT型楼梯梯板配筋构造·········205

　　四、DT型楼梯梯板配筋构造·········207

　　五、ET型楼梯梯板配筋构造·········208

　第三节　楼梯钢筋工程量计算实例·····210

　　一、AT型楼梯钢筋计算过程分析···210

　　二、AT型楼梯钢筋计算实例·········215

附录　钢筋计算截面面积与理论质量表·····224

参考文献··225

第一章　建筑力学基础知识

1. 了解力、力的平衡、计算简图、静定与超静定、内力与内力图等概念。
2. 熟悉静力学基本公理和杆件变形的基本形式。
3. 掌握常见约束的约束反力和平面一般力系平衡条件的应用。

1. 常见约束的约束反力。
2. 平面一般力系平衡条件的应用。
3. 轴心受力构件、受弯构件内力与内力图的求解。

第一节　建筑力学的基本概念

一、力的概念

力是物体之间的相互作用，这种作用引起物体运动状态的变化(外效应)，或者使物体发生变形、产生内力(内效应)。建筑力学主要研究力的内效应。

在自然界中，物体之间相互作用的形式是多种多样的，如人推小车、手拉弹簧、地球对每个物体的引力作用(重力作用)、桥梁结构受到车辆的作用而产生振动和弯曲变形等。总结起来，力的作用形式分为两类：一类是物体间直接接触的相互作用；另一类是通过场面产生的物体间的相互作用(非接触类)。

力的三要素包括大小、方向和作用点。

(1)力的大小反映物体间相互作用的强弱，在国际单位制中用牛顿(N)作为力的基本单位，除了 N 以外，还常使用 kN(1 kN＝10^3 N)作为力的单位，即 1 kg 物体，重力大概相当于 9.8 N。

(2)力的方向就是力的指向，如水平向右、竖直向下等。

(3)力的作用点是指力的作用位置，如两个物体相互接触且产生力的作用，那么接触点就是力的作用点。有些力的作用点面积非常小，称为集中力，如人站在楼板上，人体荷载就是集中力。有些作用点面积比较大，称为分布力，如建筑材料自重。

力是矢量，通常用一段带有箭头的线段来描述。线段的长度表示力的大小，线段所在直线和箭头表示力的方向，线段的始端(有时用末端)表示力的作用点。力的三要素有一个发生变化，就意味着力发生了变化。图 1-1 所示为一个力 F。

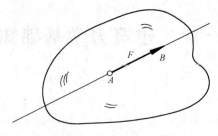

图 1-1　力的图示

二、静力学基本公理

为了便于研究，首先明确静力学中的几个基本定义。

质点：指不计物体的大小，只考虑其质量的点。质点是为研究物体运动规律而做的一种简化。

刚体：指在外力作用下可以忽略变形的物体。在实际工程中绝对的刚体是不存在的，但是有些变形相对较小的物体可以简化为刚体。例如，在研究物体的机械运动时，可以忽略物体的变形。

平衡：指物体相对于惯性参考系（如地面）保持静止或匀速直线运动状态。

力系：指同时作用在一个物体上的一群力。

等效力系：两个力系对同一个物体分别作用后，如果其效果相同时，这两个力系互称为等效力系。如果一个力与一个力系等效，则这个力称为该力系的合力，该力系中的其他力称为这个合力的分力。

平衡力系：如果物体在某力系作用下处于平衡状态，则该力系称为平衡力系。

静力学公理是人们经过长期观察和分析得到的最基本的力学规律，这些规律为研究静力学的主要问题提供了必要的基础。

公理 1　二力平衡条件

作用在一个刚体上的两个力使刚体处于平衡的充分和必要条件是：这两个力大小相等，方向相反，且作用线在同一直线上，如图 1-2 所示。

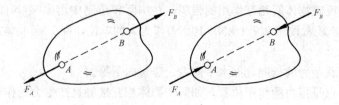

图 1-2　二力平衡条件

这个公理表明了作用于刚体上最简单力系平衡时所必须满足的条件。

公理 2　加减平衡力系原理

在作用于一个刚体上的已知力系，加上或减去一个平衡力系，不会改变原力系对刚体的作用效应。

这个公理是研究力系等效替换的重要依据。根据上述公理可以导出以下推论。

推论 1　力的可传性原理

作用于刚体上某点的力，可沿其作用线移动到刚体内任意一点，而不改变它对刚体的作用效应。

在刚体上的点 A 作用 F，如图 1-3(a)所示，根据加减平衡力系原理，可在力的作用线上任取一点 B，加上一对相互平衡的力 F_1 和 F_2，使 $F=F_1=F_2$，如图 1-3(b)所示，由公理 2 可知，刚体的运动状态是不会改变的，即力系(F, F_1, F_2)与力(F)等效。再由公理 1 可知，F_2 与 F 也为平衡力系，可以去掉，所以，力系(F, F_1, F_2)与力(F_1)等效，如图 1-3(c)所示。原来的力沿其作用线由 A 点移到了 B 点，通常称为力的可传性。

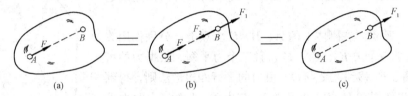

图 1-3　力的可传性

由推论 1 可知，力对刚体的作用取决于力的大小、方向和作用线，至于在作用线上的哪一点则是无关紧要的。同样必须指出，力的可传性原理只适用于刚体而不适用于变形体。

公理 3　力的平行四边形法则

作用于物体上同一点的两个力，可以合成为一个合力。合力的大小和方向由以这两个力为边构成的平行四边形的对角线表示，其作用点也在此二力的交点，如图 1-4 所示。其矢量表达式为

$$F_R = F_1 + F_2 \qquad (1-1)$$

也可另作一个力的三角形，具体方法是自 O 点开始，先画出矢量 F_1，然后再由 F_1 的终点画另一矢量 F_2，最后将 O 点与 F_2 的终点连线得合力，如图 1-5(a)所示。同理，改变 F_1 与 F_2 的顺序，结果不变，如图 1-5(b)所示。这种作图方法称为力的三角形法则。

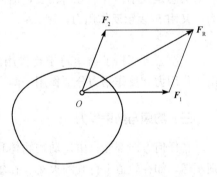

图 1-4　力的平行四边形法则

利用力的平行四边形法则，可以把两个共点力合成为一个力，也可以把一个已知力分解成与其共点的两个力。但是，会得到无数组解。要得到唯一解，必须给以限制条件，如已知两分力的方向求其大小，或已知一个分力的大小和方向求另一个分力等。在实际计算中，常把一个任意力 F 沿直角坐标轴分解为互相垂直的两个分力 F_x 与 F_y，如图 1-6 所示。

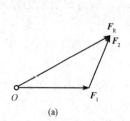
(a)

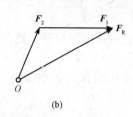
(b)

图 1-5　力的三角形法则

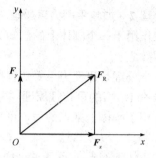
图 1-6　力的分解

推论 2　三力平衡汇交定理

作用于刚体上三个相互平衡力，若其中两个力的作用线汇交于一点，则此三力必在同一平面内，且第三个力的作用线通过汇交点。

如图 1-7 所示，在刚体上的 A、B、C 三点上，分别作用着共面不平行的三个力 F_1、F_2、F_3，且三个力平衡。根据力的可传性，将 F_1、F_2 移到汇交点 D，由力的平行四边形法则，得到的合力 F_R 也作用在 D 点，并且力 F_3 与力 F_R 平衡。由两力平衡公理知，F_3 和 F_R 必定是共线，并通过 D 点。所以，力 F_3 必定与力 F_1 和 F_2 共面，且通过力 F_1 和 F_2 的交点 D。

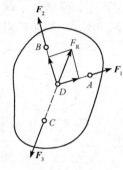
图 1-7　三力平衡汇交

公理 4　作用与反作用定律

若甲物体对乙物体有一个作用力，则乙物体同时对甲物体必有一个反作用力，并且这一对力总是大小相等、方向相反，沿同一直线，分别作用在两个物体上。若用 F 表示作用力，又用 F' 表示反作用力，则

$$F = -F' \tag{1-2}$$

这个公理概括了物体间相互作用的关系，表明了作用力和反作用力总是同时存在的。由于作用力和反作用力分别作用于两个物体上，因此，不能错误地认为它们是平衡力系。

三、约束与约束反力

在任何方向都能自由运动的物体称为自由体，如空中的气球、飞机等。但另一类物体则不然，如在轨道上行驶的火车、在轴承上转动的轮子等。由于某些条件的限制，某些方向的运动不能发生的物体称为非自由体，这些限制物体运动的条件就称为约束。由约束引起的对物体的作用力称为约束反力或约束力，简称反力。约束力的方向总是与物体的运动（或运动趋势）方向相反，其作用点就是约束与被约束物体的接触点。

非自由体所受的力分为主动力和约束反力。凡是能引起物体运动（或运动趋势）的力称为主动力，如重力、风压力等。作用在工程结构上的主动力常称为荷载。而约束反力是在主动力的影响下产生的。一般情况下，主动力是已知的，约束反力是未知的。对受约束的非自由体进行受力分析时，主要的工作多是分析约束反力。下面介绍工程中常见的几种约束类型的约束反力的特征。

1. 柔性体约束

由柔软而不计自重的绳索、链条等构成的约束通称为柔性体约束。由于柔软的物体本身只能承受拉力，所以，它给物体的约束力也只可能是拉力，通过接触点，沿着柔性体的中心线背向物体，用符号 F_T 表示，如图1-8所示。

2. 光滑接触面约束

物体间光滑接触（摩擦力很小，略去不计）时，不能限制物体沿约束表面切线的位移，只能阻碍物体沿接触表面法线并向约束内部的位移。因此，光滑支撑面对物体的约束力作用在接触点处，方向沿接触表面的公法线，并指向被约束的物体。这种约束是法向约束力，通常用 F_N 表示，如图1-9所示。

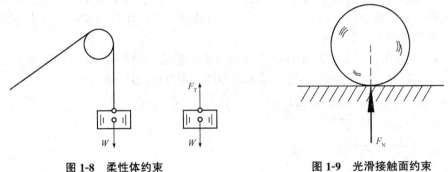

图1-8　柔性体约束　　　　　图1-9　光滑接触面约束

3. 圆柱铰链约束

圆柱铰链约束简称铰链约束，其构造是在具有圆孔的两个物体上用圆柱销钉连接起来，物体只能绕圆柱销钉转动，如图1-10(a)所示，其力学简图用图1-10(b)表示。在不同的受力情况下，圆柱销钉与物体有不同的接触面，约束反力将通过销钉中心作用在与销钉轴线垂直的平面内，通常用互相垂直的两个分力 F_{Ax} 和 F_{Ay} 表示，如图1-10(c)所示。图1-10(d)所示的拱形桥就是由两个拱形构件通过圆柱铰链 C 连接而成的。

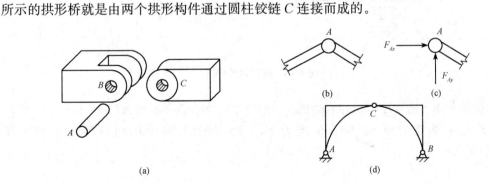

图1-10　圆柱铰链约束

4. 链杆约束

两端用铰链与物体连接且不计自重的刚性直杆称为链杆，如图1-11(a)所示，其力学简图如图1-11(b)所示。这种约束只能限制物体沿链杆轴线方向的移动，而不能限制物体在其他方向的运动。所以，链杆约束的约束反力沿着链杆轴线，但指向不能预先确定，如

图 1-11(c)所示。

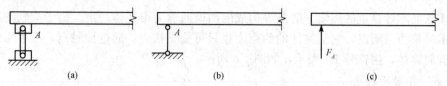

(a)　　　　　　　　　　(b)　　　　　　　　　　(c)

图 1-11　链杆约束

(a)链杆；(b)链杆约束的力学简图；(c)链杆约束的约束反力

5. 支座与支座反力

一切工程结构都是与地面相连的，而这种连接往往是通过支座来实现的。所谓支座，就是建筑物下面支撑结构的约束，其反力不仅与荷载有关，而且与支座的约束性能有关。工程中常见的支座有以下几种：

(1)可动铰支座。被支撑的部分可以转动和水平移动，但不能竖向移动[图 1-12(a)]，能提供的反力只有竖向反力 F_{Ay}。在力学简图中用一根直杆表示[图 1-12(b)]。

(a)　　　　　　　　　　(b)

图 1-12　可动铰支座

(2)固定铰支座。被支撑的部分可以转动，但不能移动[图 1-13(a)]，能提供两个反力 F_{Ax}、F_{Ay}。在力学简图中用两根相交的直杆表示[图 1-13(b)]。

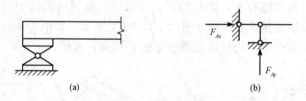

(a)　　　　　　　　　　(b)

图 1-13　固定铰支座

(3)定向支座。被支撑的部分不能转动，但可沿一个方向平行滑动[图 1-14(a)]，能提供的反力有一个反力矩 M 和一个反力 F_{Ay}。在力学简图中用两根平行直杆表示[图 1-14(b)]。

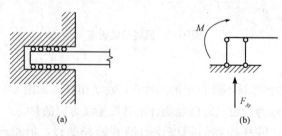

(a)　　　　　　　　　　(b)

图 1-14　定向支座

(4)固定端支座。被支撑的部分完全被固定[图 1-15(a)]，能提供三个约束反力 F_{Ax}、F_{Ay}、M。在力学简图中可以用图 1-15(b)表示。

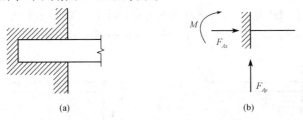

图 1-15　固定端支座

四、物体的受力分析与受力图

在实际工程中，为了求出未知的约束力，需要根据已知力，应用平衡条件求解。为此，首先要确定构件受到了几个力，以及每个力的作用位置和作用方向，这种分析过程称为物体的受力分析。

作用在物体上的力可以分为两类：一类是主动力，如物体的自重、风力、气体压力等，一般是已知的；另一类是约束反力，为未知的被动力。

为了清晰地表示物体的受力情况，可以把需要研究的物体从周围的物体分离出来，单独画出它的简图，这个步骤叫作取研究对象或取分离体，然后把研究对象的作用力(包括主动力和约束反力)全部画出来。这种表示物体受力的简明图形，称为受力图。

【例 1-1】 重力为 W 的小球置于光滑的斜面上，用绳索拉住，如图 1-16(a)所示，试画出小球的受力图。

解：(1)取小球为研究对象(取分离体)，并单独画出其简图。

(2)画主动力即小球的重力 W，作用于球心，铅垂向下。

(3)画约束力。小球与光滑斜面的连接属光滑接触面约束，约束反力 F_{NB} 通过切点 B 沿着公法线指向球心；小球与绳索的连接属于柔性体约束，其约束反力 F_T 作用于接触点，沿着绳索的中心线背向球心。

小球的受力图如图 1-16(b)所示。

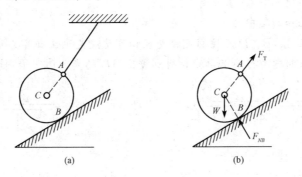

图 1-16　例 1-1 图

【例 1-2】 水平梁 AB 在自由端 B 受已知集中力 F 作用，A 端为固定端支座，如图 1-17(a)所示。梁的自重不计，试画出梁 AB 的受力图。

解：(1)取梁 AB 为研究对象（取分离体），并单独画出其简图。

(2)画主动力即已知的集中力 F，作用于 B 点，沿原来方向。

(3)画约束力。梁 AB 与 A 端的连接属固定端约束，可以用未知的水平和垂直的两个分力 F_{Ax} 和 F_{Ay} 以及反力偶 M_A 表示。梁 AB 的受力图如图 1-17(b)所示。

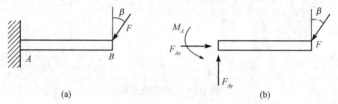

图 1-17　例 1-2 图

【例 1-3】　图 1-18(a)所示为两跨静定梁，A 处为固定铰支座，B 和 D 处为可动铰支座，C 处为圆柱铰链约束，受已知力 F 作用。不计梁的自重，试画出梁 CD、AC 及整梁 AD 的受力图。

解：(1)画出梁 CD 的受力图。

1)取梁 CD 为研究对象（取分离体），并单独画出其简图。

2)画主动力即已知的集中力 F。

3)画约束力。D 处为可动铰支座，其反力可用通过铰链中心且垂直于支撑面的力 F_D 表示，指向假设向上；C 处为圆柱铰链约束，其约束反力可用通过铰链中心并互相垂直的分力 F_{Cx} 和 F_{Cy} 表示，得到梁 CD 的受力图，如图 1-18(b)所示。

(2)画出梁 AB 的受力图。

1)取梁 AB 为研究对象（取分离体），并单独画出其简图。

2)无主动力，因此可以直接进行下一步。

3)画约束力。先在 C 处按作用力与反作用力关系画出相互垂直的分力 F'_{Cx} 和 F'_{Cy}；再在 A 点和 B 点按固定铰支座和可动铰支座画出其支座反力，得到梁 AB 的受力图，如图1-18(c)所示。

(3)画出梁 AD 的受力图。

1)取整梁 AD 为研究对象（取分离体）。

2)画主动力即已知的集中力 F。

3)画约束力。在 A、B、D 点按固定铰支座和可动铰支座画出其支座反力，此时 C 点的约束反力作为物体系的内力可不必画出，得到整梁 AD 的受力图，如图 1-18(d)所示。

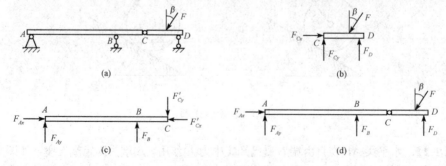

图 1-18　例 1-3 图

正确画出物体的受力图是分析、解决力学问题的基础。画受力图时必须注意以下几点：

(1)必须明确研究对象。根据求解需要，可以取单个物体为研究对象，也可以取由几个物体组成的系统为研究对象。不同研究对象的受力图是不同的。

(2)正确确定研究对象受力和约束的数目。由于力是物体之间相互的机械作用，因此，对每一个力都应明确它是哪一个施力物体施加给研究对象的，绝不能凭空产生。同时，也不可漏掉一个力。一般可先画已知的主动力，再画约束力；凡是研究对象与外界接触的地方，都一定存在约束力，这时应分别根据每个约束本身的特性来确定其约束力的方向。

(3)当分析两物体相互的作用时，应遵循作用反力与作用力的关系。作用力的方向一经设定，则反作用力的方向应与之相反。当画某个系统的受力图时，由于内力成对出现，组成平衡力系，因此不必画出，只需画出全部外力。

第二节　平面力系平衡条件的应用

在静力学中主要研究力系的合成与分解以及平衡条件。为了便于研究问题，可以按照力系中各力作用线的分布情况进行分类，凡是作用线均在同一平面内的力系称为平面力系；凡是作用线不在同一平面内的力系称为空间力系。在这两个力系中，作用线交于一点的称为汇交力系；作用线相互平行的称为平行力系；仅作用一群力偶的称为力偶系；作用线任意分布的力系称为一般力系。

一、力矩与力偶

1. 力矩的概念

一个力作用在固有轴的物体上，若力的作用线不通过固定轴时，物体就会产生转动效果，如用手推门、扳手拧螺母等。如图 1-19 所示，扳手拧螺母的转动效果不仅与力 F 的大小有关，还与点 O 到力作用线的垂直距离 d 有关。此时的 O 点称为矩心，垂直距离 d 称为力臂，而力矩的概念可表示如下：

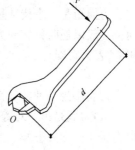

图 1-19　力矩

力矩是一个代数量，它的绝对值等于力的大小与力臂的乘积，单位常用 N·m 或 kN·m。力矩使物体绕矩心逆时针转动时为正；反之为负。用表达式表示为

$$M_O(F) = \pm F \times d \tag{1-3}$$

由力矩的定义，可以得到以下推论：

(1)力对已知点的矩不因力在作用线上移动而改变(因为 d 不变)。

(2)力的作用线如果通过力矩中心，则力对该点的力矩等于零(因为 $d=0$)。

(3)两个作用在同一直线上，大小相等、方向相反的力，对于任一点的力矩代数和为 0。

【例 1-4】　分别计算图 1-20(a)所示的 F_1、F_2 对 O 点的力矩。

解： $M_O(F_1) = F_1 d_1 = 10 \times 1 \times \sin30° = 5(\text{kN·m})$

$M_O(F_2) = -F_2 d_2 = -30 \times 1.5 = -45(\text{kN·m})$

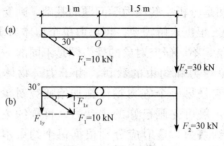

图 1-20 例 1-4 图

在上题计算 F_1 对 O 点的力矩时，也可以把 F_1 分解为沿直角坐标的两个分力 F_{1x} 和 F_{1y}，如图 1-20(b)所示，并求其对 O 点力矩的代数和，得

$$F_{1x} \times d + F_{1y} \times d = 10 \times \cos30° \times 0 + 10 \times \sin30° \times 1 = 5(\text{kN} \cdot \text{m})$$

可见，合力对平面内某一点的力矩等于各分力对同一点力矩的代数和。这就是在力学中被广泛应用的合力矩定理。

2. 力偶的概念

实践中，常常见到汽车司机用双手转动方向盘（图 1-21）、木工钻孔、开关水龙头、拧钢笔帽等。这些作用在物体上的力是成对的等值、反向且不共线的平行力。等值反向平行力的矢量和显然等于 0，但是由于它们不共线而不能相互平衡，它们能使物体改变转动状态。这种由两个大小相等、方向相反且不共线的平行力组成的力系，称为力偶，用符号

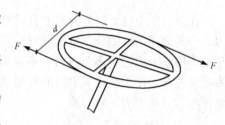

图 1-21 力偶的概念

(F, F') 表示。力偶的两力之间的垂直距离 d 称为力偶臂，力偶所在的平面称为力偶的作用面。

力偶矩是一个代数量，其绝对值等于力的大小与力偶臂的乘积，正负号表示力偶的转向，一般以逆时针转向为正，反之则为负。力偶矩的单位和力矩相同，也是 N·m。力偶矩用 M 表示，即

$$M = \pm F \times d \tag{1-4}$$

力偶作为一种特殊力系，具有以下主要性质：

(1)力偶是由一对等值反向的平行力组成，因此力偶没有合力，既不能用一个力代替，也不能和一个力平衡。力偶只能与力偶平衡。

(2)力偶对其作用面任一点的矩都等于力偶矩，而与矩心的位置无关。

(3)在保持力偶矩大小和转向不变的条件下，可以相应调整力偶中力的大小和力偶臂的长短，而不改变它对物体的作用，并且将力偶在其作用面内任意移转，也不会改变它对物体的作用效果。

二、平面力系平衡条件的应用

1. 力的平移定理

设物体的 A 点作用一个力 F[图 1-22(a)]，在物体上任取一点 O，在 O 点加上两个等

值、反向、共线并与 F 平行且相等的力 F' 和 F''[图 1-22(b)]，由加减平衡力系公理知，这样不会改变原力 F 对物体的作用效应。显然力 F 和 F'' 组成一个力偶，其力偶矩为

$$m=F\times d=M_O(F) \tag{1-5}$$

于是得到力的平移定理：作用于物体上的力 F，可以平行移动到同一物体上的任意一点 O，但必须同时附加一个力偶，其力偶矩等于原来的力 F 对新作用点 O 的矩[图 1-22(c)]。

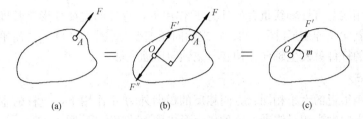

图 1-22　力的平移

2. 平面力系的平衡方程

平面力系平衡的必要和充分条件是：力系的主矢和对于任一点的主矩都等于 0。用解析式表示为

$$\left.\begin{array}{l}\sum F_x=0\\\sum F_y=0\\\sum M_O=0\end{array}\right\} \tag{1-6}$$

三、静定问题与超静定问题的概念

一般而言，未知量的个数不超过独立平衡方程式数目的问题称为静定问题；反之，则为超静定问题。从静力平衡看，超过相应力系独立平衡方程式数目的未知量（也称为多余未知力）个数就称为超静定次数。

静定结构和超静定结构在计算方面的主要区别在于：静定结构的内力根据静力平衡条件即可求出，而不必考虑变形协调条件，也就是说，内力是静定的；超静定结构的内力则不能只从静力平衡条件求出，而必须同时考虑变形协调条件，换而言之，内力是超静定的。

超静定问题在静力学中之所以不能解决，是因为在静力学中把一切物体都看成刚体。如果考虑物体在力作用下所发生的变形，则超静定问题是可以解决的。

第三节　内力与内力图

在前两节中，由于物体的变形相对于这类问题的影响很小，因此，把物体视为刚体。材料力学研究的是外力作用下的强度、刚度和稳定性问题，即使是微小的变形，也是主要影响因素，不能忽略。本节将把组成构件的各种固体视为变形固体，主要研究基本杆件的内力问题。

一、杆件变形的基本形式

作用在杆上的外力是多种多样的，因此，杆的变形也是各种各样的。这些变形的基本形式有以下四种。

1. 轴向拉伸或轴向压缩变形

在一对作用线与直杆轴线重合的外力 F 作用下，直杆的主要变形是长度的改变。这种变形形式称为轴向拉伸变形[图 1-23(a)]或轴向压缩变形[图 1-23(b)]。简单桁架在荷载作用下，桁架中的杆件就发生轴向拉伸变形或轴向压缩变形。

2. 剪切变形

在一对相距很近的大小相同、方向相反的横向外力 F 作用下，直杆的主要变形是横截面沿外力作用方向发生相对错动，这种变形形式称为剪切变形[图 1-23(c)]。一般发生剪切变形的同时，杆件还存在其他的变形形式。

3. 扭转变形

在一对转向相反、作用面垂直于直杆轴线的外力偶（其矩为 M_e）作用下，直杆的相邻横截面将绕轴线发生相对转动，杆件表面纵向线将呈螺旋线，而轴线维持直线不变，这种变形形式称为扭转变形[图 1-23(d)]。机械中传动轴的主要变形就包括扭转变形。

4. 弯曲变形

当杆件承受一对转向相反、作用面在杆件的纵向平面（包含杆轴线在内的平面）内的外力偶（其矩为 M_e）作用下，直杆的相邻横截面将绕垂直于杆轴线的轴发生相对转动，变形后的杆件轴线将弯成曲线。这种变形形式称为弯曲变形[图 1-23(e)]。

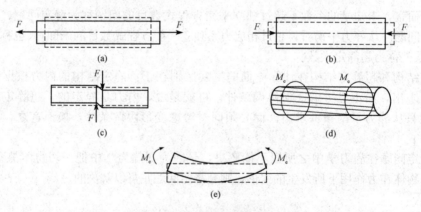

图 1-23　杆件变形的基本形式

(a)轴向拉伸变形；(b)轴向压缩变形；(c)剪切变形；(d)扭转变形；(e)弯曲变形

工程中常见构件在荷载作用下的变形，大多为上述几种基本变形形式的组合，纯属一种基本变形形式的构件较为少见。但若以某一种基本变形形式为主，其他属于次要变形，则可按主要的基本变形形式计算。若几种变形形式都非次要变形，则属于组合变形问题。

二、内力和应力的概念

1. 内力的概念

物体在受到外力作用而变形时，其内部各质点之间的相对位置将有所变化。与此同时，各质点之间相互作用的力也发生了变化。上述相互作用力由于物体受到外力作用而引起的改变量就是本节所研究的内力。由于已假设物体是均匀连续的可变形固体，因此，在物体内部相邻部分之间相互作用的内力，实际上是一个连续分布的内力系，而将分布内力系的合成（力或力偶），简称为内力。也就是说，内力是指由外力作用所引起的、物体内相邻部分之间分布内力系的合成，并随外力的增加而增大，当达到某一极限值时，杆件就会被破坏。

2. 应力的概念

在确定了内力后，还不能判断杆是否会因强度不足而破坏。例如，两根材料相同、受力相同、横截面面积不同的杆件，横截面上的内力显然是相等的，但随着外力的增加，必然是横截面面积小的先破坏。因此，要判断杆件的强度问题，还必须知道度量分布内力大小的分布内力集度，称为应力。

应力是受力杆件某一截面上一点处的内力集度。如图 1-24(a)所示，在截面上任一点 E 周围取微小面积 ΔA，作用在 ΔA 上内力的合力为 ΔP，其比值 $p_m = \dfrac{\Delta P}{\Delta A}$ 为微面积 ΔA 上的平均应力。当 ΔA 逐渐缩小到 E 点时，其极限为

$$p = \lim_{\Delta A \to 0} \frac{\Delta P}{\Delta A} = \frac{\mathrm{d}P}{\mathrm{d}A} \tag{1-7}$$

总应力 P 是一个矢量，其方向一般既不与截面垂直，也不与截面相切。通常，将总应力 P 分解为与截面垂直的法向分量 σ 和与截面相切的切向分量 τ［图 1-24(b)］。法向分量 σ 称为正应力，切向分量 τ 称为切应力。

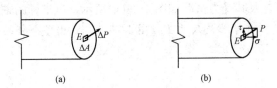

| (a) | (b) |

图 1-24　应力的概念

三、轴向拉伸和压缩时的内力

由于内力是物体内相邻部分之间的相互作用力，为了显示内力，可应用截面法。

设一等直杆在两端和轴向拉力 F 的作用下处于平衡，欲求杆件横截面 $m—m$ 上的内力［图 1-25(a)］。为此，假设一平面沿横截面 $m—m$ 将杆件截分为Ⅰ、Ⅱ两部分，任取一部分（如部分Ⅰ），弃去另一部分（如部分Ⅱ），并将弃去部分对留下部分的作用以截开面上的内力来代替。将保留部分所有外力绘出，如图 1-25(b)所示。

由于整个杆件处于平衡状态，保留部分也保持平衡。由平衡方程

$$\sum F_x = 0, \quad F_N - F = 0$$

得

$$F_N = F$$

式中，F_N 为杆件任一横截面 m—m 上的内力，其作用线也与杆的轴线重合，即垂直于横截面并通过形心(这种内力称为轴力)。

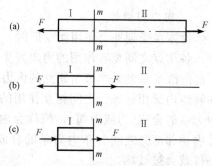

图 1-25　轴向拉伸和轴向压缩时的内力

对于压杆，也可通过上述过程求其在任一横截面 m—m 上的轴力。为了使轴力具有正负号，联系变形情况，规定：引起纵向伸长变形的轴力为正，称为拉力，如图 1-25(b)所示，拉力是背离截面的；引起纵向缩短变形的轴力为负，称为压力，如图 1-25(c)所示，压力是指向截面的。

上述分析轴力的方法称为截面法，它是求内力的通用方法。截面法包括以下三个步骤：

(1)截开。在需要求内力的截面处，假想用一个平面将杆截分成两部分。

(2)代替。将两部分中的任一部分留下，并把弃去部分对留下部分的作用代之以作用在截开面上的内力(力或力偶)。

(3)平衡。对留下部分建立平衡方程，根据其上的已知外力来计算未知内力，应该注意，截开面上的内力对留下部分而言已属外力。

必须指出，静力学中的力(或力偶)的可移性原理，在用截面法求内力的过程中是有限制的。将力作用于不同的位置，引起变形的部位将完全不同。同理，将杆上的荷载用一个静力等效的相当力系来代替，在求内力的过程中也有所限制。

当杆受到多个轴向外力作用时，在杆件上的不同截面上轴力将不相同。为了表明这种不同，可用平行于杆轴线的坐标表示横截面的位置，用垂直于杆轴线的坐标表示横截面上轴力的数值，从而绘出表示轴力与截面位置关系的图线，称为轴力图。通常将正值的轴力画在上侧，负值的轴力画在下侧。

【例 1-5】　一等直杆及其受力情况如图 1-26(a)所示，试求杆的轴力图。

解：为运算方便，首先求出支反力 F_R[图 1-26(b)]。由整个杆的平衡方程

$$\sum F_x = 0, \quad -F_R - F_1 + F_2 - F_3 + F_4 = 0$$

得

$$F_R = 5 \text{ kN}$$

用截面 1—1 将杆件在 AB 段内截开，取左段为研究对象，假定轴力 F_{N1} 为拉力[图 1-26(c)]，应用截面法列平衡方程求得 AB 段内任一横截面上的轴力为

$$F_{N1} = F_R = 5 \text{ kN}$$

同理，可求得 BC 段内任一横截面上的轴力[图 1-26(d)]为

$$F_{N2} = F_R + F_1 = 35 \text{ kN}$$

在求 CD 段内的轴力时，将杆截开后宜研究其右段的平衡，因为右段杆比左段杆上包含的外力少，并假定轴力 F_{N3} 为拉力[图 1-26(e)]。由

$$\sum F_x = 0, \quad -F_{N3} - F_3 + F_4 = 0$$

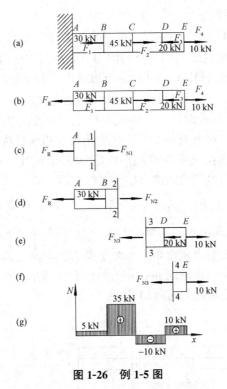

图 1-26　例 1-5 图

得

$$F_{N3} = -F_3 + F_4 = -10 \text{ kN}$$

结果为负值，说明原先假定的 F_{N3} 的指向不对，即应为压力。

同理，如图 1-26(f)所示可得 *DE* 段内轴力为

$$F_{N4} = F_4 = 10 \text{ kN}$$

按照轴力图的作图规则，作出轴力图如图 1-26(g)所示。

四、受弯构件的内力

1. 受弯构件的概念

受弯构件是工程中最常用的一种构件，如图 1-27(a)所示的楼盖梁，在楼板均布荷载作用下，梁就会发生如图 1-27(b)所示的弯曲变形，它的轴线将弯曲成曲线，称为挠曲轴。这种以弯曲变形为主要变形的构件就称为受弯构件。梁和板就是最常见的受弯构件。

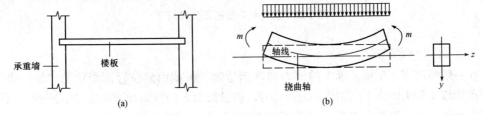

图 1-27　梁的弯曲变形

2. 受弯构件的内力计算

设简支梁承受集中力 F[图 1-28(a)]，根据平衡条件很容易求得支座反力为 F_A 和 F_B。为了计算坐标为 x 的任一横截面 m—m 上的内力，应用截面法沿横截面 m—m 假想地把梁截成两段，并取左段进行研究[图 1-28(b)]。可以看出，若要使左段梁平衡，截面 m—m 上必须有与支座反力 F_A 等值、平行且反向的内力 V，这个内力 V 称为剪力，剪力的常用单位是"N"或"kN"。同时，F_A 对截面 m—m 的形心 O 点有一个力矩作用，因为形心 O 点的合力矩为零，在截面 m—m 上必然有一个与上述力矩大小相等且转向相反的内力偶 M 与之平衡，这个内力偶 M 称为弯矩，弯矩的常用单位是"N·m"或"kN·m"。

剪力和弯矩的大小可用左段梁的静力平衡方程求得，即

$$\sum F_y = 0, \quad F_A - V = 0 \quad 得 \ V = F_A$$

$$\sum M_O = 0, \quad M - F_A x = 0 \quad 得 \ M = F_A x$$

左段梁截面 m—m 上的剪力和弯矩，实际上是右段梁对左段梁的作用，根据作用与反作用原理可知，右段梁在同一横截面 m—m 上的剪力和弯矩，在数值上应该分别与左段梁求解出来的结果相同，但是指向和转向相反[图 1-28(c)]。

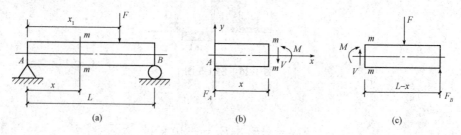

(a)　　　　　　　　　(b)　　　　　　　　　(c)

图 1-28　截面法求内力

3. 剪力和弯矩的正负号规定

为使左、右段梁上算得的同一横截面 m—m 上的剪力和弯矩的正负号相同，通常规定如下：

(1)使脱离体产生顺时针转动的剪力为正，反之为负，即"左上右下为正"[图 1-29(a)]。

(2)使脱离体产生下侧受拉的弯矩为正，反之为负，即"左顺右逆为正"[图 1-29(b)]。

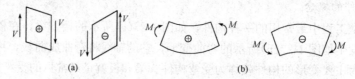

(a)　　　　　　　　　(b)

图 1-29　剪力和弯矩的正负号规定

4. 剪力图和弯矩图

在一般情况下，梁横截面上的剪力和弯矩是随着横截面的位置而变化的。设一悬臂梁在均布荷载 q 和集中力 F_P 作用下(图 1-30)，各横截面上的剪力和弯矩也是不同的。取梁的左端为坐标原点，距离左端为 x 的任意横截面上的剪力和弯矩为

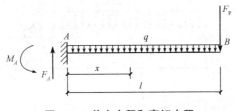

图 1-30 剪力方程和弯矩方程

$$V(x) = -F_P - qx \qquad (0 < x < l)$$

$$M(x) = -F_P x - \frac{1}{2}qx^2 \qquad (0 \leqslant x \leqslant l)$$

以上两式表示沿梁轴线各横截面上剪力和弯矩的变化规律，分别称为梁的剪力方程和弯矩方程。

为了形象、直观地表示剪力和弯矩沿梁轴线的变化规律，可以根据剪力方程和弯矩方程分别绘制剪力图和弯矩图，其横坐标表示梁横截面的位置，纵坐标表示相应横截面上的剪力或弯矩。

通常规定：正剪力画在 x 轴的上方，负剪力画在 x 轴的下方；正值的弯矩画在梁的受拉侧，即画在 x 轴的下方，负弯矩画在 x 轴的上方。

【例 1-6】 一简支梁在全梁上受集度为 q 的均布荷载作用[图 1-31(a)]。试作梁的剪力图和弯矩图。

解：(1)求支座反力。荷载及支座反力均对称于梁跨的中点，因此，两支座反力相等，由 $\sum F_y = 0$ 得

$$F_A = F_B = \frac{ql}{2}$$

(2)取距左端(坐标原点)为 x 的任意横截面，列梁的剪力方程和弯矩方程：

$$V(x) = F_A - qx = \frac{1}{2}ql - qx \quad (0 < x < l)$$

$$M(x) = F_A x - \frac{1}{2}qx^2 = \frac{1}{2}qlx - \frac{1}{2}qx^2 \quad (0 \leqslant x \leqslant l)$$

(3)作剪力图和弯矩图。由剪力方程知剪力图是一斜直线，当 $x=0$ 时，$V_A = \frac{1}{2}ql$；当 $x=l$ 时，$V_B = -\frac{1}{2}ql$。根据这两个截面的剪力值画出剪力图[图 1-31(b)]。

由于弯矩方程知弯矩图为一抛物线，当 $x=0$ 时，$M_A = 0$；当 $x=\frac{l}{2}$ 时，跨中弯矩最大，$M_{max} = \frac{1}{8}ql^2$；当 $x=l$ 时，$M_B = 0$。根据这三个截面的弯矩值可画出弯矩图的大致形状[图 1-31(c)]。

该例题表示出简支梁在全梁上受集度为 q 的均布荷载作用下，最大剪力在支座处，取值为 $\frac{1}{2}ql$；最大弯矩在跨中，取值为 $\frac{1}{8}ql^2$。当 $q=10$ kN/m 时，弯矩和剪力图如图 1-32 所示(可自行求解)。用相同的方法也可以求出简支梁在跨中受集中荷载 P 作用下的最大弯矩

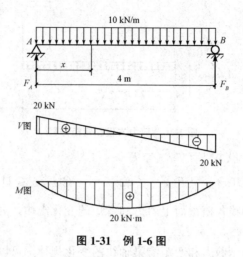

图 1-31　例 1-6 图

在集中荷载作用处，取值为 $\frac{1}{4}Pl$（可自行证明）。

思 考 题

1. 什么是刚体、平衡、等效力系、合力、分力？
2. 跨度相同的高压线，高压线的垂直下降越小时高压线越易拉断，为什么？
3. 简述力矩和力偶矩之间的相同处及不同处。
4. 何谓支座约束？约束分为哪几种？试举例说明。
5. 何谓外力、内力和应力？它们之间有什么区别？
6. 剪力和弯矩的正负号有何规定？
7. 在结构构件中都有哪些变形？这些变形是由什么力引起的？

习　　题

1. 试画出图 1-32 中各物体的受力图（自重不计）。

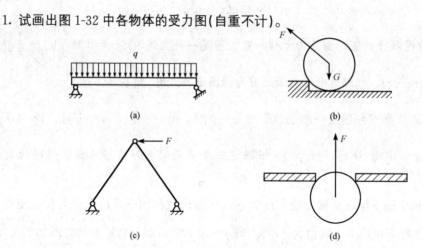

(a)　　　　　　　　　　(b)

(c)　　　　　　　　　　(d)

图 1-32　习题 1 图

2. 求图 1-33 的约束反力。

3. 求图 1-33 跨中截面的内力。

4. 求图 1-33 的内力图。

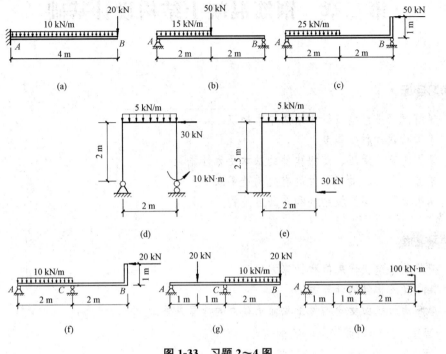

图 1-33　习题 2~4 图

第二章　钢筋混凝土结构设计基础

◎ 学习目标

1. 了解混凝土结构设计方法的基本知识。
2. 了解荷载和材料强度。
3. 掌握受弯、受压、受扭构件的基本受力性能。
4. 掌握梁、板、受扭构件的有关构造要求。
5. 熟悉混凝土梁、板结构和多高层结构。

◎ 学习重点

1. 荷载的分类、代表值和计算方法。
2. 轴心受压构件的计算方法。
3. 单筋矩形截面受弯构件正截面承载力的计算方法。

第一节　荷载和材料强度

一、荷载分类

《建筑结构荷载规范》(GB 50009—2012)(以下简称《荷载规范》)将结构上的荷载按时间的变异分为下列三类：

(1)永久荷载。永久荷载是指在结构使用期间，其值不随时间变化，或其变化与平均值相比可以忽略不计，或其变化是单调的并能趋于限值的荷载，如结构自重、土压力、预应力等，又称为恒荷载。

(2)可变荷载。可变荷载是指在结构使用期间，其值随时间变化，且其变化与平均值相比不可忽略不计的荷载，如楼面活荷载、风荷载、雪荷载、吊车荷载、屋面活荷载和积灰荷载等，又称为活荷载。

(3)偶然荷载。偶然荷载是指在结构使用年限内不一定出现，而一旦出现，其量值很大且持续时间很短的荷载，如地震力、爆炸力、撞击力等。

二、荷载取值

在结构设计时，考虑到荷载的不确定性和不同的设计要求，荷载要取一个确定的值才能进行设计，这个取值称为荷载的代表值。对于永久荷载，以标准值作为代表值；对于可变荷载，应根据不同的设计要求，分别取标准值、组合值、准永久值、频遇值作为代表值。其中，标准值是可变荷载的基本代表值；对于偶然荷载，应按建筑结构使用的特点确定其代表值。

1. 荷载标准值

《荷载规范》所规定的荷载标准值是设计基准期内最大荷载统计分布的特征值，即要求荷载标准值应具有95%的保证率。

(1)永久荷载标准值。对于结构自重，其值变化不大，可按结构构件的设计尺寸与材料单位体积的自重计算确定。对于自重变异较大的材料和构件，如松散的保温材料，自重的标准值应根据对结构的不利或有利状态，分别取上限值或下限值。常用材料和构件单位体积的自重可按《荷载规范》附录A采用。表2-1列出了部分常用材料和构件自重。

表2-1 部分常用材料和构件自重

序号	名称	自重	备注
1	素混凝土/$(kN \cdot m^{-3})$	22～24	振捣或不振捣
2	钢筋混凝土/$(kN \cdot m^{-3})$	24～25	—
3	水泥砂浆/$(kN \cdot m^{-3})$	20	
4	石灰砂浆、混合砂浆/$(kN \cdot m^{-3})$	17	—
5	浆砌普通砖/$(kN \cdot m^{-3})$	18	
6	混凝土空心小砌块/$(kN \cdot m^{-3})$	11.8	390 mm×190 mm×190 mm
7	水磨石地面/$(kN \cdot m^{-2})$	0.65	10 mm面层，20 mm水泥砂浆打底
8	贴瓷砖墙面/$(kN \cdot m^{-2})$	0.5	包括水泥砂浆打底，共厚25 mm
9	钢框玻璃窗/$(kN \cdot m^{-2})$	0.40～0.45	—

(2)可变荷载标准值。常用的可变荷载有楼面活荷载、屋面活荷载、屋面积灰荷载、施工和检修荷载及栏杆荷载、吊车荷载、雪荷载、风荷载等。表2-2列出了部分民用建筑楼面均布活荷载标准值。

表2-2 部分民用建筑楼面均布活荷载标准值

项次	类别	标准值/$(kN \cdot m^{-2})$	组合值系数 ψ_c	频遇值系数 ψ_f	准永久值系数 ψ_q
1	(1)住宅、宿舍、旅馆、办公楼、医院病房、托儿所、幼儿园	2.0	0.7	0.5	0.4
	(2)试验室、阅览室、会议室、医院门诊室	2.0	0.7	0.6	0.5
2	教室、食堂、餐厅、一般资料档案室	2.5	0.7	0.6	0.5
3	(1)礼堂、剧场、影院、有固定座位的看台	3.0	0.7	0.5	0.3
	(2)公共洗衣房	3.0	0.7	0.6	0.5
4	(1)商店、展览馆、车站、港口、机场大厅及其旅客等候室	3.5	0.7	0.6	0.5
	(2)无固定座位的看台	3.5	0.7	0.5	0.3

项次	类别			标准值 /(kN·m⁻²)	组合值 系数 ψ_c	频遇值 系数 ψ_f	准永久 值系数 ψ_q
5	(1)健身房、演出舞台			4.0	0.7	0.6	0.5
	(2)运动场、舞厅			4.0	0.7	0.6	0.3
6	(1)书库、档案库、贮藏室			5.0	0.9	0.9	0.8
	(2)密集柜书库			12.0	0.9	0.9	0.8
7	通风机房、电梯机房			7.0	0.9	0.9	0.8
8	汽车通道及客车停车库	(1)单向板楼盖(板跨不小于2 m)和双向板楼盖(板跨不小于3 m×3 m)	客车	4.0	0.7	0.7	0.6
			消防车	35.0	0.7	0.5	0.0
		(2)双向板楼盖(板跨不小于6 m×6 m)和无梁楼盖(柱网不小于6 m×6 m)	客车	2.5	0.7	0.7	0.6
			消防车	20.0	0.7	0.5	0.0
9	厨房	(1)餐厅		4.0	0.7	0.7	0.7
		(2)其他		2.0	0.7	0.6	0.5
10	浴室、卫生间、盥洗室			2.5	0.7	0.6	0.5
11	走廊、门厅	(1)宿舍、旅馆、医院病房、托儿所、幼儿园、住宅		2.0	0.7	0.5	0.4
		(2)办公楼、餐厅、医院门诊部		2.5	0.7	0.6	0.5
		(3)教学楼及其他可能出现人员密集的情况		3.5	0.7	0.5	0.3
12	楼梯	(1)多层住宅		2.0	0.7	0.5	0.4
		(2)其他		3.5	0.7	0.5	0.3
13	阳台	(1)可能出现人员密集的情况		3.5	0.7	0.6	0.5
		(2)其他		2.5	0.7	0.6	0.5

注：1. 本表所给各项活荷载适用于一般使用条件，当使用荷载较大、情况特殊或有专门要求时，应按实际情况采用。

2. 第6项书库活荷载，当书架高度大于2 m时，书库活荷载尚应按每米书架高度不小于2.5 kN/m² 确定。

3. 第8项中的客车活荷载仅适用于停放载人少于9人的客车；消防车活荷载适用于满载总重为300 kN的大型车辆；当不符合本表的要求时，应将车轮的局部荷载按结构效应的等效原则换算为等效均布荷载。

4. 第8项消防车活荷载，当双向板楼盖板跨介于3 m×3 m～6 m×6 m之间时，应按跨度线性内插法确定。

5. 第12项楼梯活荷载，对预制楼梯踏步平板，尚应按1.5 kN集中荷载验算。

6. 本表各项荷载不包括隔墙自重和二次装修荷载；对固定隔墙的自重应按永久荷载考虑，当隔墙位置可灵活自由布置时，非固定隔墙的自重应取不小于1/3的每延米长墙重(kN/m)作为楼面活荷载的附加值(kN/m²)计入，且附加值不应小于1.0 kN/m²。

2. 可变荷载组合值

结构上同时作用多种荷载时，各种可变荷载同时达到预计的最大值的概率是很小的，为了使结构在两种或两种以上的可变荷载作用时的情况与仅有一种可变荷载时具有大致相同的可靠指标，引入了组合系数。可变荷载组合值等于荷载组合系数 ψ_c 乘以可变荷载的标准值。

3. 可变荷载频遇值

对可变荷载，在设计基准期内，其超越的总时间为规定的较小比率或超越频率为规定频率的荷载值。可变荷载的频遇值主要用于当一个极限状态被超越时将产生局部损害、较大变形的情况。可变荷载的频遇值等于频遇系数 ψ_f 乘以可变荷载的标准值。

4. 可变荷载准永久值

对可变荷载，在设计基准期内，作用在结构上的可变荷载达到或超过某一荷载值的持续时间较长，其超越的总时间约为设计基准期一半的荷载值。可变荷载的准永久值等于准永久值系数 ψ_q 乘以可变荷载的标准值。

三、钢筋设计指标

建筑工程用的钢筋，需具有较高的强度，良好的塑性，便于加工和焊接，并应与混凝土之间具有足够的黏结力。钢筋混凝土结构主要采用的是热轧钢筋，分为 HPB300 级、HRB335 级、HRB400 级和 RRB400 级。

钢筋强度具有变异性，同一标准而不同时生产的钢筋之间的强度也不会完全相同。为了保证钢材的质量，在结构设计时，需要确定材料强度的基本代表值，即材料强度标准值。《混凝土结构设计规范（2015 年版）》（GB 50010—2010）（以下简称《混凝土规范》）规定，钢筋的强度标准值应具有不小于 95% 的保证率。钢筋强度标准值除以材料分项系数（其值取 1.1）即为钢筋强度设计值。

普通钢筋强度标准值 f_{yk}、强度设计值 $f_y(f_y')$ 及弹性模量 E_s 见表 2-3。

表 2-3　普通钢筋强度值和弹性模量　　　　　　　　　　　　N/mm²

种类		屈服强度标准值 f_{yk}	抗拉强度设计值 f_y	抗压强度设计值 f_y'	弹性模量 E_s
热轧钢筋	HPB300	300	270	270	2.1×10^5
	HRB335	335	300	300	2.0×10^5
	HRB400、HRBF400、RRB400	400	360	360	2.0×10^5
	HRB500、HRBF500	500	435	435	2.0×10^5

四、混凝土设计指标

混凝土强度等级应按立方体抗压强度标准值确定。《混凝土规范》规定的混凝土强度等级有 C15、C20、C25、C30、C35、C40、C45、C50、C55、C60、C65、C70、C75、C80 共14 级。混凝土强度标准值除以混凝土材料分项系数（其值取 1.4）即为混凝土强度设计值。

《混凝土规范》规定，钢筋混凝土结构的混凝土强度等级不应低于 C20；采用强度等级 400 MPa 及以上的钢筋时，混凝土强度等级不应低于 C25；预应力混凝土结构的混凝土强度等级不宜低于 C40 且不应低于 C30；承受重复荷载的钢筋混凝土构件，混凝土强度等级不应低于 C30。

混凝土强度标准值、强度设计值见表 2-4。

表 2-4　混凝土强度标准值、强度设计值　　　　　　　　　　　N/mm²

强度种类		混凝土强度等级												
		C15	C20	C25	C30	C35	C40	C45	C50	C55	C60	C65	C70	C75	C80
强度标准值	f_{ck}	10	13.4	16.7	20.1	23.4	26.8	29.6	32.4	35.5	38.5	41.5	44.5	47.4	50.2
	f_{tk}	1.27	1.54	1.78	2.01	2.20	2.39	2.51	2.64	2.74	2.85	2.93	2.99	3.05	3.11
强度设计值	f_c	7.2	9.6	11.9	14.3	16.7	19.1	21.1	23.1	25.3	27.5	29.7	31.8	33.8	35.9
	f_t	0.91	1.10	1.27	1.43	1.57	1.71	1.80	1.89	1.96	2.04	2.09	2.14	2.18	2.22

第二节　混凝土结构设计方法

一、结构的功能要求

要保证结构能够在规定的年限内安全使用，需要结构在各种作用下具备以下三项功能：

(1)安全性。结构在施工和正常使用时，能承受可能出现的各种作用而不发生破坏，以及在设计规定的偶然事件发生时及发生后，仍能保持必需的整体稳定性。它需要进行承载能力极限状态设计来保证。

(2)适用性。结构在正常使用时具有良好的工作性能，如不发生过大的变形或过宽的裂缝等。它需要进行正常使用极限状态设计来保证。

(3)耐久性。结构在正常维护下具有足够的耐久性能，即不致因为结构材料的风化、腐蚀和老化等影响使用年限。它需要进行耐久性设计来保证。

安全性、适用性和耐久性总称为结构的可靠性，也就是结构在规定的时间(设计基准期或设计使用年限)内、在规定的条件(正常设计、正常施工、正常使用和维护)下，完成预定功能(安全性、适用性、耐久性)的能力。而结构可靠度则是指结构在规定的时间内、在规定的条件下，完成预定功能的概率，即结构可靠度是结构可靠性的概率度量。

设计基准期是指现行规范所采用的设计基准期限，统一为 50 年。

设计使用年限是指设计规定的结构或结构构件不需要进行大修即可按其限定目的使用的年限。《建筑结构可靠度设计统一标准》(GB 50068—2001)(以下简称《统一标准》)，将设计使用年限分为四个类别，见表 2-5。

表 2-5　设计使用年限分类

类别	设计使用年限/年	示例
1	5	临时性结构
2	25	易于替换的结构构件
3	50	普通房屋和构筑物
4	100	纪念性建筑和特别重要的建筑结构

二、结构的极限状态

整个结构或结构的一部分超过某一特定状态，就不能满足设计规定的某一功能要求，此特定状态称为该功能的极限状态。极限状态实质上是区分结构可靠与失效的界限。

极限状态分为两类，即承载能力极限状态和正常使用极限状态。

1. 承载能力极限状态

承载能力极限状态是指对应于结构或结构构件达到最大承载力或不适于继续承载的变形的状态。它是安全性功能的界限，一旦超过这一极限状态就可能造成结构的整体倒塌或严重破坏。

当结构或结构构件出现下列状态之一时，应认为超过了承载能力极限状态：

(1)结构构件或连接因超过材料强度而破坏，或因过度变形而不适于继续承载。

(2)结构或结构的一部分作为刚体失去平衡(如倾覆等)。

(3)结构转变为机动体系。

(4)结构或结构构件丧失稳定(如压屈等)。

(5)结构因局部破坏而发生连续倒塌。

(6)地基丧失承载力而破坏(如失稳等)。

(7)结构或结构构件的疲劳破坏。

2. 正常使用极限状态

正常使用极限状态是指对应于结构或构件达到正常使用的某项规定限值。超过这种极限状态，结构或构件会失去适用性，但通常不会带来人身伤亡和重大经济损失，因此，在结构可靠性的保证程度上可以比承载能力极限状态稍低一下。

当结构或构件出现下列状态之一时，应认为超过了正常极限状态：

(1)影响正常使用或外观的变形。

(2)影响正常使用或耐久性能的局部损坏(包括裂缝)。

(3)影响正常使用的振动。

(4)影响正常使用的其他特定状态。

过大的变形和过宽的裂缝，不仅影响结构的正常使用和耐久性能，也会造成人们心理上的不安全感。通常，对结构构件先按承载能力极限状态进行承载能力计算，然后根据使用要求按正常使用极限状态进行变形、裂缝宽度或抗裂等验算。

三、极限状态方程

1. 作用效应

作用效应 S 是指作用引起的结构或构件的内力和变形，如轴力、弯矩、剪力、扭矩、挠度、裂缝等，又称为荷载效应。作用效应 S 和荷载 Q 可近似表示为线性关系，即

$$S = CQ \tag{2-1}$$

式中　　C——作用效应系数。

如跨中承受集中荷载 p 的简支梁,其跨中弯矩 $M=\dfrac{1}{4}pl$,支座剪力 $V=\dfrac{1}{2}p$,其中 p 为荷载,M、V 为作用效应,$\dfrac{1}{4}$ 和 $\dfrac{1}{2}$ 分别是弯矩、剪力相对应的作用效应系数。

2. 结构抗力

结构抗力 R 是指结构或构件承受作用效应的能力,如结构构件的承载力、刚度和抗裂度等。它是结构或构件的材料性能、几何参数、计算模式的函数。

3. 极限状态方程表达式

结构的极限状态可用极限状态方程来表示,即

$$Z=R-S=g(R,\ S) \tag{2-2}$$

通过该方程可以判别结构所处的状态:

当 $Z>0$ 时,结构处于可靠状态;

当 $Z<0$ 时,结构处于失效状态;

当 $Z=0$ 时,结构处于极限状态。

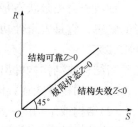

图 2-1　结构的极限状态

结构所处的状态也可用图 2-1 表示。在极限状态设计时,应符合下列要求:

$$Z=R-S=g(R,\ S)\geqslant 0 \tag{2-3}$$

四、承载能力极限状态设计表达式

进行承载能力极限状态设计时,应考虑荷载效应的基本组合,必要时还应考虑作用效应的偶然组合,采用下列极限状态设计表达式:

$$\gamma_0 S \leqslant R \tag{2-4}$$

式中　γ_0——结构重要性系数(在持久设计状况和短暂设计状况下,对安全等级为一级的结构构件,不应小于 1.1;对安全等级为二级的结构构件,不应小于 1.0;对安全等级为三级的结构构件,不应小于 0.9,地震设计状况下应取 1.0);

　　　S——荷载组合的效应设计值;

　　　R——结构构件抗力的设计值。

对于基本组合,荷载效应组合的设计值 S_d 应在下列组合中取最不利值确定:

(1)由可变荷载效应控制的组合,即

$$S_d = \sum_{j=1}^{m}\gamma_{G_j}S_{G_jk} + \gamma_{Q_1}\gamma_{L_1}S_{Q_1k} + \sum_{i=2}^{n}\gamma_{Q_i}\gamma_{L_i}\psi_{c_i}S_{Q_ik} \tag{2-5}$$

式中　γ_{G_j}——第 j 个永久荷载的分项系数,见表 2-6。

　　　γ_{Q_i}——第 i 个可变荷载的分项系数,见表 2-6,其中 γ_{Q_1} 为主导可变荷载 Q_1 的分项系数。

　　　γ_{L_i}——第 i 个可变荷载考虑设计使用年限的调整系数,其中 γ_{L_1} 为主导可变荷载 Q_1 考虑设计使用年限的调整系数。对于楼面和屋面活荷载,设计使用年限为 5 年,γ_{L_i} 取 0.9;设计使用年限为 50 年,γ_{L_i} 取 1.0;设计使用年限为 100 年,γ_{L_i} 取 1.1。对于荷载标准值可控制的活荷载,设计使用年限调整系数取 1.0,对雪荷载和风荷载,应取重现期为设计使用年限。

S_{G_jk}——第 j 个永久荷载标准值 G_{jk} 计算的荷载效应值。

S_{Qk}——第 i 个可变荷载标准值 Q_{ik} 计算的荷载效应值,其中 S_{Q_1k} 为诸可变荷载效应中起控制作用者。

ψ_{c_i}——第 i 个可变荷载 Q_i 的组合值系数。

m——参与组合的永久荷载数。

n——参与组合的可变荷载数。

(2)由永久荷载效应控制的组合,即

$$S_d = \sum_{j=1}^{m} \gamma_{G_j} S_{G_jk} + \sum_{i=1}^{n} \gamma_{Q_i} \gamma_{L_i} \psi_{c_i} S_{Qk} \qquad (2\text{-}6)$$

注:(1)基本组合中的效应设计值仅适用于荷载与荷载效应为线性的情况;

(2)当对 S_{Q_1k} 无法明显判断时,应依次以各可变荷载效应作为 S_{Q_1k},并选取其中最不利的荷载组合的效应设计值。

对于偶然组合,荷载效应组合的设计值应按有关规定进行确定。

表 2-6　荷载分项系数

荷载类别	荷载特征	荷载分项系数(γ_G 或 γ_Q)
永久荷载	当其效应对结构不利时 　对由可变荷载效应控制的组合 　对由永久荷载效应控制的组合	 1.20 1.35
	当其效应对结构有利时 　一般情况 　对结构的倾覆、滑移或漂浮验算	 1.0 0.9
可变荷载	一般情况 对标准值>4 kN/m² 的工业房屋楼面活荷载	1.4 1.3

五、正常使用极限状态设计表达式

对于正常使用极限状态,应根据不同的设计要求,采用荷载的标准组合、频遇组合或准永久组合,并应按下列设计表达式进行设计:

$$S \leq C \qquad (2\text{-}7)$$

式中　C——结构或构件达到正常使用要求的规定限值,如变形、裂缝、振幅、加速度、应力等的限值。

正常使用极限状态下的荷载效应组合设计值 S 应按下列公式计算:

(1)标准组合。

$$S = \sum_{j=1}^{m} S_{G_jk} + S_{Q_1k} + \sum_{i=2}^{n} \psi_{c_i} S_{Qk} \qquad (2\text{-}8)$$

(2)频遇组合。

$$S = \sum_{j=1}^{m} S_{G_jk} + \psi_{f_1} S_{Q_1k} + \sum_{i=2}^{n} \psi_{q_i} S_{Qk} \qquad (2\text{-}9)$$

(3)准永久组合。

$$S = \sum_{j=1}^{m} S_{G_jk} + \sum_{i=1}^{n} \psi_{q_i} S_{Qk} \qquad (2\text{-}10)$$

【例 2-1】 某教室简支梁跨度为 4 m，承担的均布恒荷载标准值 $g_k=10$ kN/m，承担的均布活荷载标准值 $q_k=6$ kN/m。安全等级为二级，试分别计算按承载能力极限状态设计时和正常使用极限状态设计时的各项组合计算梁的跨中弯矩。

解： (1)分别计算不同荷载标准值作用下的跨中弯矩。

永久荷载作用下 $\quad M_{G_k}=\dfrac{1}{8}g_k l^2=\dfrac{1}{8}\times10\times4^2=20(\text{kN}\cdot\text{m})$

可变荷载作用下 $\quad M_{Q_k}=\dfrac{1}{8}q_k l^2=\dfrac{1}{8}\times6\times4^2=12(\text{kN}\cdot\text{m})$

(2)承载能力极限状态设计时跨中弯矩设计值。

安全等级为二级，$\gamma_0=1.0$。

按可变荷载效应控制的组合：

查表 2-6 得，$\gamma_G=1.20$，$\gamma_Q=1.4$。

$M=\gamma_0(\gamma_G M_{G_k}+\gamma_Q M_{Q_k})=1.0\times(1.20\times20+1.4\times12)=40.8(\text{kN}\cdot\text{m})$

按永久荷载效应控制的组合：

查表 2-6 得，$\gamma_G=1.35$，$\gamma_Q=1.4$；查表 2-2 得，$\psi_c=0.7$。

$M=\gamma_0(\gamma_G M_{G_k}+\gamma_Q\psi_c M_{Q_k})=1.0\times(1.35\times20+1.4\times0.7\times12)=38.76(\text{kN}\cdot\text{m})$

则 M 取两者中的较大值，故该简支梁跨中弯矩设计值 $M=40.8$ kN·m

(3)正常使用极限状态设计时各项组合的跨中弯矩。

查表 2-2 得，$\psi_f=0.6$，$\psi_q=0.5$。

按标准组合 $\quad M=M_{G_k}+M_{Q_k}=20+12=32(\text{kN}\cdot\text{m})$

按频遇组合 $\quad M=M_{G_k}+\psi_f M_{Q_k}=20+0.6\times12=27.2(\text{kN}\cdot\text{m})$

按准永久组合 $\quad M=M_{G_k}+\psi_q M_{Q_k}=20+0.5\times12=26(\text{kN}\cdot\text{m})$

第三节　钢筋混凝土受弯构件

一、概述

受弯构件是指截面上通常有弯矩和剪力共同作用而轴力可以忽略不计的构件。在工业与民用建筑中，钢筋混凝土受弯构件是结构构件中用量最大、应用最为普遍的一种构件，如梁和板是典型的受弯构件。常用梁的截面形式有矩形、T 形、工字形等，常用板的截面形式有矩形板、空心板和槽形板等。

受弯构件在荷载等因素的作用下，可能发生两种主要的破坏：一种是沿弯矩最大的截面破坏，此时的破坏截面与构件的轴线垂直，称为沿正截面破坏[图 2-2(a)]；另一种是沿剪力最大或弯矩和剪力都较大的截面破坏，此时的破坏截面与构件轴线斜交，称为沿斜截面破坏[图 2-2(b)]。

钢筋混凝土受弯构件，通过正截面承载力计算，确定受弯构件的材料、截面尺寸与纵向受力钢筋的用量，以保证不发生正截面受弯破坏；通过斜截面承载力计算，进一步复核所选用的材料与截面尺寸，并确定箍筋与弯起钢筋用量，以保证不发生斜截面受剪破坏；通过一定的构造措施，以保证斜截面不发生受弯破坏。本节只讨论受弯构件的正截面承载能力计算方法。

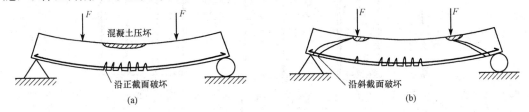

图 2-2　受弯构件的破坏形态

(a)沿正截面破坏；(b)沿斜截面破坏

二、受弯构件的一般构造要求

1. 梁的构造

梁中的钢筋有纵向受力钢筋、箍筋、弯起钢筋和架立钢筋等，如图 2-3 所示。

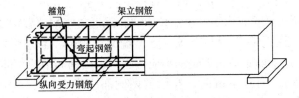

图 2-3　梁的配筋

(1)纵向受力钢筋的作用是承受由弯矩在梁内产生的拉力或压力。仅在截面受拉区配有纵向受力钢筋的截面称为单筋矩形截面。不但在截面受拉区，而且在截面受压区同时配有纵向受力钢筋的矩形截面称为双筋矩形截面。纵向受力钢筋宜用 HRB335 级或 HRB400 级，常用直径为 12~25 mm。伸入梁支座范围内的钢筋不应少于 2 根。梁高不小于 300 mm 时，钢筋直径不应小于 10 mm；梁高小于 300 mm 时，钢筋直径不应小于 8 mm。为保证钢筋与混凝土之间的黏结和便于浇筑混凝土，梁上部钢筋水平方向的净间距不应小于 30 mm 和 1.5d；梁下部钢筋水平方向的净间距不应小于 25 mm 和 d。当下部钢筋多于 2 层时，2 层以上钢筋水平方向的中距应比下面 2 层的中距增大一倍，各层钢筋之间的净间距不应小于 25 mm 和 d，d 为钢筋的最大直径，如图 2-4 所示。

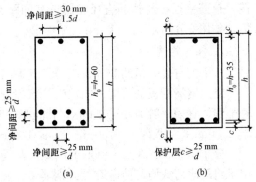

图 2-4　梁的钢筋净间距和混凝土保护层

(2)箍筋的主要作用是承受剪力和弯矩在梁内引起的主拉应力，同时，还可固定纵向受力钢筋并和其他钢筋绑扎在一起形成钢筋骨架。箍筋应通过计算确定。如按计算不需要时，仍按构造要求配置箍筋。箍筋的最小直径与梁高有关，当 $h \leqslant 800$ mm 时，不宜小于 6 mm；当 $h > 800$ mm 时，不宜小于 8 mm。箍筋的形式有封闭式和开口式两种，一般采用封闭式。

箍筋的肢数有单肢、双肢和四肢等，如图 2-5 所示。

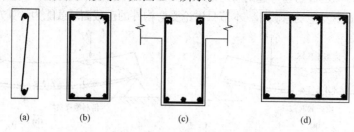

图 2-5　箍筋的形式和肢数
(a)单肢箍；(b)双肢封闭式；(c)双肢开口式；(d)四肢箍

（3）架立钢筋设置在梁受压区的角部，与纵向受力钢筋平行。其作用是固定箍筋的正确位置，与纵向钢筋构成钢筋骨架并承受由于温度变化、混凝土收缩而产生的拉应力，以防止发生裂缝。双筋截面梁中由于配有受压钢筋，可不再配置架立钢筋。架立钢筋一般需要配置 2 根，其直径与梁的跨度有关，当 $l_0 < 4$ m 时，直径不宜小于 8 mm；当 $l_0 = 4 \sim 6$ m 时，直径不应小于 10 mm；当 $l_0 > 6$ m 时，直径不应小于 12 mm。

（4）弯起钢筋在跨中承受正弯矩产生的拉力，在靠近支座的位置承受弯矩和剪力共同产生的主拉应力，弯起后的水平段可用于承受支座端的负弯矩。当采用弯起钢筋时，弯起角宜取 45°或 60°。梁底层钢筋中的角部钢筋不应弯起，顶层钢筋中的角部钢筋不应弯下。

当梁的腹板高度 $h_w \geqslant 450$ mm 时，在梁的两侧面应沿高度配置纵向构造钢筋。其作用是承受温度变化、混凝土收缩在梁侧面引起的拉应力，防止产生裂缝。每侧纵向构造钢筋（不包括梁上、下部受力钢筋及架立钢筋）的间距不宜大于 200 mm，截面面积不应小于腹板截面面积（bh_w）的 0.1%，且间距不宜大于 200 mm。梁两侧的纵向构造钢筋用拉筋连接，拉筋直径可与箍筋直径相同，其间距常为箍筋间距的两倍，如图 2-6 所示。

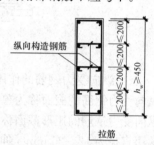

图 2-6　梁侧面构造筋与拉筋

2. 板的构造

板中配有受力钢筋和分布钢筋，宜采用 HPB300 级、HRB335 级和 HRB400 级的钢筋。

受力钢筋沿板的跨度方向在受拉区设置，承受荷载作用下产生的拉力。受力钢筋按计算配置，直径一般为 6~12 mm，其间距一般为 70~200 mm，当板厚 $h \leqslant 150$ mm 时不宜大于 200 mm；当板厚 $h > 150$ mm 时不宜大于板厚的 1.5 倍，且不宜大于 250 mm。

分布钢筋布置在受力钢筋的内侧，与受力钢筋垂直相交处用细钢丝绑扎或焊接，其作用是将板面荷载均匀传递给受力钢筋，在施工中固定受力钢筋位置，同时抵抗温度和收缩应力。分布钢筋按构造设置，单位宽度上的配筋不宜小于单位宽度上的受力钢筋的 15%，且配筋率不宜小于 0.15%；分布钢筋的直径不宜小于 6 mm，间距不宜大于 250 mm。

3. 混凝土保护层厚度

为了防止钢筋锈蚀和保证钢筋与混凝土的黏结，受力钢筋的表面必须有足够的混凝土保护层。结构构件中钢筋外边缘至构件表面的距离称为混凝土保护层厚度。混凝土保护层厚度不应小于钢筋的公称直径 d，且应符合表 2-7 的规定。

表 2-7　混凝土保护层的最小厚度　　　　　　　　　　　　　　mm

环境类别	板、墙、壳	梁、柱、杆
一	15	20
二 a	20	25
二 b	25	35
三 a	30	40
三 b	40	50

注：1. 环境类别规定详见本书第 3 章中表 3-1；
　　2. 混凝土强度等级不大于 C25 时，表中保护层厚度数值应增加 5 mm；
　　3. 钢筋混凝土基础宜设置混凝土垫层，基础中钢筋的混凝土保护层厚度应从垫层顶面算起，且不应小于 40 mm。

三、受弯承载力计算

1. 受弯构件正截面破坏形态

钢筋混凝土受弯构件，当截面尺寸和材料强度确定后，钢筋用量的变化，将影响构件的受力性能和破坏形态。梁内纵向受力钢筋的含量用配筋率 ρ 表示，即

$$\rho = \frac{A_s}{bh_0} \tag{2-11}$$

式中　A_s——纵向受拉钢筋截面面积；

　　　b——梁的截面宽度；

　　　h_0——梁的有效高度(应为从受压混凝土边缘至受拉钢筋截面重心的距离 $h_0 = h - a_s$，其中 a_s 为受拉钢筋截面重心到受拉混凝土表面的距离，设计时也可按近似值取用：在室内正常环境下，对于梁，当受拉钢筋排一排时，$h_0 = h - 35$ mm，当受拉钢筋排两排时，$h_0 = h - 60$ mm；对于板，$h_0 = h - 20$ mm)。

根据配筋率 ρ 的不同，可将梁的破坏形式分为少筋破坏、适筋破坏、超筋破坏三种类型。

(1)当构件的配筋率低于某一定值时，构件不但承载能力很低，而且只要其一开裂，裂缝就急速开展，裂缝截面处的拉力全部由钢筋承受，钢筋由于突然增大的应力而屈服，构件立即发生破坏。这种破坏称为少筋破坏[图 2-7(a)]。

(2)当构件的配筋率不是太低也不是太高时，构件的破坏首先是由于受拉区纵向受力钢筋屈服，然后受压区混凝土被压碎，钢筋和混凝土的强度都得到充分利用。这种破坏称为适筋破坏。在构件破坏前，适筋破坏有明显的塑性变形和裂缝预兆，破坏不是突然发生的，呈塑性性质[图 2-7(b)]。

(3)当构件的配筋率超过某一定值时，构件的破坏特征又发生质的变化。构件的破坏是由于受压区的混凝土被压碎而引起的，受拉区纵向受力钢筋不屈服，这种破坏称为超筋破坏。在破坏前，超筋破坏虽然也有一定的变形和裂缝预兆，但不像适筋破坏那样明显，而且当混凝土压碎时，破坏突然发生，钢筋的强度得不到充分利用，破坏带有脆性性质[图 2-7(c)]。

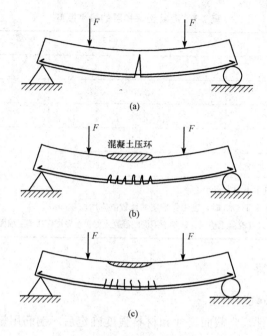

图 2-7　梁正截面破坏形态
（a）少筋破坏；（b）适筋破坏；（c）超筋破坏

少筋破坏和超筋破坏都具有脆性性质，破坏前无明显预兆，破坏时将造成严重后果，材料的强度得不到充分利用。因此，应避免将受弯构件设计成少筋构件和超筋构件，只允许设计成适筋构件。

2. 单筋矩形截面受弯构件正截面承载力计算

（1）基本公式及其适用条件。单筋矩形截面受弯构件正截面承载力计算，是以适筋梁破坏瞬间的受力状态为依据的。为了便于计算，不考虑受拉区混凝土参与工作，拉力完全由钢筋承担。同时，受压区混凝土的实际应力分布图形等效为矩形应力图（图 2-8），等效的原则为受压区混凝土压应力合力的大小不变；受压区混凝土压应力合力的作用点不变。

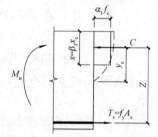

图 2-8　应力图形的简化

根据静力平衡条件，同时从满足承载力极限状态出发，应满足 $M \leqslant M_u$，可得出单筋矩形截面受弯构件正截面承载力计算的基本公式：

$$\sum X = 0, \qquad \alpha_1 f_c b x = f_y A_s \tag{2-12}$$

$$\sum M = 0, \qquad M \leqslant M_u = \alpha_1 f_c b x \left(h_0 - \frac{x}{2}\right) \tag{2-13}$$

或

$$M \leqslant M_u = f_y A_s \left(h_0 - \frac{x}{2}\right) \tag{2-14}$$

式中　α_1——系数，当混凝土强度等级≤C50 时取 1.0，当混凝土强度等级为 C80 时取 0.94，其间按线性内插法取用；

f_c——混凝土轴心抗压强度设计值；

b——截面宽度；

x——混凝土受压区高度；

f_y——钢筋抗拉强度设计值；

A_s——纵向受拉钢筋截面面积；

M——作用在截面上的弯矩设计值；

M_u——受弯承载力设计值。

为保证受弯构件为适筋破坏，上述基本公式必须满足下列适用条件：

1)为防止超筋破坏，应满足：

$$\xi = \frac{x}{h_0} \leqslant \xi_b \tag{2-15}$$

或

$$x \leqslant x_b = \xi_b h_0 \tag{2-16}$$

或

$$\rho \leqslant \rho_{max} \tag{2-17}$$

2)为了防止少筋破坏，应满足：

$$\rho \geqslant \rho_{min} \tag{2-18}$$

或

$$A_s \geqslant \rho_{min} bh \tag{2-19}$$

式中　ξ_b——界限相对受压区高度，当混凝土强度等级≤C50 时，HPB300 级钢筋 $\xi_b =$ 0.576，HRB335 级钢筋 $\xi_b = 0.550$，HRB400、RRB400 级钢筋 $\xi_b = 0.518$；

ρ_{max}——最大配筋率，$\rho_{max} = \xi_b \dfrac{\alpha_1 f_c}{f_y}$；

ρ_{min}——受弯构件最小配筋率，$\rho_{min} = \max\left(45 \dfrac{f_t}{f_y}\%,\ 0.20\%\right)$，其中 f_t 为混凝土的抗拉强度设计值。

(2)截面设计计算步骤。已知弯矩设计值 M（或荷载），确定混凝土强度等级和钢筋级别、构件截面尺寸，求纵向受力钢筋截面面积 A_s。

具体步骤如下：

1)确定截面有效高度 h_0。

2)计算混凝土受压区高度 x，并判断是否属超筋梁。

由式(2-13)得

$$x = h_0 - \sqrt{h_0^2 - \frac{2M}{\alpha_1 f_c b}} \tag{2-20}$$

若 $x \leqslant \xi_b h_0$，则不属于超筋梁；若 $x > \xi_b h_0$，为超筋梁，应采取提高抗弯承载力的措施后重新计算，直到满足要求为止。采取的措施一般为提高混凝土强度等级或加大截面高度，或采用双筋截面。

3)求 A_s。

由式(2-12)得

$$A_s = \frac{\alpha_1 f_c b x}{f_y} \tag{2-21}$$

4)根据表 2-8 选配钢筋。

表 2-8　钢筋的计算截面面积

公称直径 /mm	不同根数钢筋的公称截面面积/mm²								
	1	2	3	4	5	6	7	8	9
6	28.3	57	85	113	142	170	198	226	255
8	50.3	101	151	201	252	302	352	402	453
10	78.5	157	236	314	393	471	550	628	707
12	113.1	226	339	452	566	679	792	905	1 018
14	153.9	308	462	616	770	923	1 077	1 231	1 385
16	201.1	402	603	804	1 006	1 207	1 408	1 609	1 810
18	254.5	509	764	1 018	1 273	1 527	1 782	2 036	2 291
20	314.2	628	943	1 257	1 571	1 885	2 199	2 514	2 828
22	380.1	760	1 140	1 520	1 901	2 281	2 661	3 041	3 421
25	490.9	982	1 473	1 964	2 455	2 945	3 436	3 927	4 418
28	615.8	1 232	1 847	2 463	3 079	3 695	4 311	4 926	5 542
32	804.2	1 608	2 413	3 217	4 021	4 825	5 629	6 434	7 238
36	1 017.9	2 036	3 054	4 072	5 090	6 107	7 125	8 143	9 161
40	1 256.6	2 513	3 770	5 026	6 283	7 540	8 796	10 053	11 309

5)验算最小配筋率。

若 $A_s \geq \rho_{min} bh$，则不属于少筋梁；

若 $A_s < \rho_{min} bh$，为少筋梁，应按最小配筋率配筋，即取 $A_s = \rho_{min} bh$。

(3)截面复核计算步骤。已知截面尺寸、材料强度等级及 A_s，计算截面的受弯承载力 M_u；或已知弯矩设计值 M，验算截面是否安全。

具体步骤如下：

1)验算最小配筋率。若不满足 $A_s \geq \rho_{min} bh$，则说明会发生少筋破坏，应重新设计。若满足，则进行下一步。

2)求 x。

由式(2-12)得

$$x = \frac{f_y A_s}{\alpha_1 f_c b} \tag{2-22}$$

3)求 M_u。

若 $x \leq \xi_b h_0$，则

$$M_u = \alpha_1 f_c bx \left(h_0 - \frac{1}{2}x \right) \tag{2-23}$$

或

$$M_u = f_y A_s \left(h_0 - \frac{1}{2}x \right) \tag{2-24}$$

若 $x > \xi_b h_0$，令 $x = \xi_b h_0$，则

$$M_u = \alpha_1 f_c b h_0^2 \xi_b (1 - 0.5 \xi_b) \qquad (2\text{-}25)$$

4)验算截面是否安全。若 $M_u \geqslant M$，则安全，否则不安全。

【例 2-2】 已知某梁截面尺寸为 $b \times h = 250 \text{ mm} \times 500 \text{ mm}$，承受的最大弯矩设计值为 $M = 120 \text{ kN} \cdot \text{m}$。该梁采用强度等级为 C25 的混凝土，纵向受拉钢筋采用 HRB400 级钢筋，计算时 $a_s = 35 \text{ mm}$，试确定受拉钢筋截面面积。

解： 选用 C25 混凝土，$f_c = 11.9 \text{ N/mm}^2$，$f_t = 1.27 \text{ N/mm}^2$，$\alpha_1 = 1.0$，HRB400 级钢筋，$f_y = 360 \text{ N/mm}^2$，$\xi_b = 0.518$。

(1)确定截面有效高度 h_0。

$$h_0 = 500 - 35 = 465 (\text{mm})$$

(2)计算混凝土受压区高度 x，并判断是否属超筋梁。

$$x = h_0 - \sqrt{h_0^2 - \frac{2M}{\alpha_1 f_c b}} = 465 - \sqrt{465^2 - \frac{2 \times 120 \times 10^6}{1.0 \times 11.9 \times 250}} = 96.8 (\text{mm})$$

$$< \xi_b h_0 = 0.518 \times 465 = 241 (\text{mm})$$

(3)求 A_s。

$$A_s = \frac{\alpha_1 f_c b x}{f_y} = \frac{1.0 \times 11.9 \times 250 \times 96.8}{360} = 800 (\text{mm}^2)$$

(4)查表 2-8，可选用 4Φ16，$A_s = 804 \text{ mm}^2$。

(5)验算最小配筋率：

$$45 \frac{f_t}{f_y} \% = 45 \times \frac{1.27}{360} = 0.16\% < 0.2\%$$

$$\rho_{min} = \max\left(45 \frac{f_t}{f_y} \%, \ 0.20\%\right) = \max(0.16\%, \ 0.2\%) = 0.2\%$$

$$\rho = \frac{A_s}{b h_0} = \frac{804}{250 \times 465} = 0.69\% \geqslant \rho_{min} = 0.2\%，满足要求。$$

四、受剪承载力计算

受弯构件在荷载作用下，各截面上除作用弯矩外，一般同时还作用剪力。为保证受弯构件斜截面的承载力，可配置一定数量的腹筋。腹筋是箍筋和弯起钢筋的总称。

斜截面的承载力包括两个方面，即斜截面的受弯承载力和受剪承载力。斜截面的受弯承载力主要通过构造措施解决，而受剪承载力需通过计算确定。

1. 影响斜截面受力性能的主要因素

(1)剪跨比和跨高比。对于承受集中荷载作用的梁而言，剪跨比是影响其斜截面受力性能的主要因素之一。剪跨比用 λ 表示，是量纲为 1 的参数。剪跨比等于该截面的弯矩值与截面的剪力值和有效高度乘积之比，即

$$\lambda = \frac{M}{V h_0} \qquad (2\text{-}26)$$

也可用剪跨长度 a（图 2-9）与截面有效高度 h_0 之比表示，即

$$\lambda = \frac{a}{h_0} \qquad (2\text{-}27)$$

对于承受均布荷载作用的梁而言，构件跨度与截面高度之比（简称跨高比）l_0/h 是影响

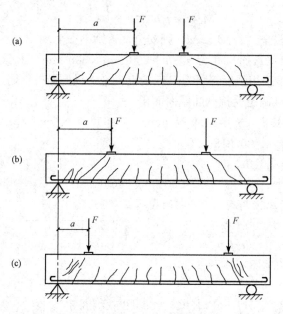

图 2-9　梁斜截面破坏形态

受剪承载力的主要因素。随着剪跨比或跨高比的增大，受剪承载力降低。

（2）腹筋的数量。箍筋和弯起钢筋可以有效地提高斜截面的承载力。因此，腹筋的数量增多，斜截面的承载力将增大。

（3）混凝土强度。斜裂缝出现后，裂缝间的混凝土在剪应力和压应力的作用下处于应力状态，在拉应力和压应力的共同作用下破坏；梁的受剪承载力随混凝土抗拉强度 f_t 的提高而提高，大致呈线性关系。

（4）纵筋配筋率。在其他条件相同时，纵向钢筋配筋率越大，斜截面承载力也越大。这是因为，纵筋配筋率越大，则破坏时的剪压区高度越大，从而提高了混凝土的抗剪能力；同时，纵筋可以抑制斜裂缝的开展，增大斜裂面之间的集料咬合作用；纵筋本身的横截面也能承受少量剪力（销栓力）。

2. 斜截面破坏的主要形态

大量试验结果表明，在不同的弯矩和剪力组合下，随着混凝土的强度、腹筋和纵筋用量及剪跨比的不同，可能有以下三种破坏形式：

（1）斜拉破坏。梁内箍筋数量配置过少且剪跨比较大（λ>3）时，将发生斜拉破坏[图 2-9(a)]。斜裂缝一旦开展，便迅速向集中荷载作用点延伸，并很快形成临界斜裂缝，梁随即破坏。整个破坏过程急速而突然，破坏荷载与出现斜裂缝时的荷载相当接近，破坏前梁的变形很小，并且往往只有一条斜裂缝，这种破坏具有明显的脆性。

（2）剪压破坏。梁内箍筋数量适当且剪跨比适中（λ＝1～3）时，将发生剪压破坏[图 2-9(b)]。其特征是随着荷载的增加，在剪弯区首先出现一批与截面下边缘垂直的裂缝；荷载加载到一定阶段时，斜裂缝中的一条发展成临界斜裂缝；临界斜裂缝向荷载作用点缓慢发展，直至减压使混凝土被压碎而破坏。这种破坏有一定的预兆，破坏荷载较出现斜裂缝时的荷载高。

（3）斜压破坏。当梁内箍筋数量配置过多或剪跨比较小($\lambda<1$)时，将发生斜压破坏[图2-9(c)]。随着荷载的增加，混凝土首先在剪弯区段腹部开裂，并产生若干条相互平行的斜裂缝，将腹部混凝土分割为若干个斜向短柱而压碎，破坏时，箍筋应力尚未达到屈服强度。斜压破坏的破坏荷载很高，但变形很小，也属于脆性破坏。

在斜截面的三种破坏形态中，只有剪压破坏充分发挥了箍筋和混凝土的强度，因此，进行受弯构件设计时，应使斜截面破坏呈剪压破坏，避免斜拉、斜压和其他形式的破坏。

3. 斜截面承载力计算公式及使用条件

（1）基本公式。受弯构件斜截面受剪承载力计算公式，是以剪压破坏的特征为依据，在试验分析的基础上给出的。

对于矩形、T形和工字形截面等一般受弯构件，当仅配置箍筋时，其斜截面受剪承载力计算公式为

$$V \leqslant 0.7 f_t b h_0 + f_{yv} \frac{A_{sv}}{s} h_0 \qquad (2\text{-}28)$$

式中 V——构件计算截面上的剪力设计值；

　　　f_t——混凝土轴心抗拉强度设计值；

　　　f_{yv}——箍筋的抗拉强度设计值；

　　　b——矩形截面的宽度，T形、工字形截面的腹板高度；

　　　h_0——截面有效高度；

　　　s——箍筋间距；

　　　A_{sv}——同一截面内箍筋的截面面积，$A_{sv}=nA_{sv1}$（其中 n 为同一截面内箍筋的肢数，A_{sv1} 为单肢箍筋的截面面积）。

当矩形、T形和工字形截面受弯构件，符合如下条件时，可不必进行斜截面受剪承载力计算，只需按构造配置箍筋即可：

$$V \leqslant 0.7 f_t b h_0 \qquad (2\text{-}29)$$

（2）适用条件。

1）为防止配筋量过大而发生斜压破坏的条件——最小截面尺寸限制。

当 $\dfrac{h_w}{b} \leqslant 4.0$ 时，应满足：

$$V \leqslant 0.25 \beta_c f_c b h_0 \qquad (2\text{-}30)$$

当 $\dfrac{h_w}{b} \geqslant 6.0$ 时，应满足：

$$V \leqslant 0.2 \beta_c f_c b h_0 \qquad (2\text{-}31)$$

当 $4.0 < \dfrac{h_w}{b} < 6.0$ 时，按线性内插法确定。

以上各式中：

h_w——截面的腹板高度：矩形截面，取有效高度；T形截面，取有效高度减去翼缘高度；工字形截面，取腹板净高度。

β_c——混凝土强度影响系数：当混凝土强度等级不超过C50时，β_c 取1.0；当混凝土强度等级为C80时，β_c 取0.8；其间按线性内插法确定。

2）为防止配筋量过小而发生斜拉破坏的条件——最小配箍率 $\rho_{sv,min}$ 限制。

配箍率 ρ_{sv} 应满足：

$$\rho_{sv}=\frac{A_{sv}}{bs}=\frac{nA_{sv1}}{bs}\geqslant\rho_{sv,min}=0.24\frac{f_t}{f_{yv}} \tag{2-32}$$

同时，箍筋还应满足最小直径和最大间距 s_{max}（表 2-9）的要求。

表 2-9 梁中箍筋的最大间距   mm

梁高 h	$V>0.7f_tbh_0+$ $0.05N_{p0}$	$V\leqslant0.7f_tbh_0+$ $0.05N_{p0}$	梁高 h	$V>0.7f_tbh_0+$ $0.05N_{p0}$	$V\leqslant0.7f_tbh_0+$ $0.05N_{p0}$
$150<h\leqslant300$	150	200	$500<h\leqslant800$	250	350
$300<h\leqslant500$	200	300	$h>800$	300	400

4. 斜截面受剪承载力计算步骤

已知：剪力设计值 V，截面尺寸 b、h，混凝土强度等级，箍筋级别。

求：箍筋数量。

计算步骤如下：

（1）复核截面尺寸。截面尺寸应满足式（2-30）或式（2-31）的要求；否则，应加大截面尺寸或提高混凝土强度等级。

（2）确定是否需要按计算配置箍筋。如满足式（2-29）的要求，则不需要进行斜截面承载力计算，直接按构造要求配置箍筋；否则，应按计算配置箍筋。

（3）计算箍筋。对一般的梁，由式（2-28）得

$$\frac{A_{sv}}{s}=\frac{nA_{sv1}}{s}\geqslant\frac{V-0.7f_tbh_0}{f_{yv}h_0} \tag{2-33}$$

计算出 $\dfrac{A_{sv}}{s}$ 后，先根据构造要求选定箍筋直径 d 和肢数 n，进而计算出箍筋间距 s，且箍筋间距应满足 $s\leqslant s_{max}$。

（4）验算配箍率。配箍率应满足式（2-32）的要求。

【例 2-3】 某钢筋混凝土矩形截面简支梁如图 2-10 所示，两端搁置在砖墙上，支承长度 $a=240$ mm；净跨 $l_n=3.56$ m，承受均布荷载设计值 $q=88$ kN/m（含自重），混凝土强度等级为 C30，箍筋用 HPB300 级。按正截面承载力计算时，已确定出截面尺寸 $b\times h=200$ mm×500 mm，并配有 2Φ25+1Φ22 的纵向受拉钢筋，试确定箍筋的数量。

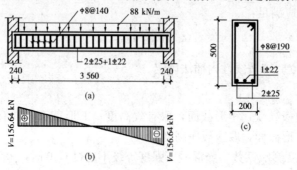

图 2-10 例 2-3 图

解：（1）求剪力 V 的设计值。

$$V = \frac{1}{2}ql_n = \frac{1}{2} \times 88 \times 3.56 = 156.64\,(\text{kN}) = 156\ 640\ \text{N}$$

（2）验算最小截面尺寸。

$$h_w = h_0 = h - 35 = 500 - 35 = 465\,(\text{mm})$$

因 $\dfrac{h_w}{b} = \dfrac{465}{200} = 2.325 < 4$，故属一般梁。

又因为混凝土≤C50，故 $\beta_c = 1.0$。

$V = 156\ 640\ \text{N} \leqslant 0.25\beta_c f_c b h_0 = 0.25 \times 1.0 \times 14.3 \times 200 \times 465 = 332\ 475\,(\text{N})$

故截面尺寸满足要求，即截面尺寸不会太小。

（3）验算是否需要按计算配置箍筋。

$V = 156\ 640\ \text{N} > 0.7 f_t b h_0 = 0.7 \times 1.43 \times 200 \times 465 = 93\ 093\,(\text{N})$

说明仅靠混凝土还不足以抗剪，需要通过计算配置箍筋，从而保证梁有足够的抗剪能力。

（4）计算箍筋数量。

由于 $V \leqslant 0.7 f_t b h_0 + f_{yv}\dfrac{n \cdot A_{sv1}}{s}h_0$，则有 $\dfrac{nA_{sv1}}{s} \geqslant \dfrac{V - 0.7 f_t b h_0}{f_{yv}h_0} = \dfrac{156\ 640 - 93\ 093}{270 \times 465} = 0.506\,(\text{mm}^2/\text{mm})$。

根据构造要求，选用双肢（$n=2$）箍筋 $\Phi 8$（$A_{sv1} = 50.3\ \text{mm}^2$），则 $s = \dfrac{nA_{sv1}}{0.506} = 199\,(\text{mm})$，即箍筋的间距不能超过 199 mm，取 $s = 190$ mm，查表 2-9 得出

$$s = 190\ \text{mm} \leqslant s_{max} = 200\ \text{mm}$$

（5）验算最小配箍率。

$$\rho_{sv} = \frac{n \cdot A_{sv1}}{s \cdot b} = \frac{2 \times 50.3}{190 \times 200} = 0.26\% > \rho_{sv,min} = 0.24\frac{f_t}{f_{yv}} = 0.24 \times \frac{1.43}{270} = 0.13\%$$

故满足要求。为防止梁发生斜截面破坏，需配置箍筋为 $\Phi 8@190$。

第四节　钢筋混凝土受压构件

一、概述

建筑结构中以承受纵向压力为主的构件称为受压构件。受压构件在工程结构中是最为常见的构件，如钢筋混凝土柱、高层建筑中的剪力墙、屋架结构中的受压弦杆等均属于受压构件。

钢筋混凝土受压构件按照纵向压力作用位置的不同，可分为轴心受压构件和偏心受压构件。当纵向压力与截面形心重合时，为轴心受压构件；否则，为偏心受压构件。纵向压力作用线不通过某一形心主轴为单向偏心受压，不通过两个形心主轴为双向偏心受压，如图 2-11 所示。

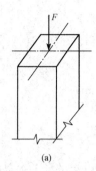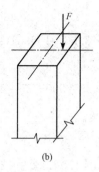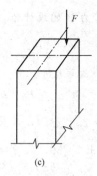

(a)   (b)   (c)

图 2-11　受压构件分类

(a)轴心受压；(b)单向偏心受压；(c)双向偏心受压

在实际工程结构中，由于荷载作用位置偏差、配筋不对称及施工误差等原因，总是或多或少存在初始偏心距，几乎不存在真正的轴心受压构件。但在设计以恒载为主的多层多跨房屋的内柱和屋架的受压腹杆等构件时，可近似地简化为受压构件计算。轴心受压构件中配有纵向钢筋和箍筋，纵向钢筋的作用是承受轴向压力，箍筋的主要作用是固定纵向钢筋，使其在构件制作的过程中不发生变形和错位。

二、受压构件的构造要求

1. 材料强度等级

混凝土强度对受压构件的承载力影响较大，故宜采用强度等级较高的混凝土，如 C25、C30、C35、C40 等。在高层建筑和重要结构中，尚应选择强度等级更高的混凝土。

钢筋与混凝土共同受压时，在混凝土达到极限压应变时，钢筋的压应力最高只能达到 400 N/mm^2，不能充分发挥其作用。因此，不宜选用高强度等级的钢筋来提高受压构件的承载力。一般设计中常采用 HRB335 级和 HRB400 级钢筋。

2. 截面形式

轴心受压构件以方形为主，根据需要也可采用矩形截面、圆形截面或正多边形截面；截面最小边长不宜小于 250 mm，构件长细比一般为 15 左右，不宜大于 30。

3. 纵向钢筋

柱内纵向钢筋的作用包括协助混凝土承受压力，以减小构件尺寸；承受可能的弯矩以及混凝土收缩和温度变形引起的拉应力；防止构件突然的脆性破坏。对偏心较大的偏心受压构件，截面受拉区的纵向钢筋则用来承受拉力。

在矩形、方形受压构件中，纵向受力钢筋不得少于 4 根，以便于箍筋形成钢筋骨架；圆柱中，纵向钢筋不宜少于 8 根，不应少于 6 根。轴心受压柱的纵向受力钢筋应沿截面四周均匀布置，偏心受压柱的纵向受力钢筋布置在弯矩作用方向的两对边。纵向受力钢筋直径不宜小于 12 mm，全部纵向钢筋的配筋率不宜大于 5%，当全部纵向钢筋强度等级为 300 MPa 和 335 MPa 时最小配筋率为 0.6%，当全部纵向钢筋强度等级为 400 MPa 时最小配筋率为 0.55%，当全部纵向钢筋强度等级为 500 MPa 时最小配筋率为 0.5%。柱中纵向钢筋的净间距不应小于 50 mm，且不宜大于 300 mm。偏心受压柱的截面高度不小于 600 mm 时，在柱的侧面上应设置直径不小于 10 mm 的纵向构造钢筋，并应设置复合箍筋或拉筋。

4. 箍筋

在钢筋混凝土受压构件中，箍筋的作用是防止纵向钢筋受压时压屈，同时与纵筋形成骨架，保证纵筋的正确位置。另外，箍筋还对核心部分的混凝土有一定的约束作用，从而改变了核心部分混凝土的受力状态，使其强度有所提高。

箍筋直径不应小于 $d/4$（d 为纵向钢筋的最大直径），且不应小于 6 mm。箍筋间距不应大于 400 mm 及构件截面的短边尺寸，且不应大于 $15d$（d 为纵向钢筋的最小直径）。

柱中全部纵向受力钢筋的配筋率大于 3% 时，箍筋直径不应小于 8 mm，间距不应大于 $10d$，且不应大于 200 mm。箍筋末端应做成 135° 弯钩，且弯钩末端平直段长度不应小于 $10d$（d 为纵向钢筋的最小直径）。

当柱截面短边尺寸大于 400 mm 且各边纵向钢筋多于 3 根时，或当柱截面短边尺寸不大于 400 mm，但各边纵向钢筋多于 4 根时，应设置复合箍筋。

三、轴心受压构件计算

钢筋混凝土轴心受压柱的正截面承载力由混凝土承载力及钢筋承载力两部分组成。其计算公式表示为

$$N \leqslant 0.9\varphi(f_c A + f_y' A_s') \qquad (2\text{-}34)$$

式中　N——轴向压力设计值；

　　　f_c——混凝土轴心抗压强度设计值；

　　　f_y'——纵向钢筋抗压强度设计值；

　　　A——构件截面面积，当纵向钢筋配筋率超过 3% 时，A 应改用 $A_c = A - A_s'$；

　　　A_s'——纵向受压钢筋截面面积；

　　　l_0——构件的计算长度；

　　　φ——钢筋混凝土构件的稳定系数，按表 2-10 取用。

表 2-10　钢筋混凝土轴心受压构件的稳定系数

l_0/b	≤8	10	12	14	16	18	20	22	24	26	28
l_0/d	≤7	8.5	10.5	12	14	15.5	17	19	21	22.5	24
φ	1.00	0.98	0.95	0.92	0.87	0.81	0.75	0.70	0.65	0.60	0.56
l_0/b	30	32	34	36	38	40	42	44	46	48	50
l_0/d	26	28	29.5	31	33	34.5	36.5	38	40	41.5	43
φ	0.52	0.48	0.44	0.40	0.36	0.32	0.29	0.26	0.23	0.21	0.19

注：l_0 为构件的计算长度，b 为矩形截面的短边尺寸，d 为圆形截面的直径。

稳定系数反映了长柱由于纵向弯曲而引起的承载能力降低。构件长细比越大，稳定系数越小，构件承载能力降低就越多。

构件的计算长度 l_0 与构件两端支撑情况有关，《混凝土规范》规定 l_0 应按规定取用。

对于一般多层房屋中梁柱为刚接的框架结构：

现浇楼盖　　底层柱 $l_0 = 1.0H$，其余各层柱 $l_0 = 1.25H$。

装配式楼盖　底层柱 $l_0 = 1.25H$，其余各层柱 $l_0 = 1.5H$。

其中，H 为底层柱从基础顶面到一层楼盖顶面的高度；对其余各层柱，为上下两层楼盖顶面之间的高度。

【例 2-4】 某学生宿舍的结构形式为框架结构，现浇楼盖，7 层，底层高 $H=4.2$ m，柱的截面尺寸为 350 mm×350 mm，混凝土强度等级为 C25，纵筋采用 HRB400 级，承受轴心压力设计值 $N=1\,700$ kN，试根据计算确定该柱的纵向受力配筋。

解： 由已知条件知 $f_c=11.9$ N/mm²，$f'_y=360$ N/mm²，$\rho'_{min}=0.55\%$。

(1)求计算长度 l_0。

$$l_0=1.0H=1.0\times4.2=4.2(\text{m})$$

(2)$l_0/b=4\,200/350=12$，查表 2-10，$\varphi=0.95$。

(3)计算纵筋截面面积 A'_s。

由式(2-34)得

$$A'_s=\frac{\dfrac{N}{0.9\varphi}-f_cA}{f'_y}=\frac{\dfrac{1\,700\times10^3}{0.9\times0.95}-11.9\times350\times350}{360}=1\,474(\text{mm}^2)$$

查表 2-8，选用 4Φ22，$A'_s=1\,520$ mm²。

(4)验算配筋率，HRB400 级钢筋最小配筋率为 0.55%。

$$\rho'=\frac{A'_s}{bh}=\frac{1\,520}{350\times350}=1.24\%>0.55\%，且<3\%$$

满足要求。

四、偏心受压构件受力特点

钢筋混凝土偏心受压构件是实际工程中广泛应用的受力构件之一。构件同时受到轴向压力 N 和弯矩 M 作用，等效于对截面形心的偏心距 $e_0=M/N$ 的偏心压力的作用，如图 2-12 所示。

1. 偏心受压构件的破坏类型

根据偏心距的大小和纵向钢筋的配筋率不同，偏心受压构件的破坏形态可以分为大偏心受压破坏和小偏心受压破坏两种。

(1)大偏心受压破坏。当轴向力 N 的偏心距较大且纵筋的配筋率不高时，易发生大偏心受压破坏。受荷后

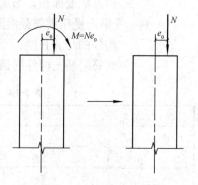

图 2-12　偏心受压构件

截面在离轴向力较近的一侧受压，较远的一侧受拉。受拉区混凝土较早地出现横向裂缝。由于配筋率不高，随着荷载的增加，受拉钢筋首先达到屈服，并形成一条明显的主裂缝，受压区高度迅速减小，最后受压区边缘出现纵向裂缝，受压钢筋屈服，受压区混凝土压碎。这种破坏有明显的预兆，横向裂缝显著开展，具有塑性破坏的性质。

(2)小偏心受压破坏。当轴向力 N 的偏心距较小或当偏心距较大但纵筋配筋率很高时，易发生小偏心受压破坏。受荷后截面全部或大部分受压，其破坏都是受压区混凝土压碎所致。破坏时距轴力较近一侧的钢筋受压屈服；距轴力较远一侧的钢筋无论受拉或受压，均未达到屈服。这种破坏缺乏明显的预兆，具有脆性破坏的性质。

2. 两类偏心受压破坏的界限

从以上两类偏心受压破坏的特征可以看出，两类破坏的本质区别在于破坏时受拉钢筋是否达到屈服，这和受弯构件的适筋破坏及超筋破坏两种情况相类似。当 $\xi \leqslant \xi_b$ 时，受拉钢筋先屈服，然后混凝土压碎，属于大偏心受压破坏；否则为小偏心受压破坏。

第五节　钢筋混凝土受扭构件

扭转是结构承受的五种基本受力状态之一。在钢筋混凝土结构中，处于纯扭矩作用的结构很少，大多数情况下都是处于弯矩、剪力和扭矩作用下的复合受扭状态。例如，雨篷梁、框架边梁等均属于弯剪扭的构件，如图 2-13 所示。

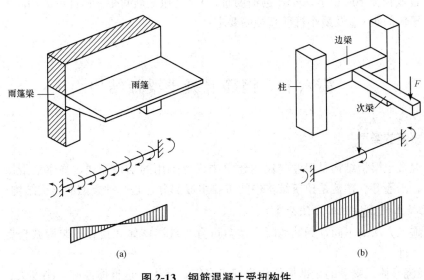

(a)　　　　　　　　　　　(b)

图 2-13　钢筋混凝土受扭构件
(a)雨篷梁；(b)框架边梁

一、受力特点

以纯扭矩作用下的钢筋混凝土矩形截面构件为例，如图 2-14 所示，试验表明，构件首先在截面长边中点腹筋最薄弱处产生一条呈 45°的斜裂缝，然后迅速地以螺旋形向相邻两个面延伸，最后形成一个三面开裂一面受压的空间扭曲破坏面，使结构立即破坏，破坏带有突然性，具有典型脆性破坏性质。

根据受力特点，在混凝土受扭构件中可沿与主轴成 45°的螺旋线配筋，并将螺旋钢筋配置在构件截面的边缘处，由于 45°方向螺旋钢筋不便

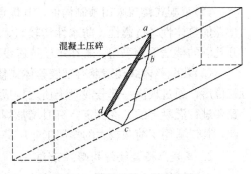

图 2-14　钢筋混凝土纯扭构件

于施工，为此，通常采用横向封闭箍筋和纵向受力钢筋组成的钢筋骨架来抵抗扭矩的作用。

对于同时承受弯矩、剪力和扭矩的构件，则应分别按受弯和受剪计算纵筋和箍筋，然后与受扭纵筋和受扭箍筋进行叠加。

二、构造要求

1. 受扭纵筋

受扭纵筋应沿梁截面周边均匀对称布置。梁截面四角均必须设置受扭纵钢筋。受扭纵筋的间距不应大于 200 mm 及梁截面短边长度。受扭纵筋的接头和锚固要求均应按受拉钢筋的相应要求考虑。

2. 受扭箍筋

受扭箍筋应做成封闭式，且应沿截面周边布置。受扭箍筋的末端应做成 135° 弯钩，弯钩端头平直段长度不应小于 $10d$（d 为箍筋直径）。受扭箍筋间距 s 和直径 d 均应满足受弯构件的最大箍筋间距 s_{max} 及最小箍筋直径的要求。

第六节　钢筋混凝土梁板结构

一、楼盖的类型

钢筋混凝土梁板结构是工业与民用建筑中广泛采用的结构形式，如钢筋混凝土楼（屋）盖、楼梯、雨篷等。楼盖是建筑结构中的重要组成部分，是一种典型的梁板结构。

1. 混凝土楼盖按施工方法分类

根据施工方法的不同，钢筋混凝土楼盖可分为现浇整体式楼盖、装配式楼盖和装配整体式楼盖三种。

(1)现浇整体式楼盖的全部构件均为现场浇筑，其优点是整体性好、刚度大、抗震性能好、防水性强、结构布置灵活，所以，常用于对抗震、防渗、防漏和刚度要求较高以及平面形状复杂的建筑；其缺点是混凝土的凝结硬化时间长、工期长、耗费模板多、受施工季节影响大。

(2)装配式楼盖采用预制构件，其优点是便于工业化生产，加快施工进度；缺点是这种楼盖的整体性、抗震性、防水性均较差，不便于开设孔洞。故对高层建筑及有防水要求和开孔洞的楼盖不宜采用。若在多层抗震设防的房屋使用，要按抗震相关规范采取加强措施。

(3)装配整体式楼盖兼有现浇整体式楼盖和装配式楼盖的特点，它是各预制构件在现场就位后，通过现浇一部分混凝土使之构成整体。这种楼盖可以节省模板和支撑，但此种楼盖要进行混凝土的二次浇筑，有时增加焊接工作量，对施工进度和造价产生不利影响。因此，其仅适用于荷载较大的多层工业厂房、高层民用建筑及有抗震设防要求的一些建筑。

2. 混凝土楼盖按结构形式分类

根据结构形式的不同，钢筋混凝土楼盖可分为肋梁楼盖、无梁楼盖和扁梁楼盖三种类型。

(1)肋梁楼盖是由梁板组成的现浇楼盖。用梁将楼板分成多个区格,从而形成现浇的连续板和连续梁。肋梁楼盖可分为单向板肋梁楼盖、双向板肋梁楼盖、井式楼盖和密肋楼盖,如图 2-15(a)、(b)、(d)、(e)所示。为了建筑使用功能需要或柱间距较大时,除支撑于柱上的梁为截面尺寸较大的主梁外,其余均布置成两个方向,截面尺寸相同并呈井字形的梁格,称为井式楼盖。密肋楼盖与单向板肋梁楼盖相似,只是次梁布置得很密而且截面尺寸较小。至于单向板肋梁楼盖和双向板肋梁楼盖,在后面内容中将进行详细讲述。

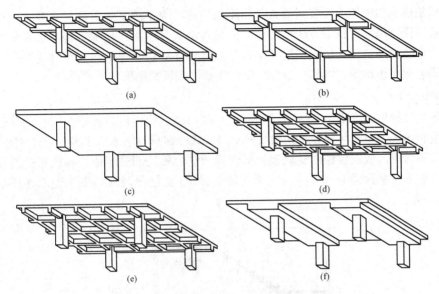

图 2-15　楼盖的结构类型

(a)单向板肋梁楼盖;(b)双向板肋梁楼盖;(c)无梁楼盖;(d)密肋楼盖;(e)井式楼盖;(f)扁梁楼盖

(2)无梁楼盖是不设梁,而将板直接支承在柱上的楼盖,如图 2-15(c)所示。无梁楼盖的传力体系简单,楼层净空高,架设模板方便,常用于仓库、商店等柱网布置接近方形的建筑。

(3)扁梁楼盖是从无梁楼盖基础上发展起来的,是介于肋梁楼盖与无梁楼盖之间的一种新型楼盖体系,如图 2-15(f)所示。它是在柱上设置截面很宽但比较扁的梁,其刚度没有普通肋梁楼盖中梁的刚度大,不能将它当作板的支座,只能算是对板的加强。与无梁楼盖相比,由于梁的存在,加强了板的柱之间的连接,提高了结点的抗冲切能力,因此,适用于有层高限制的建筑。

3. 混凝土楼板按受力特点和支承情况分类

楼板一般是四边支承,根据其受力特点和支承情况,又可分为单向板和双向板。在板的受力和传力过程中,板的长边与短边长度的比值大小决定了板的受力情况。

在荷载作用下,只在一个方向弯曲或者主要在一个方向弯曲的板,称为单向板;在荷载作用下,在两个方向弯曲,且不能忽略任一方向弯曲的板,称为双向板。混凝土板根据《混凝土规范》按下列原则进行计算:

(1)两对边支承的板应按单向板计算。

(2)四边支承的板应按下列规定计算：

1)当长边与短边长度之比不大于 2.0 时，应按双向板计算；

2)当长边与短边长度之比大于 2.0，但小于 3.0 时，宜按双向板计算；

3)当长边与短边长度之比不小于 3.0 时，宜按沿短边方向受力的单向板计算，并应沿长边方向布置构造钢筋。

二、楼梯

楼梯是建筑物中作为楼层间垂直交通用的构件，为了满足承重和防火要求，钢筋混凝土楼梯被广泛应用。按施工方法，楼梯可分为现浇式和装配式楼梯。现浇式楼梯的结构设计灵活、整体性好。板式楼梯和梁式楼梯是现浇楼梯中最常见的结构形式。另外，还有剪刀式楼梯、螺旋楼梯等。本部分主要介绍现浇整体式板式楼梯和梁式楼梯。

1. 板式楼梯

一般当楼梯的跨度不大（水平投影长度小于 3 m）、使用荷载较小，或在公共建筑中为符合卫生和美观的要求时，宜采用板式楼梯。板式楼梯具有下表面平整、施工支模较方便、外观轻巧等优点。板式楼梯由梯段板、平台梁和平台板三部分组成。梯段板是斜放的齿形板，一端支承在平台梁上，另一端支承在楼层梁上（底层梯段板的下端支承在地垄墙上），如图 2-16 所示。

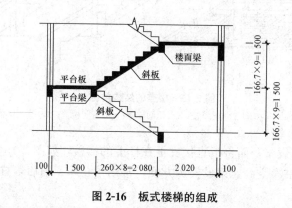

图 2-16　板式楼梯的组成

一般情况下，板式楼梯的传力途径如图 2-17 所示。

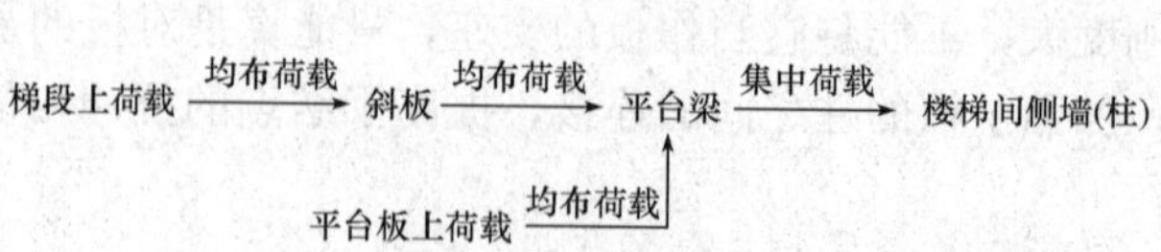

图 2-17　板式楼梯的传力途径

在构件内力计算时，梯段斜板、平台板和平台梁均可认为是两端简支承受均布荷载的受弯构件。

（1）梯段斜板。斜板的配筋方式有弯起式和分离式两种，为施工方便，通常采用分离式配筋。梯段板的受力钢筋沿斜向布置，考虑到平台梁及楼层梁对斜板的嵌固影响，将在斜

· 46 ·

板的支座上产生负弯矩，支座附近板的上部应设置负筋。负筋的面积不应少于下部受力钢筋面积的1/2，且不少于 ϕ8@200。考虑到楼梯的梯板在发生地震时具有斜撑的受力状态，梯段板上部负筋宜通长布置。

分布钢筋与受力钢筋垂直，为了增加截面的有效高度，纵向受力钢筋应放在水平分布钢筋的外侧。分布钢筋通常取 8 根，一般每个踏步范围内放置 1 根。

(2)平台板。平台板通常是四边支承板，一般近似地按短跨方向的简支单向板来设计。考虑到支座处有负弯矩作用，应配置一定数量的负弯矩钢筋。其配筋构造同一般受弯构件。

(3)平台梁。平台梁一般支承在楼梯间的侧墙或者梯柱上，设计时按一般简支梁受弯构件计算配筋。

板式楼梯钢筋的构造如图 2-18 所示。

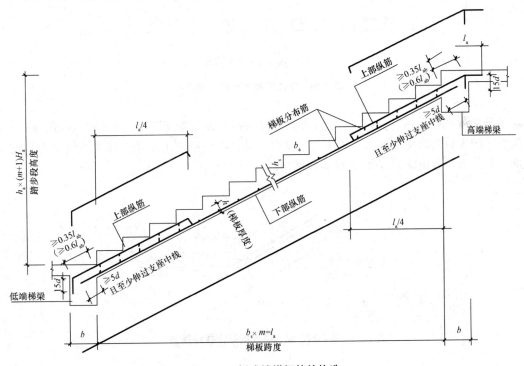

图 2-18 板式楼梯钢筋的构造

2. 梁式楼梯

当梯段跨度较大(水平投影长度大于 3 m)且使用荷载较大时，采用梁式楼梯较为经济。梁式楼梯由踏步板、斜梁、平台梁和平台板组成，如图 2-19 所示。踏步板两端支承在斜梁上，斜梁两端分别支承在上、下平台梁(有时一端支承在层间楼面梁)上，平台板支承在平台梁或楼层梁上，而平台梁则支承在楼梯间两侧的墙上。梁式楼梯的跨度可比板式楼梯的大些，通常当楼梯跑的水平跨度大于 3.5 m 时，宜采用梁式楼梯。

梁式楼梯的荷载传递途径如图 2-20 所示。

(1)踏步板。踏步板按两端简支在斜梁上的单向板考虑，计算时取一个踏步作为计算单元，如图 2-21 所示。踏步板的配筋，除按计算确定外，还应满足构造要求，即每一踏步下

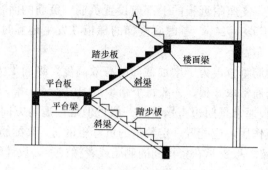

图 2-19　梁式楼梯的组成

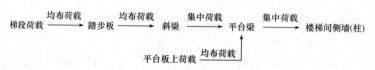

图 2-20　梁式楼梯的荷载传递途径

不少于 2Φ6 的受力钢筋。同时，整个梯段板还应沿斜面布置间距不大于 300 mm 的 Φ6 分布钢筋。踏步板内的受力钢筋，在伸入支座后，每 2 根中应弯上 1 根，作为抵抗负弯矩的钢筋，并伸入负弯矩区 $l_n/4$（l_n 为踏步板的净跨）。

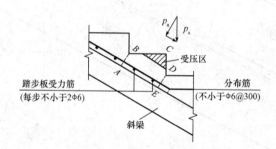

图 2-21　梁式楼梯的踏步板计算

（2）斜梁。梁式楼梯的斜梁承受由踏步板传来的荷载、栏杆重量及斜梁自重，内力计算与板式楼梯的斜板相似。斜梁端部纵筋必须放在平台梁纵筋之上，梁端上部应设置负弯矩钢筋，斜梁纵筋在平台梁中的锚固长度应满足受拉钢筋锚固长度的要求。其他构造同一般梁。

有时为了满足建筑功能要求，有些房屋的楼梯可能做成折线形。折角内边的配筋图如图 2-22 所示。

（3）平台板与平台梁。梁式楼梯的平台板的配筋构造与板式楼梯平台板相同。梁式楼梯平台梁主要承受斜梁传来的集中荷载和平台板传来的均布荷载，一般按简支梁计算，其配筋构造与板式楼梯基本相同。但仍需注意的是，平台梁的高度应保证斜梁的主筋能放在平台梁的主筋上。平台梁横截面两侧荷载不同，因此，平台梁受到一定的扭矩，需适当增加配箍量。另外，平台梁受到斜梁的集中荷载，在平台梁中位于斜梁支座两侧处应设置附加横向钢筋，包括箍筋和吊筋。

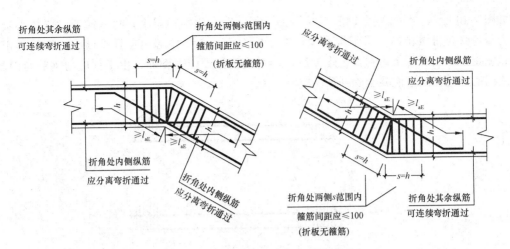

图 2-22 折线形楼梯折角内边的配筋图

第七节 预应力混凝土构件基本知识

一、预应力混凝土的基本概念

钢筋混凝土构件的最大缺点是抗裂性能差。由于混凝土的极限压应变很小，在使用荷载作用下，受拉区混凝土均已开裂，使构件的刚度降低，变形增大。对使用上不允许开裂的构件，不能充分利用受拉钢筋的强度。为了满足变形和裂缝控制较高的要求，可以加大构件的截面尺寸和用钢量，这将导致自重过大，构件所能承受的自重以外的有效荷载减小，因而特别不适合用于大跨度、重荷载的结构，同时也很不经济。另外，提高混凝土强度等级和钢筋强度对改善构件的抗裂和变形性能效果也不大，这是因为采用高强度等级的混凝土，其抗拉强度提高很少；对于使用时允许裂缝宽度为 0.2～0.3 mm 的构件，受拉钢筋应力只能达到 150～250 MPa，这与各种热轧钢筋的正常工作应力相近，即在普通钢筋混凝土结构中采用高强度的钢筋(强度设计值超过 1 000 N/mm²)是不能充分发挥作用的。

为了充分利用高强度材料，弥补混凝土与钢筋应变之间的差距，人们把预应力运用到钢筋混凝土结构中去，也即在外荷载作用到构件上之前，预先用某种方法，在构件上(主要在受拉区)施压，当构件承受由外荷载产生的拉力时，首先抵消混凝土中已有的预压力，然后随荷载增加，才能使混凝土受拉而后出现裂缝，因而延迟了构件裂缝的出现和开展，这就是预应力混凝土结构。

二、施加预应力的方法

对混凝土施加预应力，一般是通过张拉预应力钢筋。被张拉的钢筋反向作用，同时挤压混凝土，使混凝土受到压应力。张拉预应力钢筋的方法主要有先张法和后张法两种。

1. 先张法

先张法是指首先在台座上或钢模内张拉钢筋，然后浇筑混凝土的一种方法。其施工工序如图 2-23 所示。将预应力钢筋一端用夹具固定在台座的钢梁上,另一端通过张拉夹具、测力器与张拉机械相连。当张拉到规定控制应力后,在张拉端用夹具将预应力钢筋固定,浇筑混凝土,当混凝土达到一定强度后,切断或放松预应力钢筋,由于预应力钢筋与混凝土之间的黏结作用,混凝土受到预压应力。

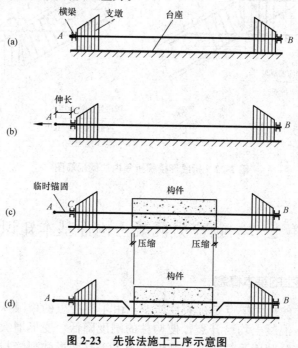

图 2-23 先张法施工工序示意图

(a)钢筋就位;(b)张拉钢筋;(c)浇筑构件;(d)切断钢筋,挤压构件

先张法具有生产工序少、工艺简单、施工质量容易控制的特点,其适用于在预制场大批制作中、小型构件,如预应力楼板、屋面板、梁等。

2. 后张法

后张法是指先浇筑混凝土构件,然后直接在构件上张拉预应力钢筋的一种施工方式。主要施工工序如图 2-24 所示。浇筑混凝土构件时,预先在构件中留出孔道,混凝土达到规定强度后,将预应力钢筋穿入孔道,用锚具将预应力钢筋锚固在构件的端部,在构件另一端用张拉机具张拉预应力钢筋,张拉预应力钢筋的同时,构件受到预压应力。当达到规定的张拉控制应力值时,将张拉端的预应力钢筋锚固。对有黏结预应力混凝土,在构件孔道中通过压力灌入填充材料(如水泥砂浆),使预应力钢筋与构件形成整体。

后张法不需要台座,便于在现场制作大型

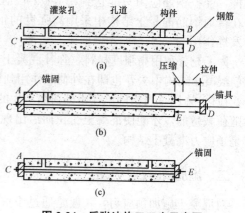

图 2-24 后张法施工工序示意图

(a)构件内预留孔道,穿入钢筋;

(b)拉伸钢筋,同时挤压混凝土;(c)钢筋锚固

构件，但工序较多，操作也较麻烦，适用于大、中型构件，如预应力屋架、吊车梁、大跨度桥梁等。

第八节　多、高层建筑结构

从名称上看，多层和高层结构的差别主要在层数和高度上，习惯上将 10 层以下的建筑定义为多层建筑。但是实际上，多层和高层建筑结构没有实质性的差别，它们都需要抵抗竖向及水平荷载的作用，从设计原理和设计方法看，两者基本是相同的。

一、高层建筑的现状及发展

现代高层建筑是随着社会生产的发展和人类活动的需要而发展起来的，是商业化、工业化和城市化的结果，适应了社会生产和人们生活的需要。现代的高层建筑不仅要求满足各种使用功能，同时，也要求节省材料、造型美观。科学技术的进步、轻质高强材料的出现以及机械化、电气化、计算机在建筑中的广泛应用，为多层及高层建筑的发展提供了物质基础和技术保证。

现代高层建筑的出现是在 19 世纪。1884—1885 年，美国芝加哥建成了 11 层的家庭保险公司大楼，高为 55 m，是用铸铁和钢建造的框架结构，开创了现代高层建筑结构的技术途径。1931 年，纽约建成了著名的帝国大厦，共 102 层，地上建筑有 381 m 高，雄踞世界最高建筑的宝座达 40 年之久，如图 2-25(a)所示。1960 年以后，随着建筑材料和技术的不断发展，世界各地开始建造 50 层以上的高层建筑，美国相继建成 110 层、411 m 高的世界贸易中心大楼[1973 年建成，2001 年"9·11"事件中被毁，如图 2-25(b)所示]和 110 层、443 m 高的西尔斯大厦[1973 年竣工，如图 2-25(c)所示]。近年来，亚太地区的经济迅速发展，1998 年，马来西亚首都吉隆坡的双子塔有 88 层，高度为 452 m，如图 2-25(d)所示。

2003 年竣工的中国台北国际金融中心有 101 层，高度为 508 m，保持着中国世界纪录协会多项世界纪录，如图 2-25(e)所示。2009 年 9 月，广州新电视塔高达 600 m，为中国第一高塔，如图 2-25(f)所示。

实际上，我国现代高层建筑起步较晚，从二十世纪五六十年代陆续建成了一些，20 世纪 70 年代才开始大批建造。北京、上海、广州、深圳等地建造了一批高层住宅、旅馆、公寓以及高层办公楼等建筑，如 1976 年建成的广州白云宾馆(33 层、112 m 高)、1985 年深圳建成当时我国最高建筑——国际贸易中心大厦(50 层、158.65 m 高)、1992 年建成的广州国际大厦主楼(63 层、200 m 高)、1996 年深圳建成的地王大厦(81 层、325 m 高)、1998 年上海建成金茂大厦(88 层、420 m 高)等，均反映了我国高层建筑发展的速度和水平。

为适应高层建筑多样化及高度不断增加的要求，在过去的 100 年，特别是近 50 年，高层建筑结构的技术有了巨大的发展，其发展包括了材料、结构体系和施工技术等。高层建筑结构的材料主要是钢筋混凝土和钢。虽然钢材强度高，韧性大，易于加工，钢结构具有构件断面小、自重轻、抗震性能好等优点，但是高层钢结构用钢量大，造价高，防火性能不好。钢筋混凝土结构造价较低，且材料来源丰富，经过合理设计也可获得较好的抗震性

(a)　　　　　　　　　　(b)

(c)　　　　　　　　　　(d)

(e)　　　　　　　　　　(f)

图 2-25　世界高层建筑

能，但是其自重大、抗震性能不如钢结构。除这两种全部采用钢材的钢结构和全部采用钢筋混凝土材料的钢筋混凝土结构外，还可采用两种材料做成的混合结构，这种结构在近年来也得到了越来越广泛的应用。

二、多高层建筑的结构体系

设计抗侧力结构是高层建筑结构设计的关键和主要工作。高层建筑基本的结构构件是梁、柱、支撑、墙和墙组成的筒，用这些构件可以组成高层建筑众多的抗侧力结构。

1. 框架结构

框架结构主要由楼板、梁、柱及基础等承重构件组成，一般由框架梁、柱与基础形成多个平面框架，作为主要的承重结构，各平面框架再由连系梁联系起来，形成一个空间结构体系，如图 2-26 所示。

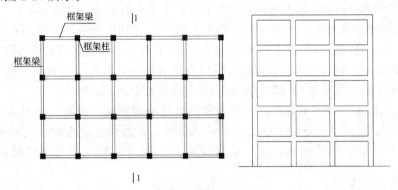

图 2-26　框架结构体系

框架可以是等跨或不等跨，层高可以相等或不完全相等；按所用材料可以分为钢框架、混凝土框架、胶合木结构框架、钢与钢筋混凝土混合框架等。高层的框架结构不应采用单跨框架结构，多层框架结构不宜采用单跨框架结构。框架结构的房屋墙体不承重，仅起到围护和分隔作用，一般用预制的加气混凝土、膨胀珍珠岩、空心砖或多孔砖、浮石、蛭石、陶粒等轻质板材等材料砌筑或装配而成。

框架结构体系的优点是建筑平面布置灵活，自重轻，可节省材料；框架结构的梁、柱构件易于标准化、定型化，便于采用装配整体式结构，以缩短施工工期；采用现浇混凝土框架时，结构的整体性、刚度较好。其缺点是框架结构的侧向刚度小，水平位移较大，因此，不适宜建造高层建筑。在高度不大的多高层建筑中，框架结构是一种较好的结构体系。

按照施工方法不同，框架结构可分为现浇整体式、装配式和装配整体式三种框架。

(1)现浇整体式框架。现浇整体式框架的承重构件(梁、板、柱)均在现场浇筑而成。其优点是结构的整体性及抗震性能好，平面布置灵活，构件尺寸不受标准构件的限制，节省钢材等。其缺点是模板消耗量大，现场工程量大，施工周期长，在寒冷地区冬期施工困难等。其适用于使用要求高，功能复杂，对抗震性能要求较强的多、高层建筑。

(2)装配式框架。装配式框架的构件全部预制，然后在现场进行装配、焊接而成的框架称为装配式框架。其优点是构件可采用先进的生产工艺在工厂进行大批生产，质量容易保证，并可节约大量模板，改善施工条件，加快施工进度；缺点是结构整体性较差，预埋件多，总用钢量大，施工需要大型运输和吊装机械，在地震区不宜采用。

(3)装配整体式框架。装配整体式框架的板、梁、柱均为预制，在现场安装就位后，再在构件连接处局部现浇混凝土，使之成为整体。其优点是节约模板和缩短工期，节省了预埋件，减少了用钢量，保证了结点的刚度，结构整体性较好，兼有现浇整体式和装配式框架的一些优点；其缺点是增加了现场混凝土的二次浇筑工作量，且施工较为复杂。

框架结构是由若干平面框架通过连系梁连接而形成的空间结构体系，按照竖向荷载传递方式的不同，空间框架结构可分为横向框架承重、纵向框架承重和纵横向框架混合承重。

(1)横向框架承重方案。主要承重框架由横向布置的主梁和柱构成，纵向布置次梁或连系梁，如图2-27(a)所示。因为横向主梁是直接承受楼面等竖向荷载，因此，一般情况下，横向主梁截面较高，房屋横向框架往往跨数少。这种承重方案具有较大的横向抗侧刚度，有利于抵抗横向水平荷载，结构合理，同时也有利于室内的采光、通风等。

(2)纵向框架承重方案。主要承重框架是由纵向主梁和柱构成，横向布置次梁或连系梁，如图2-27(b)所示。这种承重方案的横向梁的高度较小，有利于设备管线的穿行，可获得较高的室内净空，且开间布置较灵活，室内空间可以有效利用。但横向刚度交叉，一般只用于层数不多的无抗震要求的某些工业厂房，民用建筑较少采用。

(3)纵横向框架混合承重方案。主要承重框架是沿房屋纵、横两个方向布置的梁，如图2-27(c)所示。当采用现浇双向板或井字梁楼盖时，常采用这种方案。这种承重方案的纵横梁均承担荷载，梁截面均较大，故房屋的双向刚度均较大，具有较好的整体工作性能。

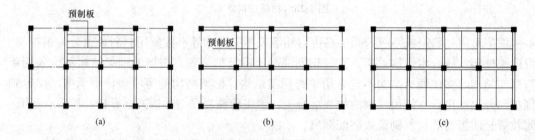

图 2-27 承重框架的布置方案
(a)横向承重；(b)纵向承重；(c)纵、横向框架混合承重

框架结构在水平荷载作用下表现出抗侧移刚度小、水平位移大的特点，属于柔性结构。作用在多、高层建筑结构上的荷载有竖向荷载和水平荷载。竖向荷载包括恒荷载和楼(屋)面荷载，水平荷载包括风荷载和水平地震作用。

框架梁是受弯构件，由内力组合求出控制截面的最不利弯矩和剪力后，按正截面受弯承载力计算方法确定所需要的纵筋数量，按斜截面受剪承载力计算方法确定所需的箍筋数量，同时也要满足以下构造要求：

(1)框架梁设计应符合下列要求：

1)抗震设计时，计入受压钢筋作用的梁端截面混凝土受压区高度与有效高度的比值，一级不应大于0.25，二、三级不应大于0.35。

2)纵向受拉钢筋的最小配筋百分率 $\rho_{\min}$(%)，非抗震设计时，不应小于0.2和$45f_t/f_y$二者的较大值；抗震设计时，不应小于表2-11规定的数值。

表 2-11　梁纵向受拉钢筋最小配筋百分率 $\rho_{\min}$　　　%

抗震等级	位置	
	支座(取较大值)	跨中(取较大值)
一级	0.40 和 $80f_t/f_y$	0.30 和 $65f_t/f_y$
二级	0.30 和 $65f_t/f_y$	0.25 和 $55f_t/f_y$
三、四级	0.25 和 $55f_t/f_y$	0.20 和 $45f_t/f_y$

3)抗震设计时,梁端截面的底面和顶面纵向钢筋截面面积的比值,除按计算确定外,一级不应小于 0.5,二、三级不应小于 0.3。

4)抗震设计时,梁端箍筋的加密区长度、箍筋最大间距和最小直径应符合表 2-12 的要求;当梁端纵向钢筋配筋率大于 2% 时,表中箍筋最小直径应增大 2 mm。

表 2-12　梁端箍筋加密区的构造要求

抗震等级	加密区长度(取较大值)/mm	箍筋最大间距(取最小值)/mm	箍筋最小直径/mm
一级	$2.0h_b$, 500	$h_b/4$, $6d$, 100	10
二级	$1.5h_b$, 500	$h_b/4$, $8d$, 100	8
三级	$1.5h_b$, 500	$h_b/4$, $8d$, 150	8
四级	$1.5h_b$, 500	$h_b/4$, $8d$, 150	6

注:1. d 为纵向钢筋直径,h_b 为梁截面高度。

　　2. 一、二级抗震等级框架梁,当箍筋直径大于 12 mm、肢数不少于 4 且肢距不大于 150 mm 时,箍筋加密区最大间距应允许适当放松,但不应大于 150 mm。

(2)梁的纵向钢筋配置,应符合下列规定:

1)抗震设计时,梁端纵向受拉钢筋的配筋率不宜大于 2.5%,但不应大于 2.75%;当梁端受拉钢筋的配筋率大于 2.5% 时,受压钢筋的配筋率不应小于受拉钢筋的一半。

2)沿梁全长顶面和底面应至少各配置两根纵向配筋,一、二级抗震设计时,钢筋直径不应小于 14 mm,且分别不应小于梁两端顶面和底面纵向配筋中较大截面面积的 1/4;三、四级抗震设计和非抗震设计时,钢筋直径不应小于 12 mm。

3)一、二、三级抗震等级的框架梁内贯通中柱的每根纵向钢筋的直径,对矩形截面柱,不宜大于柱在该方向截面尺寸的 1/20;对圆形截面柱,不宜大于纵向钢筋所在位置柱截面弦长的 1/20。

(3)抗震设计时,框架梁的箍筋还应符合下列构造要求:

1)沿梁全长箍筋的面积配筋率:一级不应小于 $0.30f_t/f_{yv}$,二级不应小于 $0.28f_t/f_{yv}$,三、四级不应小于 $0.26f_t/f_{yv}$。

2)在箍筋加密区范围内的箍筋肢距:一级不宜大于 200 mm 和 20 倍箍筋直径中的较大值,二、三级不宜大于 250 mm 和 20 倍箍筋直径中的较大值,四级不宜大于 300 mm。

3)箍筋应有 135° 弯钩,弯钩端头直段长度不应小于 10 倍的箍筋直径和 75 mm 中的较大值。

4)在纵向钢筋搭接长度范围内的箍筋间距,钢筋受拉时,不应大于搭接钢筋较小直径的 5 倍,且不应大于 100 mm;钢筋受压时,不应大于搭接钢筋较小直径的 10 倍,且不应大于 200 mm。

5)框架梁非加密区箍筋最大间距不宜大于加密区箍筋间距的 2 倍。

框架柱是偏心受压构件，通常采用对称配筋。确定柱中纵筋数量时，应从内力组合中找出最不利的内力进行配筋计算。框架柱除进行正截面受压承载力计算外，还应根据由内力组合得到的剪力值进行斜截面抗剪承载力计算，确定柱的箍筋配置，同时也要满足以下构造要求：

(1)柱全部纵向钢筋的配筋率不应小于表 2-13 的规定值，且柱截面每一侧纵向钢筋配筋率不应小于 0.2%；抗震设计时，对 Ⅳ 类场地上较高的高层建筑，表中数值应增加 0.1。

表 2-13　柱纵向受力钢筋最小配筋率百分率　　　　　　　　%

柱类型	抗震等级				非抗震
	一级	二级	三级	四级	
中柱、边柱	0.9(1.0)	0.7(0.8)	0.6(0.7)	0.5(0.6)	0.5
角柱	1.1	0.9	0.8	0.7	0.5
框支柱	1.1	0.9	—	—	0.7

注：1. 表中括号内数值适用于框架结构。
　　2. 采用 335 MPa 级、400 MPa 级纵向受力钢筋时，应分别按表中数值增加 0.1 和 0.05。
　　3. 当混凝土强度等级高于 C60 时，上述数值应增加 0.1。

(2)抗震设计时，柱端箍筋在规定的范围内应加密，加密区的箍筋间距和直径应符合下列要求：

1)箍筋的最大间距和最小直径，应符合表 2-14 的规定。

表 2-14　柱端箍筋加密区的构造要求

抗震等级	箍筋最大间距/mm	箍筋最小直径/mm
一级	6d 和 100 中的较小值	10
二级	8d 和 100 中的较小值	8
三级	8d 和 150(柱根 100)中的较小值	8
四级	8d 和 150(柱根 100)中的较小值	6(柱根 8)

注：1. d 为柱纵向钢筋直径。
　　2. 柱根指框架柱底部嵌固部位。

2)一级框架柱的箍筋直径大于 12 mm 且箍筋肢距不大于 150 mm 及二级框架柱箍筋直径不小于 100 mm 且肢距不大于 200 mm 时，除柱根外，最大间距应允许采用 150 mm；三级框架柱的截面尺寸不大于 400 mm 时，箍筋直径应允许采用 6 mm；四级框架柱的剪跨比不大于 2 或柱中全部纵向钢筋的配筋率大于 3% 时，箍筋直径不应小于 8 mm。

3)剪跨比不大于 2 的柱，箍筋间距不应大于 100 mm。

(3)进行抗震设计时，柱箍筋设置还应符合下列规定：

1)箍筋应为封闭式，其末端应做成 135°弯钩且弯钩末端平直段长度不应小于 10 倍的箍筋直径，且不应小于 75 mm。

2)箍筋加密区的箍筋肢距，一级不宜大于 200 mm，二、三级不宜大于 250 mm 和20 倍箍筋直径中的较大值，四级不宜大于 300 mm。每隔一根纵向钢筋，宜在两个方向有箍筋约束；采用拉筋组合箍时，拉筋宜紧靠纵向钢筋并勾住封闭箍筋。

3)柱非加密区的箍筋，其体积配箍率不宜小于加密区的一半；其箍筋间距不应大于加密区箍筋间距的 2 倍，且一、二级不应大于 10 倍纵向钢筋直径，三、四级不应大于 15 倍纵向钢筋直径。

2. 剪力墙结构

用钢筋混凝土剪力墙(用于抗震结构时也称为抗震墙)承受竖向荷载和抵抗侧向力的结构称为剪力墙结构，也称为抗震墙结构。受楼板跨度的限制，剪力墙结构的开间一般为 3～8 m，适用于住宅、旅馆等建筑。剪力墙结构采用现浇钢筋混凝土，整体性好，承载力及侧向刚度大。合理设计的延性剪力墙具有良好的抗震性能。剪力墙是平面构件，在其自身平面内有较大的承载力和刚度，平面外的承载力和刚度小，结构设计时，一般不考虑墙的平面外的承载力和刚度。因此，剪力墙要双向布置，分别抵抗各自平面内的侧向力。

根据墙体的开洞大小和截面应力的分布特点，剪力墙可划分为以下四类：

(1)整截面墙。整截面墙即剪力墙无洞口或虽有洞口但墙面洞口面积小于整墙截面面积的 16%，且洞口间的净距及洞口至墙边的距离均大于洞口长边尺寸，可忽略洞口的影响，如图 2-28(a)所示。整截面墙在水平荷载作用下，可视为一整体的悬臂弯曲构件，其变形以弯曲变形为主，结构上部层间位移较大，越到底部，层间侧移越小。

(2)整体小开口墙。整体小开口墙即剪力墙的洞口沿竖向成列布置，洞口面积超过剪力墙墙面总面积的 16%，但洞口对剪力墙的受力影响仍较小，如图 2-28(b)所示。在水平荷载作用下，由于洞口的存在，剪力墙的墙肢中已出现局部弯曲，但截面变形仍接近整截面墙。

(3)联肢墙。联肢墙即剪力墙上开洞规则且洞口面积较大，如图 2-28(c)所示。由于洞口较大，剪力墙截面的整体性大为削弱，其截面变形已不再符合平截面假定。这类剪力墙可看成是若干个单肢剪力墙或墙肢(左、右洞口之间的部分)由一系列连梁(上、下洞口之间的部分)连接起来组成。

(4)壁式框架墙。壁式框架墙即剪力墙有多列洞口且洞口尺寸很大，整个剪力墙的受力接近于框架，如图 2-28(d)所示。整个剪力墙的受力特点与框架相似，在结构上部层间侧移较小，越到底部，层间侧移越大。

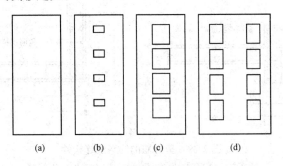

图 2-28　剪力墙的类型

(a)整截面墙；(b)整体小开口墙；(c)联肢墙；(d)壁式框架墙

剪力墙结构宜自上到下连续布置，以避免刚度突变。门窗洞口宜上下对齐、呈列布置，形成明确的墙肢和连梁。抗震设计时，一、二、三级剪力墙底部加强部位不宜采用上下洞口不对齐的错洞墙，全高均不宜采用洞口局部重叠的叠合错洞墙。同时，在剪力墙结构设计时，还要满足以下截面设计要求和相应构造措施。

（1）剪力墙的截面厚度应符合下列规定：

1）一、二级剪力墙：底部加强部位不应小于 200 mm，其他部位不应小于 160 mm；一字形独立剪力墙底部加强部位不应小于 220 mm，其他部位不应小于 180 mm。

2）三、四级剪力墙：不应小于 160 mm，一字形独立剪力墙的底部加强部位尚不应小于 180 mm。

3）非抗震设计时不应小于 160 mm。

4）剪力墙井筒中，分隔电梯井或管道井的墙肢截面厚度可适当减小，但不宜小于 160 mm。

（2）高层剪力墙结构的竖向和水平分布钢筋不应单排配置。剪力墙截面厚度不大于 400 mm 时，可采用双排配筋；大于 400 mm、但不大于 700 mm 时，宜采用三排配筋；大于 700 mm 时，宜采用四排配筋。各排分布钢筋之间拉筋的间距不应大于 600 mm，直径不应小于 6 mm。

（3）剪力墙的约束边缘构件可为暗柱、端柱和翼墙（图 2-29），并应符合下列规定：

1）剪力墙约束边缘构件阴影部分的竖向钢筋除应满足正截面受压（受拉）承载力计算要求外，其配筋率为一、二、三级时，分别不应小于 1.2%、1.0% 和 1.0%，并分别不应少于 8Φ16、6Φ16 和 6Φ14 的钢筋。

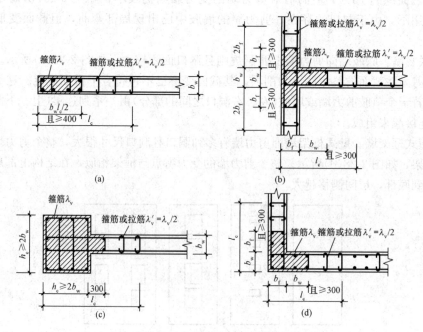

图 2-29　剪力墙的约束边缘构件

(a)暗柱；(b)有翼墙；(c)有端柱；(d)转角墙（L形墙）

2)约束边缘构件内箍筋或拉筋沿竖向的间距，一级不宜大于 100 mm，二、三级不宜大于 150 mm；箍筋、拉筋沿水平方向的肢距不宜大于 300 mm，不应大于竖向钢筋间距的 2 倍。

（4）剪力墙构造边缘构件的范围宜按图 2-30 中阴影部分采用，并应符合下列规定：

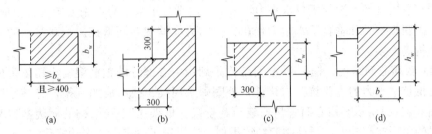

图 2-30　剪力墙的构造边缘构件范围

1)竖向配筋应满足正截面受压(受拉)承载力的要求；

2)当端柱承受集中荷载时，其竖向钢筋、箍筋直径和间距应满足框架柱的相应要求；

3)箍筋、拉筋沿水平方向的肢距不宜大于 300 mm，不应大于竖向钢筋间距的 2 倍。

（5）剪力墙竖向和水平分布钢筋的配筋率，一、二、三级时，均不应小于 0.25%；四级和非抗震设计时，均不应小于 0.20%。

（6）剪力墙的竖向和水平分布钢筋的间距均不宜大于 300 mm，直径不应小于 8 mm。剪力墙的竖向和水平分布钢筋的直径不宜大于墙厚的 1/10。

3.框架-剪力墙结构

框架和剪力墙共同承受竖向荷载和侧向力，就称为框架-剪力墙结构。框架-剪力墙结构既具有框架结构布置灵活、延性好的特点，也具有剪力墙结构刚度大、承载力大的特点，是一种比较好的抗侧力体系，广泛应用于高层建筑，其适用高度与剪力墙结构大致相同。

在下部楼层，剪力墙的位移较小，它拉着框架按弯曲型曲线变形，剪力墙承受大部分水平力，上部楼层则相反，剪力墙位移越来越大，有外侧的趋势，而框架则有内收的趋势。框架拉剪力墙按剪切型曲线变形，框架除负担外荷载产生的水平力外，还额外负担把剪力墙拉回来的附加水平力。剪力墙不但不承受荷载产生的水平力，还由于给框架一个附加水平力而承受负剪力。所以，上部楼层即使外荷载产生的楼层剪力很小，框架中也会出现相当大的剪力。

4.筒体结构

20 世纪 60 年代初，美国城市化进程加快，城市人口剧增，地价暴涨，建筑越来越向高空发展。传统的框架结构和框架-支撑结构达到一定高度后，每增加一层所增加的建筑材料比中、底层建筑增加一层要得多。为了使高层建筑在经济上可行，必须发明新的结构体系。在社会需求的推动下，美国工程师 Fazlur Khan 创造了高效的筒体结构。

筒体结构是指由框架-剪力墙结构与全剪力墙结构综合演变和发展起来的，是将剪力墙或密柱框架集中到房屋的内部和外围而形成的一个或多个封闭的筒体，以筒体承受房屋的大部分或全部竖向荷载和水平荷载的结构体系。其特点是剪力墙集中而获得较大的自由分割空间，多用于写字楼建筑。

根据房屋的高度、荷载性质的不同，筒体体系可以布置成以下几种：

(1)框筒结构。框筒由布置在建筑物周边的柱距小、梁截面高的密柱深梁框架组成，在形式上，框筒是外围为密柱框筒，内部为普通框架柱组成的结构，如图 2-31(a)所示。框架是平面结构，主要由与水平力方向平行的框架抵抗层剪力及倾覆力矩。框筒是空间结构，即沿四周布置的框架都参与抵抗水平力，层剪力由平行于水平力作用方向的腹板框架抵抗，倾覆力矩由腹板框架和垂直于水平力作用方向的翼缘框架共同抵抗。框筒结构的适用高度比框架结构高得多。

(2)框架-核心筒结构。框架-核心筒结构是利用中心部分的钢筋混凝土墙体形成核心筒作为结构抵抗水平力的主要抗侧力构件，外圈则采用梁、柱形成的框架，与核心筒形成整体，如图 2-31(b)所示。核心筒宜贯通建筑物全高。框架-核心筒结构的周边框架与核心筒之间形成的可用空间较大，与筒中筒结构类似，广泛用于写字楼、多功能建筑。

(3)筒中筒结构。用框筒作为外筒，将楼(电)梯间、管道竖井等服务设施集中在建筑平面的中心做成内筒，就成为筒中筒结构，如图 2-31(c)所示。筒中筒结构也是双重抗侧力体系，在水平力作用下，内、外筒协同工作，其侧移曲线类似于框架-剪力墙结构，呈弯剪型。外框筒的平面尺寸大，有利于抵抗水平力产生的倾覆力矩和扭矩；内筒采用钢筋混凝土墙或支撑框架，具有比较大的抵抗水平剪力的能力。筒中筒结构的平面外形可以为圆形、正多边形、椭圆形或矩形等。筒中筒结构的适用高度比框筒更高。

(4)束筒结构。两个或者两个以上框筒排列在一起，即为束筒结构，如图 2-31(d)所示。束筒中的每一个框筒，可以是方形、矩形或者三角形等；多个框筒可以组成不同的平面形状；其中任一个筒可以根据需要在任何高度中止。

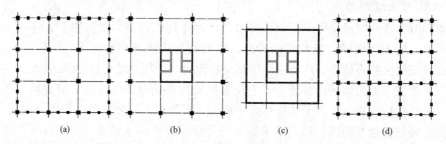

图 2-31　筒体体系
(a)框筒结构；(b)框架-核心筒结构；(c)筒中筒结构；(d)束筒结构

📖 **思 考 题**

1. 结构应符合哪些功能要求？
2. 结构有哪些极限状态？它们有何区别？试说明哪些情况下属于这些极限状态。
3. 什么是永久荷载、可变荷载、偶然荷载？
4. 可变荷载组合值、频遇值、准永久值的含义是什么？
5. 受弯构件有哪几种破坏形式？
6. 受弯构件中有哪几种钢筋？这些钢筋的作用是什么？
7. 梁、板内纵向受力钢筋的直径、根数、间距有何规定？

8. 什么是混凝土的保护层？它有何作用？

9. 受弯梁的破坏形式有哪些？它们破坏的特点是什么？在设计过程中如何防止出现不利的破坏形式？

10. 影响梁受剪承载力的因素有哪些？

11. 斜截面破坏的主要形态是什么？它们都有什么特点？

12. 简述钢筋混凝土柱中的纵向受力钢筋和箍筋的主要构造要求。

13. 轴心受压构件的破坏与哪些因素有关？

14. 偏心受压构件的破坏形态有哪几种？破坏特征分别是什么？

15. 钢筋混凝土受扭构件的破坏形态是什么？如何防止破坏的发生？

16. 受扭构件的受扭钢筋与箍筋有哪些要求？

17. 现浇整体式楼盖有哪些类型？适用于哪些情况？

18. 什么是单向板、双向板？其受力和配筋构造的特点是什么？

19. 梁式楼梯和板式楼梯有何区别？

20. 什么是预应力构件？它有哪些优点？

21. 预应力构件中为什么要对构件的端部局部加强？

22. 多、高层建筑的结构体系有哪些？它们的特点分别是什么？

习　题

1. 一钢筋混凝土矩形梁截面尺寸 $b \times h = 250 \text{ mm} \times 500 \text{ mm}$，混凝土强度等级为C25，HRB400级钢筋，弯矩设计值 $M = 135 \text{ kN·m}$。试计算受拉钢筋截面面积，并绘制配筋图。

2. 某钢筋混凝土矩形梁截面尺寸 $b \times h = 250 \text{ mm} \times 500 \text{ mm}$，净跨 $l_n = 6 \text{ m}$，承受的均布荷载设计值 $q = 40 \text{ kN·m}$（包含自重），混凝土强度等级为C25，箍筋选用HPB300钢筋，试确定该梁配箍筋的数量。

3. 已知某钢筋混凝土矩形截面简支梁，计算跨度 $l_0 = 6.5 \text{ m}$，净跨 $l_0 = 6.26 \text{ m}$，梁截面尺寸 $b \times h = 250 \text{ mm} \times 600 \text{ mm}$，混凝土强度等级为C25，梁的纵向钢筋和箍筋均采用HRB400级钢筋。若已知梁的纵向钢筋为4Φ25，试求：当采用Φ8@200双肢箍和Φ10@200双肢箍时，梁所能承受的荷载设计值 $(q+g)$ 是多少。

4. 由于建筑上的使用要求，某现浇柱截面尺寸 $b \times h = 500 \text{ mm} \times 500 \text{ mm}$，柱高为5.0 m，计算长度 $l_0 = 0.7H = 3.5 \text{ m}$，配筋为6Φ18。强度等级为C30混凝土，HRB400级钢筋，承受轴向力设计值 $N = 2 000 \text{ kN}$。试问柱是否安全？

5. 某现浇多层钢筋混凝土框架结构，底层中柱按轴心受压构件计算，柱高 $H = 6.4 \text{ m}$，柱的截面尺寸为 $400 \text{ mm} \times 400 \text{ mm}$，混凝土强度等级为C30，纵筋采用HRB400级，承受轴心压力设计值为 $N = 2 450 \text{ kN}$，试根据计算确定该柱的纵向受力配筋。

第三章　平法施工图通用规则介绍

1. 掌握钢筋的锚固长度和搭接长度的计算方法。
2. 熟悉混凝土结构的环境类别、保护层、钢筋的连接方式。
3. 了解基础结构或地下结构与上部结构的分界。

学习重点

钢筋的锚固长度和搭接长度的计算方法。

第一节　混凝土结构的环境类别

影响混凝土结构耐久性最重要的因素就是环境，环境类别应根据其对混凝土结构耐久性的影响而确定。混凝土结构环境类别的划分主要是为了方便混凝土结构正常使用极限状态的验算和耐久性设计，环境类别见表 3-1。

表 3-1　混凝土结构的环境类别

环境类别	条件
一	室内干燥环境；无侵蚀性静水浸没环境
二 a	室内潮湿环境；非严寒和非寒冷地区的露天环境；非严寒和非寒冷地区与无侵蚀性水或土直接接触的环境；严寒或寒冷地区的冰冻线以下与无侵蚀性的水或土壤直接接触的环境
二 b	干湿交替环境；水位频繁变动环境；严寒地区和寒冷地区的露天环境；严寒地区和寒冷地区冰冻线以上与无侵蚀性的水或土壤直接接触的环境
三 a	严寒地区和寒冷地区水位变动区环境；受除冰盐影响的环境；海风环境
三 b	盐渍土环境；受除冰盐作用环境；海岸环境
四	海水环境
五	受人为或自然的侵蚀性物质影响的环境

注：1. 室内潮湿环境是指构件表面经常处于结露或湿润状态的环境。
　　2. 严寒或寒冷地区的划分应符合现行国家标准《民用建筑热工设计规范》(GB 50176—2016)的有关规定。
　　3. 海岸环境和海风环境宜根据当地情况，考虑主导风向及结构所处迎风、背风部位等因素的影响，由调查研究和工程经验确定。
　　4. 受除冰盐影响环境是指受到除冰盐、盐雾影响的环境；受除冰盐作用环境是指被除冰盐溶液溅射的环境以及使用除冰盐地区的洗车房、停车楼等建筑。
　　5. 暴露的环境是指混凝土结构表面所处的环境。

第二节　钢筋的混凝土保护层厚度

一、混凝土保护层的作用

钢筋的混凝土保护层厚度是指最外层钢筋外边缘至混凝土表面的距离。图 3-1 所示梁的钢筋保护层的厚度是指箍筋外表面至梁表面的距离。混凝土保护层的作用如下：

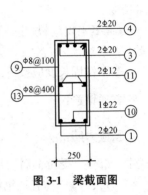

图 3-1　梁截面图

（1）保证混凝土与钢筋之间的握裹力，确保结构受力性能和承载力。混凝土与钢筋两种不同性质的材料共同工作，是保证结构构件承载力和结构性能的基本条件。混凝土是抗压性能较好的脆性材料，钢筋是抗拉性能较好的延性材料；这两种材料各以其抗压、抗拉性能优势相结合，构成了具有抗压、抗拉、抗弯、抗剪、抗扭等结构性能的各种结构形式的建筑物或构筑物。

混凝土与钢筋共同工作的保证条件是依靠混凝土与钢筋之间足够的握裹力。握裹力由黏结力、摩擦力、咬合力和机械锚固力构成。

（2）保护钢筋不锈蚀，确保结构安全性和耐久性。混凝土中钢筋的锈蚀，是一个相当漫长的过程。钢筋因受到外界介质的化学作用或电化学作用而逐渐破坏的现象，称为锈蚀。钢筋锈蚀不仅使截面有效面积减小，性能降低，甚至报废，而且由于产生锈坑，可造成应力集中，加速了结构的破坏。尤其在冲击荷载、循环交变荷载作用下，将产生锈蚀疲劳现象，使钢筋疲劳强度大为降低，甚至出现脆性断裂。在混凝土中，钢筋锈蚀会使混凝土开裂，降低对钢筋的握裹力。

混凝土保护层对钢筋具有保护作用，同时混凝土中水泥水化的高碱度，使被包裹在混凝土构件中的钢筋表面形成钝化保护膜（简称钝化膜），是混凝土能够保护钢筋的主要依据和基本条件。

二、混凝土保护层最小厚度的规定

混凝土保护层的最小厚度见表 3-2。

表 3-2　混凝土保护层的最小厚度　　　　　　　　　　　　　　mm

环境类别	板、墙	梁、柱
一	15	20
二 a	20	25
二 b	25	35
三 a	30	40
三 b	40	50

第三节　受拉钢筋的锚固长度

在受力过程中，受力钢筋可能会产生滑移，甚至会从混凝土中拔出而造成锚固破坏。为防止此类现象发生，将受力钢筋在混凝土中锚固一定的长度，这个长度称为锚固长度。

《混凝土规范》规定，当充分利用钢筋抗拉强度时，受拉钢筋的锚固长度应符合下列要求：

基本锚固长度应按下式计算：

普通钢筋：

$$l_{ab} = \alpha \frac{f_y}{f_t} d \tag{3-1}$$

预应力筋：

$$l_{ab} = \alpha \frac{f_{py}}{f_t} d \tag{3-2}$$

式中　l_{ab}——受拉钢筋的基本锚固长度；

f_y、f_{py}——普通钢筋、预应力筋的抗拉强度设计值；

f_t——混凝土轴心抗拉强度设计值，当混凝土强度等级高于 C60 时，按 C60 取值；

d——锚固钢筋的直径；

α——锚固钢筋的外形系数，按表 3-3 取用。

表 3-3　锚固钢筋的外形系数 α

钢筋类型	光圆钢筋	带肋钢筋	螺旋肋钢丝	三股钢绞线	七股钢绞线
α	0.16	0.14	0.13	0.16	0.17

注：光圆钢筋末端应做180°弯钩，弯后平直段长度不小于3d，但做受压钢筋时可不做弯钩。

受拉钢筋基本锚固长度可查表 3-4 和表 3-5。

表 3-4　受拉钢筋基本锚固长度 l_{ab}

钢筋种类	混凝土强度等级								
	C20	C25	C30	C35	C40	C45	C50	C55	$\geqslant$C60
HPB300	39d	34d	30d	28d	25d	24d	23d	22d	21d
HRB335、HRBF335	38d	33d	29d	27d	25d	23d	22d	21d	21d
HRB400、HRBF400 RRB400	—	40d	35d	32d	29d	28d	27d	26d	25d
HRB500、HRBF500		48d	43d	39d	36d	34d	32d	31d	30d

受拉钢筋的锚固长度也可查表 3-6 和表 3-7。

表 3-5 抗震设计受拉钢筋基本锚固长度 l_{ab}

钢筋种类		混凝土强度等级								
		C20	C25	C30	C35	C40	C45	C50	C55	≥C60
HPB300	一、二级	45d	39d	35d	32d	29d	28d	26d	25d	24d
	三级	41d	36d	32d	29d	26d	25d	24d	23d	22d
HRB355 HRBF335	一、二级	44d	38d	33d	31d	29d	26d	25d	24d	24d
	三级	40d	35d	31d	28d	26d	24d	23d	22d	22d
HRB400 HRBF400	一、二级	—	46d	40d	37d	33d	32d	31d	30d	29d
	三级	—	42d	37d	34d	30d	29d	28d	27d	26d
HRB500 HRBF500	一、二级	—	55d	49d	45d	41d	39d	37d	36d	35d
	三级	—	50d	45d	41d	38d	36d	34d	33d	32d

表 3-6 受拉钢筋锚固长度 l_a

钢筋种类	混凝土强度等级																
	C20	C25		C30		C35		C40		C45		C50		C55		≥C60	
	d≤25	d≤25	d>25	d≤25	d>25	d≤25	d>25	d≤25	d>25	d≤25	d>25	d≤25	d>25	d≤25	d>25	d≤25	d>25
HPB300	39d	34d	—	30d	—	28d	—	25d	—	24d	—	23d	—	22d	—	21d	—
HRB335、HRBF335	38d	33d	—	29d	—	27d	—	25d	—	23d	—	22d	—	21d	—	21d	—
HRB400、HRBF400、RRB400	—	40d	44d	35d	39d	32d	35d	29d	32d	28d	31d	27d	30d	26d	29d	25d	28d
HRB500、HRBF500	—	48d	53d	43d	47d	39d	43d	36d	40d	34d	37d	32d	35d	31d	34d	30d	33d

· 66 ·

表 3-7 受拉钢筋抗震锚固长度 l_{aE}

钢筋种类及抗震等级		混凝土强度等级																
		C20	C25		C30		C35		C40		C45		C50		C55		≥C60	
		$d{\leq}25$	$d{\leq}25$	$d{\geq}25$	$d{\leq}25$	$d{\geq}25$	$d{\leq}25$	$d{\geq}25$	$d{\leq}25$	$d{\geq}25$	$d{\leq}25$	$d{\geq}25$	$d{\leq}25$	$d{\geq}25$	$d{\leq}25$	$d{\geq}25$	$d{\leq}25$	$d{\geq}25$
HPB300	一、二级	45d	39d	—	35d	—	32d	—	29d	—	28d	—	26d	—	25d	—	24d	—
HPB300	三级	41d	36d	—	32d	—	29d	—	26d	—	25d	—	24d	—	23d	—	22d	—
HRB355 HRBF335	一、二级	44d	38d	—	33d	—	31d	—	29d	—	26d	—	25d	—	24d	—	24d	—
HRB355 HRBF335	三级	40d	35d	—	30d	—	28d	—	26d	—	24d	—	23d	—	22d	—	22d	—
HRB400 HRBF400	一、二级	—	46d	51d	40d	45d	37d	40d	33d	37d	32d	36d	31d	35d	30d	33d	29d	32d
HRB400 HRBF400	三级	—	42d	46d	37d	41d	34d	37d	30d	34d	29d	33d	28d	32d	27d	30d	26d	29d
HRB500 HRBF500	一、二级	—	55d	61d	49d	54d	45d	49d	41d	46d	39d	43d	37d	40d	36d	39d	35d	38d
HRB500 HRBF500	三级	—	50d	56d	45d	49d	41d	45d	38d	42d	36d	39d	34d	37d	33d	36d	32d	35d

注:1. 当为环氧树脂涂层带肋钢筋时,表中数据尚应乘以 1.25。

2. 当纵向受拉钢筋在施工过程中易受扰动时,表中数据尚应乘以 1.1。

3. 当锚固长度范围内纵向受力钢筋周边保护层厚度为 3d、5d（d 为锚固钢筋的直径）时,表中数据可分别乘以 0.8、0.7;中间时按内插值。

4. 当纵向受拉普通钢筋锚固长度修正系数（注 1~注 3）多于一项时,可按连乘计算。

5. 受拉钢筋的锚固长度 l_a、l_{aE} 计算值不应小于 200。

6. 四级抗震时,$l_{aE}=l_a$。

7. 当锚固钢筋的保护层厚度不大于 5d 时,锚固钢筋长度范围内应设置横向构造钢筋,其直径不应小于 d/4（d 为锚固钢筋的最大直径）;对梁、柱等构件间距不应大于 5d,对板、墙等构件间距不应大于 10d,且均不应大于 100（d 为锚固钢筋的最小直径）。

第四节　钢筋的连接

钢筋的供货长度是有限的，常见的有 12 m 和 9 m，而构件的长度往往大于钢筋的供货长度，这就需要将钢筋连接起来使用，钢筋的连接处应设置在构件受力较小的位置。钢筋连接方式有绑扎连接、机械连接和焊接连接。

一、纵向受力钢筋的绑扎连接

纵向受力钢筋的绑扎连接是钢筋连接最常见的方式之一，具有施工操作简单的优点，但连接强度较低，不适合大直径钢筋连接。规范规定，当受拉钢筋 $d \geq 25$ mm 和受压钢筋 $d \geq 28$ mm 时，不宜采用绑扎连接。绑扎搭接连接比较浪费钢筋，目前主要应用在楼板钢筋的连接。

（1）纵向受拉钢筋搭接长度见表 3-8。

表 3-8　纵向受拉钢筋搭接长度

纵向受拉钢筋绑扎搭接长度 l_l、l_{lE}			
抗震		非抗震	
$l_{lE} = \xi_l l_{aE}$		$l_l = \xi_l l_a$	
纵向受拉钢筋搭接长度修正系数 ξ_l			
纵向钢筋搭接接头面积百分率/%	≤ 25	50	100
ξ_l	1.2	1.4	1.6
注：1. 当直径不同的钢筋搭接时，l_l、l_{lE} 按直径较小的钢筋计算。 　　2. 任何情况下不应小于 300 mm。 　　3. 式中 ξ_l 为纵向受拉钢筋搭接长度修正系数。当纵向钢筋搭接接头百分率为表的中间值时，可按内插取值。			

（2）在同一连接区段内，纵向受拉钢筋绑扎搭接接头宜相互错开。无论采用何种连接方式，连接点都是钢筋最薄弱的环节，所以，钢筋的连接接头宜相互错开，尽量避免在同一个位置连接。根据《混凝土规范》的规定，钢筋绑扎搭接接头连接区段的长度为 1.3 倍搭接长度，凡搭接接头中点位于连接区段长度内的搭接接头，均属于同一连接区段，如图 3-2 所示。

同一连接区段内纵向受力钢筋搭接接头面积百分率为该区段内有搭接接头的纵向受力钢筋与全部纵向受力钢筋截面面积的比值。位于同一连接区段内的受拉钢筋搭接接头面积百分率：对梁类、板类及墙类构件，不宜大于 25%；对柱类构件，不宜大于 50%。当工程中确有必要增大受拉钢筋搭接接头面积百分率时，对梁类构件，不宜大于 50%；对板、墙、柱及预制构件的拼接处，可根据实际情况放宽。

并筋采用绑扎搭接连接时，应按每根单筋错开搭接的方式连接；接头面积百分率应按同一连接区段内所有的单根钢筋计算；并筋中钢筋的搭接长度应按单筋分别计算。

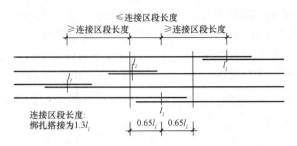

连接区段长度:
绑扎搭接为1.3l_l

图 3-2 钢筋连接区段的规定

(3)纵向受压钢筋的搭接长度。构件中的纵向受压钢筋采用搭接连接时,其受压搭接长度不应小于受拉钢筋搭接长度的 70%,且不宜小于 200 mm。

(4)纵向受力钢筋搭接长度范围内应配置加密箍筋。当采用搭接连接时,搭接连接长度范围内混凝土受到的劈裂应力比较大,为了延缓或限制劈裂裂缝的出现和发展,改善搭接效果,《混凝土规范》对搭接长度范围内的箍筋规定是纵向受力钢筋搭接长度范围内应配置箍筋,其直径不应小于钢筋较大直径的 0.25。当钢筋受拉时,箍筋间距不应大于搭接钢筋较小直径的 5 倍,且不应大于 100 mm;当钢筋受压时,箍筋间距不应大于搭接钢筋较小直径的 10 倍,且不应大于 200 mm;当受压钢筋直径大于 25 mm 时,尚应在搭接接头两端面外 100 mm 范围内各设置两道箍筋。

二、纵向受力钢筋的机械连接

纵向受力钢筋机械连接的接头形式有套筒挤压连接接头、直螺纹套筒连接接头和锥螺纹套筒连接接头(图 3-3)。

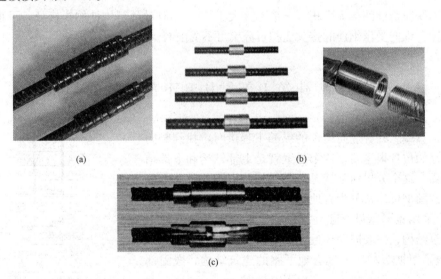

图 3-3 纵向钢筋机械连接接头形式
(a)套筒挤压连接接头;(b)直螺纹套筒连接接头;(c)锥螺纹套筒连接接头

纵向受力钢筋的机械连接接头宜相互错开。钢筋机械连接区段的长度为 $35d$（d 为连接钢筋的较小直径）。凡接头中点位于该区段长度内的机械连接接头，均属于同一连接区段。位于同一连接区段内的纵向受拉钢筋接头面积百分率不宜大于 50%；但对板、墙、柱及预制构件的拼接处，可根据实际情况放宽。纵向受压钢筋的接头面积百分率不受限制。

机械连接套筒的横向净距不宜小于 25 mm；套筒处箍筋的间距仍应满足相应的构造要求。

三、纵向受力钢筋的焊接连接

纵向受力钢筋焊接连接的方法有闪光对焊、电渣压力焊等，根据《钢筋焊接及验收规程》（JGJ 18—2012）的规定，电渣压力焊只能用于柱、墙、构筑物等竖向构件的纵向钢筋的连接，不得用于梁、板等水平构件的纵向钢筋连接。

纵向受力钢筋的焊接接头应相互错开。钢筋焊接接头连接区段的长度为 $35d$（d 为连接钢筋的较小直径）且不小于 500 mm。凡接头中点位于该连接区段长度内的焊接接头，均属于同一连接区段，如图 3-4 所示。

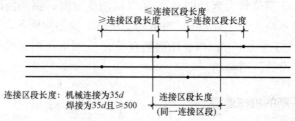

连接区段长度：机械连接为$35d$
焊接为$35d$且$\geqslant 500$

图 3-4　同一连接区段内纵向受拉钢筋机械连接、焊接接头

纵向受拉钢筋的接头面积百分率不宜大于 50%，但对预制构件的拼接处，可根据实际情况放宽。纵向受压钢筋的接头面积百分率可不受限制。

第五节　建筑上部结构和下部结构的分界

在计算墙、柱等竖向构件的纵筋工程量时，找到竖向构件的起始位置很重要，这个位置就是上部结构和下部结构的分界，这个分界通常就是上部结构的嵌固部位。上部结构的嵌固部位通常分为有地下室和无地下室两种情况。

（1）采用条形基础、独立基础、筏形基础等没有地下室的建筑结构，一般嵌固部位在基础顶面。

（2）采用桩箱基础等具有地下室的建筑结构，嵌固部位可能在基础顶面，也可能在地下室顶板。

一套标准的结构施工图，设计者会在柱和墙施工图的结构层高表中注明上部结构的嵌固部位，如图 3-5 所示。

层号	标高/m	层高/m
4	12.270	3.60
3	8.670	3.60
2	4.470	4.20
1	-0.030	4.50
-1	-4.530	4.50
-2	-9.030	4.50

结构层楼面标高
结构层高

上部结构嵌固部位
−0.030

图 3-5　注明上部结构的嵌固部位

1. 什么是锚固长度？受拉钢筋的锚固长度如何确定？
2. 纵向受拉钢筋的抗震锚固长度如何确定？
3. 纵向受拉钢筋的搭接长度如何确定？
4. 纵向受拉钢筋的抗震搭接长度如何确定？
5. 钢筋的连接方式有哪些？各种连接方式有什么样的构造要求？
6. 钢筋直径不同时搭接位置的要求是什么？钢筋接头面积百分率和搭接长度如何确定？
7. 什么是钢筋的混凝土保护层厚度？
8. 划分混凝土环境类别的目的是什么？
9. 什么是嵌固部位？有地下室的建筑结构，嵌固部位能否在地下室顶板？

第四章　基础平法施工图与钢筋算量

🎯 学习目标

1. 熟悉基础平法施工图的表示方式。
2. 掌握常用的基础标准构造详图。
3. 掌握钢筋算量的方法。

🎯 学习重点

1. 基础平法施工图的表示方式。
2. 基础钢筋算量的方法。

第一节　独立基础平法识图与计算

一、独立基础平法识图

独立基础平法施工图表示方式分为平面注写方式和截面注写方式两种。独立基础分为普通独立基础和杯口独立基础，这里只介绍普通独立基础。普通独立基础的集中标注，包括基础编号、截面竖向尺寸、配筋三项必注项，以及基础底面标高和必要的文字注解选注内容，如图 4-1 所示。

微课：独立基础平法
施工图识读

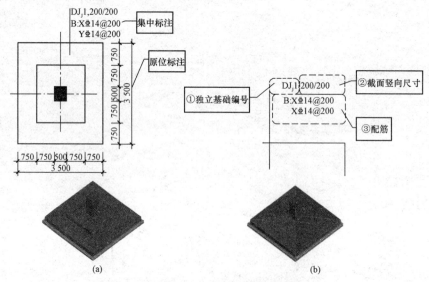

图 4-1　独立基础标注图

(a)阶形普通独立基础；(b)坡形普通独立基础

1. 基础编号

独立基础编号和类型见表 4-1、表 4-2 和图 4-2 所示。

表 4-1　独立基础编号表

类型	基础底板 截面形状	代号	序号
普通独立基础	阶形	DJ$_J$	××
	坡形	DJ$_P$	××

表 4-2　独立基础类型表

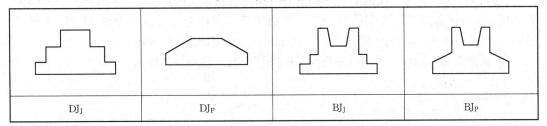

DJ$_J$	DJ$_P$	BJ$_J$	BJ$_P$

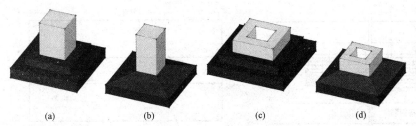

图 4-2　独立基础三维模型

(a)阶形普通独立基础；(b)坡形普通独立基础；(c)阶形杯口独立基础；(d)坡形杯口独立基础

例如，DJ$_J$1 表示阶形普通独立基础，序号为 1。

2. 截面竖向尺寸

一般用 $h_1/h_2/\cdots$ 自下而上标注，当为单阶时，竖向尺寸只有一个。

例如，200/200 表示各阶的高度自下而上为 200 mm。

3. 配筋情况（图 4-3）

注写独立基础底板配筋 B 代表板底配筋，钢筋长度沿 X 向配筋用 X 打头，长度沿 Y 向配筋用 Y 打头；当配筋的两向相同，用 X&Y 打头注写。

例如，B：X$\oplus$14@200 表示基础板底 X 向配 HRB400 级钢筋，直径为 14 mm，钢筋间距为

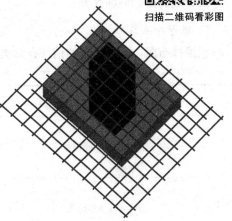

图 4-3　独立基础配筋三维模型

200 mm；YΦ14@200 表示基础板底 Y 向配 HRB400 级钢筋，直径为 14 mm，钢筋间距为 200 mm。

如为圆形独立基础，则采用放射配筋，以 R_S 打头，先写径向配筋，并在"/"后注写环向配筋。

4. 多柱独立基础顶部配筋

（1）基础底板顶部配筋。当为双柱独立基础且柱距较小时，通常仅配置基础底部钢筋；当柱距较大时，还需要在两柱间配置基础顶部钢筋或者设置基础梁，如图 4-2 所示，双柱独立基础顶部配筋形式一般为对称分布于柱中心线两侧。注写为双柱间纵向受力钢筋/分布钢筋。当纵向受力钢筋非满布时，应该注明总根数。

在集中标注中，以 T 打头的配筋，就是指多柱的顶部配筋。例如，T：11Φ18@100/Φ10@200，表示独立基础顶部配筋纵向钢筋为 HRB400 级钢筋，直径为 18 mm，设置 11 根，间距为 100 mm；分布筋为 HPB300 级，直径为 10 mm，分布间距为 200 mm。

（2）基础设置基础梁。当基础底板与基础梁结合时，注写梁的编号、几何尺寸、配筋情况，如图 4-4 所示。

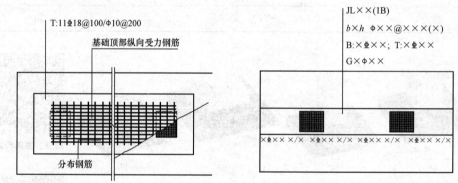

图 4-4　双柱独立基础顶部配筋标注图

二、独立基础钢筋计算

1. 矩形独立基础

根据排布图，需要计算的钢筋有四类，见表 4-3。

表 4-3　矩形独立基础钢筋类别

名　　称	钢筋种类
矩形独立基础底板筋	X 向受力筋
	Y 向受力筋
多柱基础顶部钢筋	受力筋
	分布筋

如图 4-5 所示的排布图，设钢筋保护层厚度为 c，底板钢筋的排布间距为 S，则第一根钢筋距构件边缘的距离为"起步距离"。起步距离为 $\min(75，S/2)$。

X(Y)向受力筋长度＝X(Y)向基础宽度－$2c$

X(Y)向受力筋根数＝[Y(X)向基础宽度－2×$\min(75，S/2)$]/S＋1

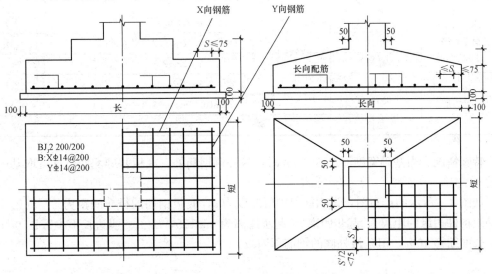

图 4-5   矩形独立基础底板钢筋排布图

【例 4-1】   对图 4-6 所示矩形独立基础进行钢筋计算。计算条件见表 4-4。

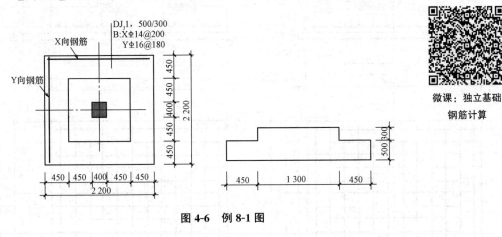

微课：独立基础
钢筋计算

图 4-6   例 8-1 图

表 4-4   计算条件

混凝土强度	c/mm	连接方式	定尺长度/mm
C25	40	绑扎	9 000

解：钢筋计算过程见表 4-5。

表 4-5　钢筋计算过程

钢筋种类	名称	计算过程	结果
X向受力筋	长度	$2.2-2\times0.04$	2.12
	根数	$[2.2-2\times\min(0.075,\ 0.2/2)]/0.2+1$	12
	总长	2.12×12	25.44
Y向受力筋	长度	$2.2-2\times0.04$	2.12
	根数	$[2.2-2\times\min(0.075,\ 0.18/2)]/0.18+1$	13
	总长	2.12×13	27.56

特殊情况：当基础宽度≥2 500 mm 时，除外侧钢筋外，底板基础配筋长度可取基础宽度的 0.9。

如图 4-7 所示的排布图，设钢筋保护层厚度为 c，底板钢筋的排布间距为 S，则第一根钢筋距构件边缘的距离为"起步距离"。起步距离为 $\min(75,\ S/2)$。当边长不小于 2 500 mm时，长度缩短 10%，但是最外侧的钢筋不缩减。

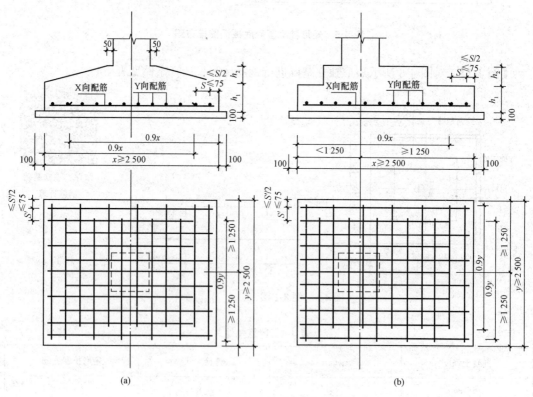

图 4-7　缩短 10% 矩形独立基础底板钢筋排布图

(a)对称独立基础；(b)非对称独立基础

(1)对于对称情况。

X(Y)向最外侧不缩短受力筋长度＝X(Y)向基础宽度－2c

X(Y)向最外侧不缩短受力筋根数＝2

X(Y)向中间缩短受力筋长度＝X(Y)向基础宽度×0.9

X(Y)向中间缩短受力筋根数＝[Y(X)向基础宽度－2×min(75，S/2)]/S－1

(2)对于非对称情况。

当柱中心至基础底板边缘的距离不小于1 250 mm时，该距离两侧钢筋不缩减。采用隔一缩一的形式。

X(Y)向不缩短受力筋长度＝X(Y)向基础宽度－2c

X(Y)向中间缩短受力筋长度＝X(Y)向基础宽度×0.9

独立基础顶部钢筋排布图如图4-8所示。

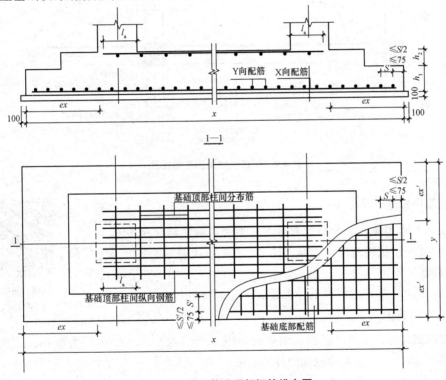

图4-8　独立基础顶部钢筋排布图

2.多柱独立基础顶部钢筋

有以上排布图，设钢筋保护层厚度为c，钢筋的排布间距为S，分为纵向受力筋和横向分布筋。计算公式如下：

受力筋长度＝两柱内侧边长＋2×l_a

受力筋数量＝设计标注

分布筋长度＝受力筋布筋范围宽度＋S

分布筋数量＝两柱中心长/间距＋1

(分析：分布筋伸出受力筋分布范围的长度，图集未标明，这里认为两侧各伸出受力钢筋半个受力筋间距。)

第二节 筏形基础平法识图与计算

一、筏形基础主次梁平法识图

筏形基础分为平板式基础和梁板式基础。其中，梁板式筏形基础中包括主梁和次梁、基础平板。下面以图4-9所示梁板式筏形基础为例进行讲解。

标注项主要包括编号、截面尺寸、箍筋、底部及顶部贯通筋等。

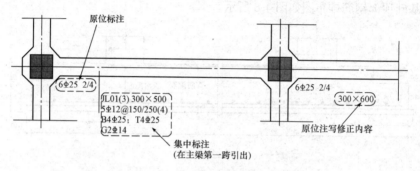

图 4-9 基础主次梁钢筋标注图

（一）集中标注

1. JL××或JCL××分别代表基础主梁和次梁的编号和序号

JL××(×B)代表两端均外伸，JL××(×A)代表一端外伸，无外伸仅标注跨数(×)。

例如，图示JL01(3)代表基础主梁01，三跨无外伸。

2. 基础梁截面尺寸 $b×h$

代表截面尺寸，梁宽×梁高；加腋时，用 $b×h\ Yc_1×c_2$，其中 c_1 为腋长，c_2 为腋宽。例如，图中300×500代表梁宽和梁高的数值。

3. 箍筋的根数和强度等级、直径、间距

当采用两种箍筋时，用"/"分隔不同的箍筋，按照从基础梁端到跨中的顺序注写。

4. 底部和顶部贯通钢筋

底部以"B"打头，顶部以"T"打头，当多于一排的时候，用"/"将两排纵筋分开。

例如"B4Φ25；T4Φ25"表示梁底的钢筋为4Φ25，梁顶的钢筋为4Φ25。

5. 侧面构造钢筋

以大写字母"G"打头，注写对称设置的构造钢筋的总配筋值。当梁的腹板高度不小于450 mm时设置。

例如，图中G2Φ14，当需要配置抗扭钢筋时，梁的两侧设置的抗扭钢筋为"N"打头。

6. 梁顶面高差

该项为选注值，此值为基础梁的底面与基础平板的底面的标高高差值。

基础梁与筏板平板顶平叫作"高位板"；基础梁底位于筏板平板叫作"中位板"；基础梁与筏板平板底平叫作"低位板"。

(二)原位标注

1. 注写支座区域全部纵筋

注写梁端部区域的所有底部纵筋，包括已经集中标注的贯通纵筋。

2. 注写基础梁的附加箍筋或吊筋

附加箍筋或吊筋直接画在图中的主梁上，用线引注总配筋值。

二、筏形基础主次梁平法计算

根据排布图，需要计算的钢筋有四类，见表4-6。

表4-6　基础梁钢筋类别

名　　称	钢筋种类
基础梁筋	上下部通长筋
	支座负筋
	侧面钢筋
	箍筋
	拉结筋

如图4-10所示的排布图，设钢筋保护层厚度为c，箍筋的排布间距为S。

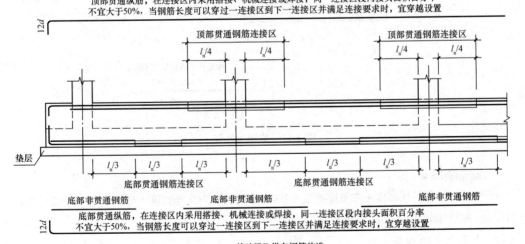

图4-10　注写示例

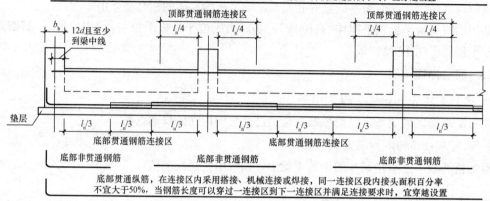

顶部贯通纵筋，在连接区内采用搭接、机械连接或焊接，同一连接区段内接头面积百分率不宜大于50%，当钢筋长度可以穿过一连接区到下一连接区并满足连接要求时，宜穿越设置

底部贯通纵筋，在连接区内采用搭接、机械连接或焊接，同一连接区段内接头面积百分率不宜大于50%，当钢筋长度可以穿过一连接区到下一连接区并满足连接要求时，宜穿越设置

基础次梁纵向钢筋连接位置

图 4-10　注写示例（续）

1. 下部通长筋

（1）端部无外伸（图 4-11）。

长度＝左支座宽度＋0.05－保护层厚度＋15d＋净跨长＋右支座宽度＋0.05－保护层厚度＋15d

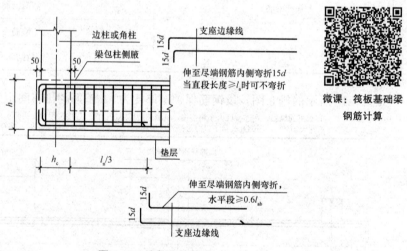

微课：筏板基础梁
钢筋计算

图 4-11　端部无外伸

（2）端部有外伸（图 4-12）。

长度＝$l'_{n左}$－保护层厚度＋左支座宽度＋12d＋净跨长＋右支座宽度＋$l'_{n右}$－保护层厚度＋12d

式中，h_c 为沿梁长方向的柱截面尺寸。

2. 计算上部通长筋

（1）端部无外伸。

长度＝左支座宽度＋0.05－保护层厚度＋15d＋净跨长＋右支座宽度＋0.05－保护层厚度＋15d

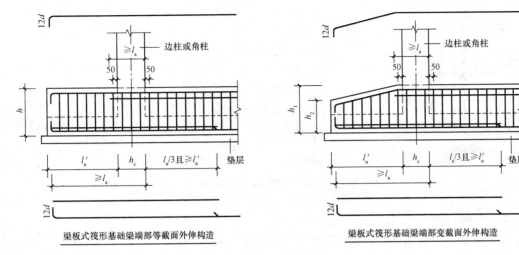

图 4-12 端部有外伸

(2)端部有外伸。

1)当为等截面：长度＝$l'_{n左}$－保护层厚度＋左支座宽度＋12d＋净跨长＋右支座宽度＋$l'_{n右}$－保护层厚度＋12d。

2)当为变截面：长度＝$l'_{n左}$×坡度系数－保护层厚度＋左支座宽度＋12d＋净跨长＋右支座宽度＋$l'_{n右}$×坡度系数－保护层厚度＋12d。

3.计算支座负筋

(1)端部支座。

1)无外伸：长度＝15d＋h_c＋0.05－c＋$l_n/3$。

2)有外伸。

第一排长度＝l'_n－保护层厚度＋12d＋h_c＋max($l_n/3$，l'_n)

第二排长度＝l'_n－保护层厚度＋h_c＋max($l_n/3$，l'_n)

(2)中间支座。

如图 4-13 所示，长度＝$l_n/3$＋h_c＋$l_n/3$，其中 l_n 为左右跨最大值。

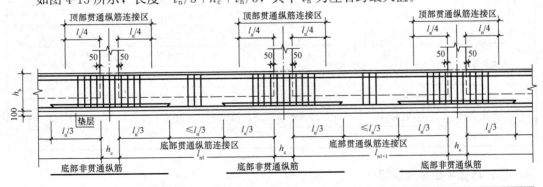

底部贯通纵筋在其连接区内采用搭接、机械连接或焊接，同一连接区段内接头面积百分率不宜大于50%，
当钢筋长度可穿过一连接区到下一连接区并满足连接要求时，宜穿越设置

图 4-13 中间支座计算图示

4. 计算侧面钢筋

如图 4-14 所示，长度＝梁净跨长＋15d×2。

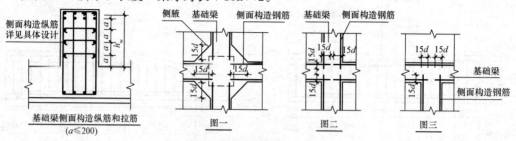

图 4-14　侧面钢筋计算图示

5. 计算箍筋与拉结筋

基础梁箍筋与拉结筋的计算与框架梁完全相同，在此不再重复。

【例 4-2】　对图 4-15 进行平法钢筋计算，计算条件见表 4-7。

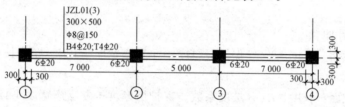

图 4-15　例 8-2 图

表 4-7　计算条件

混凝土强度	c/mm	连接方式	定尺长度/mm
C30	25	机械连接	9 000

解： 平法钢筋计算表见表 4-8。

表 4-8　平法钢筋计算表

钢筋种类	名称	计算式	结果
上部通长筋	长度	(5＋7×2＋0.3×2－2×0.025＋15×0.02×2)×4	80.60
下部通长筋	长度	(5＋7×2＋0.3×2－2×0.025＋12×0.02×2)×4	80.60
支座负筋	端部长度	[15×0.02＋0.6＋0.05－0.025＋(7－0.6)/3]×4	12.09
	中间长度	[(7－0.6)/3＋0.6＋(7－0.6)/3]×2	9.74
箍筋	长度	(0.3－0.025×2＋0.5－0.025×2)×2＋2×11.9×0.008	1.59
	根数	[(7－0.3×2－0.05×2)/0.15＋1]×2＋(5－0.05×2)/0.15＋1	118
	总长	1.59×118	187.62

三、基础平板平法识图

筏板式基础平板的板块划分原则为：板厚相同、底部及顶部配筋相同的区域为同一板块。

标注项主要包括编号、截面尺寸、底部及顶部贯通筋。

1. 集中标注

(1)LPB××代表基础平板的编号。

如图 4-16 中所示 LPB01。

(2)注写平板的截面尺寸。

注写平板 $h=××$，如图 4-16 中 $h=500$ 表示板厚为 500 mm。

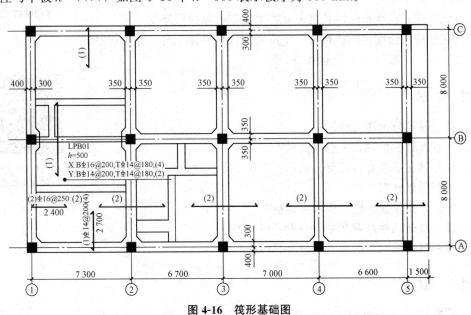

图 4-16 筏形基础图

(3)平板顶部底部贯通配筋。

注写钢筋的贯通长度，注写 X 向和 Y 向的钢筋。以 T 打头的配筋，就是指顶部配筋；以 B 打头的配筋，就是指底部配筋。

贯通纵筋的总长度注写在括号中，注写方式为"跨数及有无外伸"，其表达形式为：(××)无外伸，(××A)一端外伸，(××B)两端外伸。

2. 原位标注

表示板底附加非贯通纵筋。

四、基础平板平法计算

根据图 4-14，需要计算的钢筋有两类，见表 4-9。

表 4-9 基础梁钢筋类别

名　　称	钢筋种类
筏板底板	上下部通长筋
	底部非贯通筋

如图 4-16 所示，设钢筋保护层厚度为 c，箍筋的排布间距为 S。

1. 贯通纵筋

长度＝基础平板外边线长度－保护层厚度×2＋弯折长度

根数＝布筋范围/S＋1

其中，封边构造见 16G101—3 第 93 页。

2. 底部非贯通筋

(1)无外伸：长度＝标注长度＋支座宽度/2－保护层厚度

(2)有外伸：长度＝标注长度＋支座宽度/2＋外伸长度－保护层厚度

根数＝布筋范围/S＋1

微课：筏板基础
平板钢筋计算

思 考 题

1. 独立基础分为哪几种？
2. 独立基础的标注方式有哪几种？
3. 什么情况下独立基础受力钢筋长度按基础宽度的 0.9 计算？
4. 筏形基础分哪几类？
5. 什么是高位板、低位板和中位板？
6. 独立基础识图步骤及要点分别是什么？
7. 筏形基础识图步骤及要点分别是什么？

微课：桩基础
概述与识图

习 题

1. 计算图 4-17 中全部钢筋工程量，要求列表计算，写出计算过程。

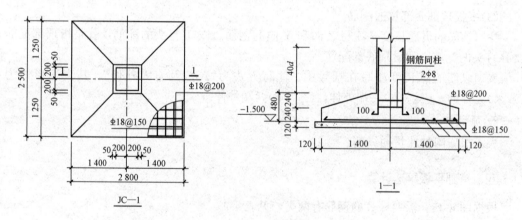

图 4-17 习题 1 图

2. 计算图 4-18 中全部钢筋工程量，要求列表计算，写出计算过程。

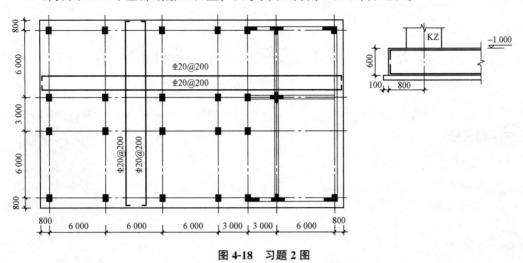

图 4-18 习题 2 图

第五章　柱平法施工图与钢筋算量

◉ **学习目标**

1. 熟悉柱平法施工图的表示方式。
2. 掌握常用的柱标准构造详图。
3. 掌握钢筋算量的计算方法。

微课：柱平法施工图
范例识读

◉ **学习重点**

1. 柱平法施工图的两种表达方式。
2. 基础中柱插筋构造；框架柱纵筋钢筋连接构造；柱顶纵筋构造；变截面柱纵向钢筋构造；柱箍筋加密构造要求。
3. 柱纵筋和箍筋长度的计算方法；柱钢筋接头个数的确定方法。

第一节　柱平法施工图制图规则

16G101—1中，柱平法施工图表达方式分为列表注写方式和截面注写方式。

一、列表注写方式

列表注写方式，是在柱平面布置图上（一般只需采用适当比例绘制一张柱平面布置图，包括框架柱、框支柱、梁上柱和剪力墙上柱），分别在同一编号的柱中选择一个（有时需要选择几个）界面标注几何参数代号；在柱表中注写柱编号、柱段起止标高、几何尺寸（含柱截面对轴线的偏心定位尺寸）与配筋的具体数值，并配以各种柱截面形状及其箍筋类型图的方式来表达柱平法施工图（图 5-1）。

（1）柱编号。其由类型代号和序号组成，应符合表 5-1 的规定。

表 5-1　柱编号

柱类型	代号	序号	备注
框架柱	KZ	××	柱根部嵌固在基础或地下结构上，并与框架梁相连
转换柱	ZHZ	××	柱根部嵌固在基础或地下结构上，并与框支梁相连，框支结构以上转换为剪力墙结构
芯柱	XZ	××	设置在框架柱、框支柱等竖向构件中心，起到加强的作用
梁上柱	LZ	××	支撑在梁上的柱
剪力墙上柱	QZ	××	支撑在剪力墙上的柱
注：编号时，当柱的总高、分段截面尺寸和配筋均对应相同，仅截面与轴线的关系不同时，仍可将其编为同一柱号，但应在图中注明截面与轴线的关系。				

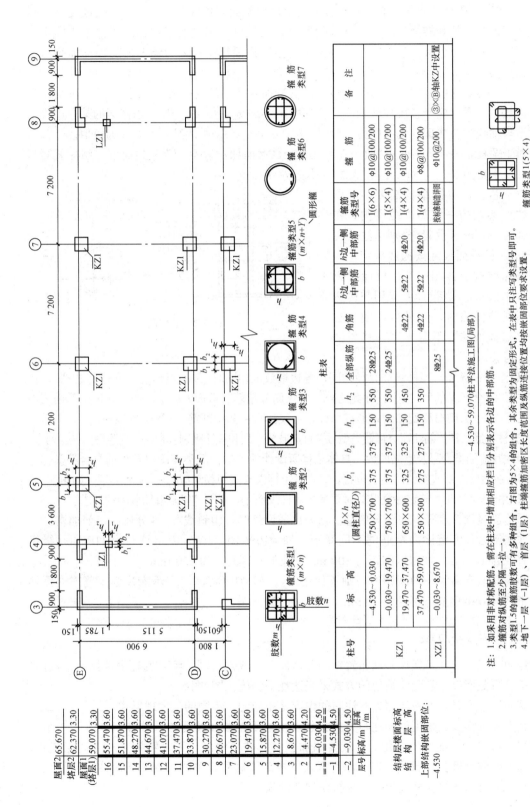

图 5-1 柱平法施工图

注: 1.如采用非对称配筋, 需在柱表中增加相应栏目分别表示各边的中部筋。
2.箍筋对纵筋至少隔一拉。
3.类型1.5的箍筋肢数可有多种组合, 右图为5×4的组合, 其余类型为固定形式, 在表中只注写类型号即可。
4.地下一层 (−1层)、首层 (1层) 柱端箍筋加密区长度范围及纵筋连接位置均按嵌固端要求设置。

−4.530~59.070柱平法施工图(局部)

柱号	标 高	$b \times h$ (圆柱直径D)	b_1	b_2	h_1	h_2	全部纵筋	角筋	b边一侧 中部筋	h边一侧 中部筋	箍筋 类型号	箍筋	备 注
KZ1	−4.530~−0.030	750×700	375	375	150	550	28⌀25				1(6×6)	Φ10@100/200	
	−0.030~19.470	750×700	375	375	150	550	24⌀25				1(5×4)	Φ10@100/200	
	19.470~37.470	650×600	325	325	150	450		4⌀22	5⌀22	4⌀20	1(4×4)	Φ10@100/200	
	37.470~59.070	550×500	275	275	150	350		4⌀22	5⌀22	4⌀20	1(4×4)	Φ8@100/200	
XZ1	−0.030~8.670						8⌀25				按标准构造详图	Φ10@200	③×B轴KZ1中设置

柱表

箍筋
类型1
肢数m
肢数n
b

箍筋
类型2

箍筋
类型3

箍筋
类型4

箍筋
类型5
($m \times n + Y$)

箍筋
类型6
圆形箍

箍筋
类型7

箍筋 类型4 (5×4)

结构层楼面标高 结 构 层 高	
上部结构嵌固部位: −4.530	

屋面2	65.670	3.30
塔层2	62.370	3.30
屋面1 (塔层1)	59.070	3.30
16	55.470	3.60
15	51.870	3.60
14	48.270	3.60
13	44.670	3.60
12	41.070	3.60
11	37.470	3.60
10	33.870	3.60
9	30.270	3.60
8	26.670	3.60
7	23.070	3.60
6	19.470	3.60
5	15.870	3.60
4	12.270	3.60
3	8.670	3.60
2	4.470	4.20
1	−0.030	4.50
−1	−4.530	4.50
−2	−9.030	4.50
层号	标高/m	层高/m

（2）注写各段柱的起止标高，自柱根部往上以变截面位置或截面未变但配筋改变处为界分段注写。框架柱和转换柱的根部标高指基础顶面标高；芯柱的根部标高指根据结构实际需要而定的起止位置标高；梁上柱的根部标高指梁顶面标高；剪力墙上柱的根部标高为墙顶面标高。

（3）对于矩形柱，注写柱截面尺寸 $b \times h$ 及与轴线关系的几何参数代号 b_1、b_2 和 h_1、h_2 的具体数值，需对应于各段柱分别注写。其中 $b = b_1 + b_2$，$h = h_1 + h_2$。当截面的某一边收缩变化至与轴线重合或偏到轴线的另一侧时，b_1、b_2、h_1、h_2 中的某项为 0 或为负值。

对于圆柱，表中 $b \times h$ 一栏改用在圆柱直径数字前加 d 表示。为表达简单，圆柱截面与轴线的关系也用 b_1、b_2 和 h_1、h_2 表示，并使 $d = b_1 + b_2 = h_1 + h_2$。

对于芯柱，根据结构需要，可以在某些框架柱的一定高度范围内，在其内部的中心位置设置（分别引注其柱编号）。芯柱截面尺寸按构造确定，并按图集标准构造详图施工，设计者无须注写（图 5-2）；当设计者采用与构造详图不同的做法时，应另行注明。芯柱定位随框架柱，不需要注写其与轴线的几何关系。

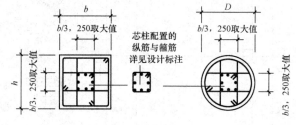

图 5-2　芯柱截面

（4）注写柱纵筋。当柱纵筋直径相同，各边根数也相同时（包括矩形柱、圆柱和芯柱），将纵筋注写在"全部纵筋"一栏中；除此之外，柱纵筋分角筋、截面 b 边中部筋和 h 边中部筋三项分别注写（对于采用对称配筋的矩形截面柱，可仅注写一侧中部筋，对称边省略不注）。

（5）柱箍筋。柱箍筋注写有箍筋类型号及箍筋肢数一列和箍筋级别、直径、间距等信息一列。

1）注写箍筋类型号及箍筋肢数。具体工程所设计的各种箍筋类型图以及箍筋复合的具体方式，需画在表的上部或图中的适当位置，并在其上标注与表中相对应的 b、h 和类型，如图 5-1 所示。当为抗震设计时，确定箍筋肢数时要满足对柱纵筋"隔一拉一"以及箍筋肢距的要求。

2）箍筋级别、直径、间距等信息。当为抗震设计时，用斜线"/"区分柱端箍筋加密区与柱身非加密区长度范围内箍筋的不同间距。如 Φ10@100/250，表示箍筋为 HPB300 级钢筋，直径为 10 mm，加密区间距为 100 mm，非加密区间距为 250 mm。

当箍筋沿全高为一种间距时，则不使用"/"。如 Φ10@100，表示沿柱全高范围内箍筋均为 HPB300 级钢筋，直径为 10 mm，间距为 100 mm。

二、截面注写方式

截面注写方式，是在柱平面布置图的柱截面上，分别在同一编号的柱中选择一个截面，以直接注写截面尺寸和配筋数值的方式来表达柱平法施工图（图 5-3）。

截面注写方式与列表注写方式注写的内容是相同的，不同的是表现形式。

在实际工程中，采用列表注写方式比较多。原因是截面注写方式往往只能表达一个柱标准层，当柱子信息发生变化时，就要添加更多的柱平法施工图，特别是对于高层建筑，结构施工图数量过多。而采用列表注写方式就避免了这种现象的出现，无论柱子的信息如何变化，都可以注写在柱表中，无须再添加新的施工图。

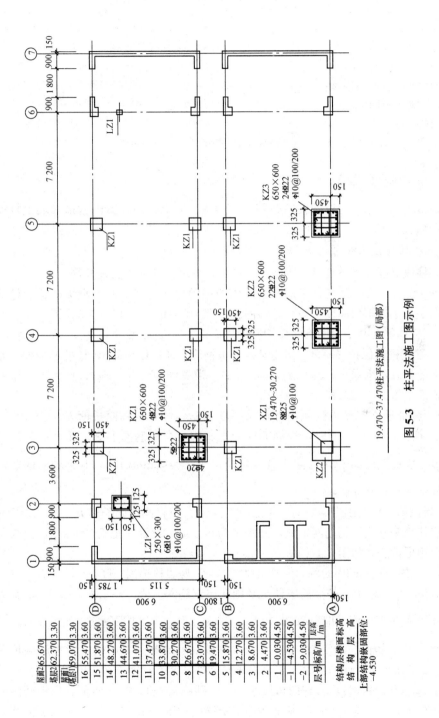

图 5-3 柱平法施工图示例

19.470~37.470 柱平法施工图（局部）

第二节　柱标准构造详图

根据柱钢筋所处的部位和具体构造要求不同，将其构造分为以下主要内容：

(1)柱根部钢筋构造。

(2)柱中间层钢筋构造。

(3)柱顶钢筋构造。

(4)柱箍筋构造。

柱钢筋构造包括纵筋构造和箍筋构造两部分。

一、柱根部钢筋构造

柱根部钢筋构造分为框架柱筋在基础内构造、梁上柱筋在梁内构造和墙上柱筋在墙内构造三种情况。

1. 框架柱筋在基础内构造

框架柱纵筋要插入下部基础内锚固，所以，这段钢筋又称为柱插筋。

根据 16G101—3，框架柱纵筋在基础内的锚固形式与基础的类型无关，与柱筋在基础内的侧向混凝土保护层厚度和竖直段锚固长度有关，如图 5-4 和图 5-5 所示。

(1)当柱插筋在基础内的侧向保护层厚度$>5d$，竖直段锚固长度 $h_j-c-2d \geqslant l_{aE}(l_a)$ 时(注：c 为基础钢筋保护层厚度，d 为基础底板钢筋直径，以下同)，柱插筋应伸至基础底层钢筋网上侧，并水平弯折 $\max(6d，150\ \text{mm})$，设置间距$\leqslant 500\ \text{mm}$，且大于等于两道非复合矩形箍筋，如图 5-4(a)所示。

(2)当柱插筋在基础内的侧向保护层厚度$\leqslant 5d$，竖直段锚固长度 $h_j-c-2d \geqslant l_{aE}(l_a)$，间距 $s \leqslant \min(5d，100\ \text{mm})$时，柱插筋应伸至基础底层钢筋网上侧，并水平弯折 $\max(6d，150\ \text{mm})$，设置直径$\geqslant \dfrac{d}{4}$(d 为插筋最大直径)，间距 $s \leqslant \min(10d，100\ \text{mm})$ 的非复合矩形箍筋，如图 5-4(b)所示。

(3)当柱插筋在基础内的侧向保护层厚度$>5d$，竖直段锚固长度 $h_j-c-2d < l_{aE}(l_a)$时，柱插筋应伸至基础底层钢筋网上侧，并水平弯折 $15d$，设置间距$\leqslant 500\ \text{mm}$，且大于等于两道非复合矩形箍筋，如图 5-4(c)所示。

(4)当柱插筋在基础内的侧向保护层厚度$\leqslant 5d$，竖直段锚固长度 $h_j-c-2d < l_{aE}(l_a)$，间距 $s \leqslant \min(5d，100\ \text{mm})$时，柱插筋应伸至基础底层钢筋网上侧，并水平弯折 $15d$，设置直径$\geqslant \dfrac{d}{4}$(d 为插筋最大直径)，间距$s \leqslant \min(10d，100\ \text{mm})$ 的非复合矩形箍筋，如图 5-4(d)所示。

注意：当柱为轴心受压或小偏心受压，基础高度或基础顶面至中间钢筋网片顶面距离不小于 1 200 mm 时，或当柱为大偏心受压，基础高度或基础顶面至中间钢筋网片顶面距离不小于 1 400 mm 时，可仅将柱四角插筋伸至基础底板钢筋网上(伸至底板钢筋网上的柱插筋之间间距不大于 1 000 mm)，其他钢筋满足锚固长度 l_{aE} 即可。任何情况下插筋竖直段锚固长度 h_j-c-2d 不得小于 $\max(0.6l_{abE}，20d)$。

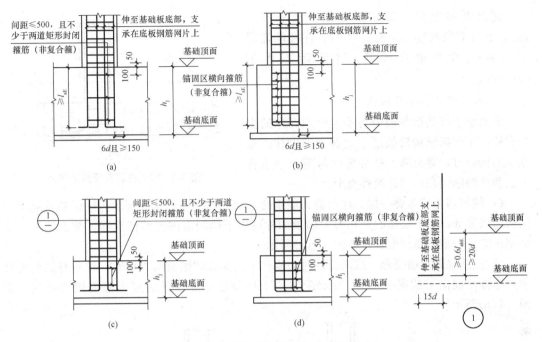

图 5-4 柱插筋在基础中锚固构造

(a)保护层厚度>5d；基础高度满足直锚；(b)保护层厚度≤5d；基础高度满足直锚；

(c)保护层厚度>5d；基础高度不满足直锚；(d)保护层厚度≤5d；基础高度不满足直锚

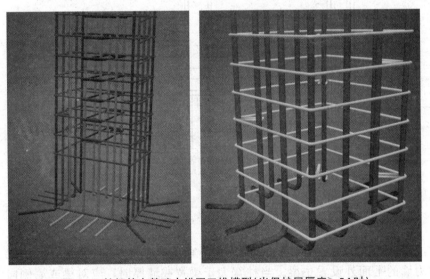

图 5-5 柱钢筋在基础内锚固三维模型(当保护层厚度>5d 时)

扫描二维码看彩图

2. 梁上柱筋在梁内构造

梁上柱是指少量支撑在框架梁上的柱(如梯柱等)，其构造不适用于结构转换层上的转换大梁起柱，如图 5-6 所示。

柱纵筋伸至梁底部钢筋上侧，水平弯折15d，且竖直段长度≥$0.6l_{aE}$≥20d。在柱筋锚固范围内设置两道柱箍筋，且间距不大于500 mm。

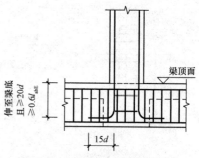

图 5-6　梁上柱筋在梁内的构造

3. 墙上柱筋在墙内构造

剪力墙上柱是指普通剪力墙上个别部位的少量起柱，不包括结构转换层上的剪力墙上柱。根据 16G101—1，剪力墙上柱分为柱与剪力墙重叠一层和柱筋锚固在墙顶部两种类型。

(1)柱与剪力墙重叠一层。柱与剪力墙重叠一层的墙上柱的构造要求：柱纵筋直通下一层剪力墙底部，至下层楼面；在剪力墙顶面标高以下锚固范围内的柱箍筋，按上柱箍筋非加密区的复合箍筋要求配置，如图 5-7(a)所示。

(2)柱筋锚固在墙顶部。抗震设计时，当柱下三面或四面有剪力墙时，柱所有纵筋可自本层楼板顶面向下锚固 1.2l_{aE}，箍筋配置与上柱箍筋非加密区的复合箍筋设置相同，如图 5-7(b)所示。

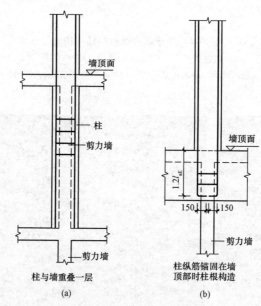

图 5-7　剪力墙上柱钢筋构造

设计时应注意，为保证剪力墙的侧向刚度和稳定，不宜在单片剪力墙上起柱，无法避免时，应在相应剪力墙的平面外设置主梁。当柱宽大于梁宽或墙厚时，应对梁或墙侧向加腋。

4. 芯柱锚固构造

为使抗震设防区的框架柱等竖向构件在消耗地震能量时有较好的延性，满足轴压比限值的要求，可在框架柱截面中部 1/3 范围设置芯柱，如图 5-2 所示。芯柱截面尺寸长和宽一般为 max(b/3，250 mm)和 max(h/3，250 mm)。芯柱纵筋和箍筋的配置按施工图标注，芯柱纵筋的连接与根部锚固同框架柱，向上直通芯柱顶标高。非抗震设防区的框架柱一般不设置芯柱。

二、框架柱和地下室框架柱中间层钢筋构造

1. 框架柱受力特点

框架柱是以偏心受压为主的竖向构件，当框架柱受到反复的地震作用，地震作用引起柱子的弯矩和剪力，并且柱子上下两端内力为最大值，中间相对较小。基于钢筋连接应避开内力较大位置的要求，框架柱纵筋不应在每层柱上下两端连接，而应在每层中间位置连接，《建筑抗震设计规范（2016 年版）》(GB 50011—2010)的相关章节也明确了这一点。

2. 框架柱纵筋连接构造

框架柱钢筋连接方式有绑扎搭接连接、机械连接和焊接连接，如图 5-8 所示。

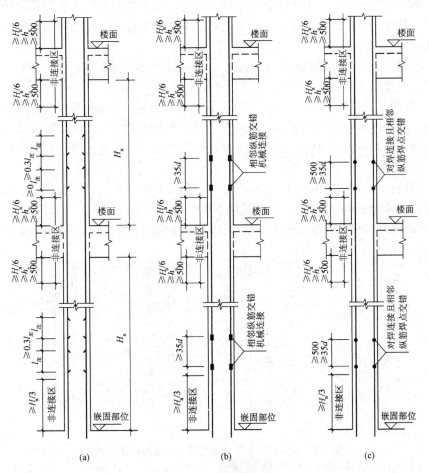

(a)　　　　　　　　(b)　　　　　　　　(c)

图 5-8　框架柱纵筋构造

(a)绑扎搭接连接；(b)机械连接；(c)焊接连接

根据目前我国施工习惯，柱子是逐层施工的，所以，柱纵筋在每层必有一个连接接头。

(1)非连接区。三种连接方式的非连接区是完全一致的。嵌固部位相邻上一层框架柱，

下端非连接区长度$\geqslant H_n/3$（一般直接取 $H_n/3$），上端非连接区长度包括两端，分别是$[\max(H_n/6，h_c，500)]$和h_b。其他各层框架柱下端非连接区长度$\geqslant\max(H_n/6，h，500)$[一般直接取 $\max(H_n/6，h_c，500)$]，上端非连接区长度包括两端，分别是$[\max(H_n/6，h_c，500)]$和h_b。其中，H_n 为框架柱净高；h_c 为框架柱截面长边尺寸，圆柱时为柱直径；h_b 为框架梁截面高。

（2）接头相互错开。为了避免框架柱所有纵筋在同一个位置连接而造成明显的薄弱区，纵筋应分别在高低位连接，每批连接一半，这样连接面积百分率就是 50%。上下连接区错开距离如图 5-8 所示。

注意：当某层连接区的总高度小于纵筋分两批搭接连接所需的高度时，应改用机械连接或焊接连接。

3. 框架柱纵筋上下层配筋不一致时的连接构造

由于各层柱受到的外力大小会有所不同，因此，各层柱配筋量会有差别。这种差别分为上柱比下柱多出的钢筋、上柱较大直径钢筋、下柱比上柱多出的钢筋和下柱较大直径钢筋四种情况。

（1）上柱比下柱多出的钢筋[图 5-9(a)]。上柱比下柱多出的钢筋，应锚固在上层根部的梁柱结点，从楼面算起内 $1.2l_{aE}$，其他纵筋连接构造同图 5-10。

（2）上柱较大直径钢筋[图 5-9(b)]。上柱较大直径钢筋与下层柱纵筋的连接点位于下层连接区域，而不在上层连接区域。这是因为，如果在上层连接，就会导致上层柱根部的配筋值小于设计值。所以必须将上层柱较大直径钢筋伸入下层柱内连接。其他纵筋连接构造同图 5-10。

（3）下柱比上柱多出的钢筋[图 5-9(c)]。下柱比上柱多出的钢筋，应锚固在下层顶部的梁柱结点内，从梁底算起 $1.2l_{aE}$，其他纵筋连接构造同图 5-8。

（4）下柱较大直径钢筋[图 5-9(d)]。下柱较大直径钢筋的连接构造与图 5-8 是完全一样的。

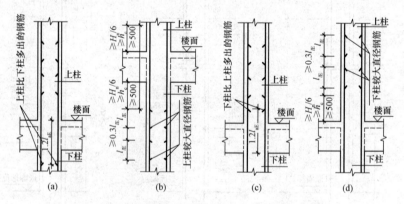

图 5-9　框架柱纵筋上下层配筋不一致时的连接构造

(a)上柱比下柱多出的钢筋；(b)上柱较大直径钢筋；(c)下柱比上柱多出的钢筋；(d)下柱较大直径钢筋

总结上述四种情况，得出一个结论：多出的钢筋在相应位置锚固 $1.2l_{aE}$，大直径钢筋要伸入小直径钢筋处连接。

在 16G101—1 中给出了搭接连接的情况，对于机械连接和焊接连接也同样是适用的。

4. 框架柱变截面位置纵筋构造

因为外力是层层往下传递的，一般情况下，下层柱比上层柱受到的外力要大一些，所以，柱截面尺寸往往是向上逐层变小的，则柱变截面位置纵筋构造如下：

(1)当上、下柱单侧变化值 Δ 与所在楼层框架梁截面高度 h_b 的比值 $\Delta/h_b > 1/6$，上、下层柱纵筋应截断后分别锚固，下层柱纵筋伸到梁顶(留保护层)然后水平弯折 $12d$，且竖直段长度 $\geqslant 0.5l_{aE}$；上层柱纵筋深入梁柱结点内从梁顶算起 $1.2l_{aE}$，如图 5-10(a) 和 (c) 所示。

(2)当上、下柱单侧变化值 Δ 与所在楼层框架梁截面高度 h_b 的比值 $\Delta/h_b \leqslant 1/6$，上、下层柱纵筋应连续通过梁柱结点，即下柱纵筋略向内侧倾斜通过结点，如图 5-10(b) 和 (d) 所示。

(3)边角柱外侧有偏移时，无论 Δ/h_b 是否大于 1/6，柱纵筋都是截断分别锚固，下层柱纵筋伸到梁顶(留保护层)然后水平弯折，从上层柱外侧算起 l_{aE}；上层柱纵筋深入梁柱结点内从梁顶算起 $1.2l_{aE}$，如图 5-10(e) 所示。

注意：图 5-10(c) 和 (d) 中右侧梁用虚线表示，意思是无论柱右侧是否有梁相连，纵筋都是连续通过的。

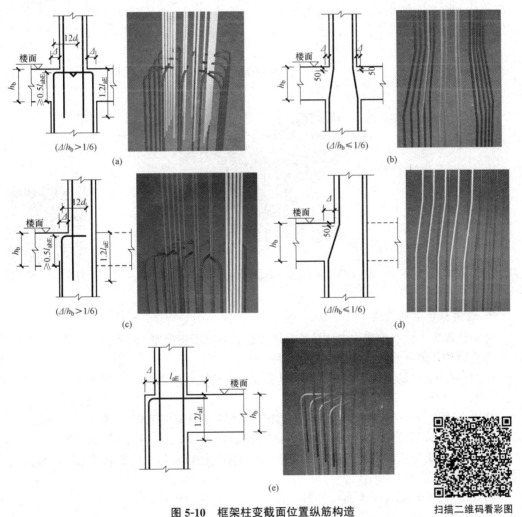

扫描二维码看彩图

图 5-10　框架柱变截面位置纵筋构造

三、柱顶钢筋构造

根据框架柱在柱网中的位置，分为中柱、边柱和角柱。根据纵筋在柱截面中的位置，分为柱内侧纵筋和柱外侧纵筋。框架柱有框架梁相连的一侧称为内侧；无框架梁相连的一侧称为外侧。

柱顶钢筋构造分为中柱柱顶纵筋构造和边角柱顶纵筋构造。

1. 中柱柱顶纵筋构造

当柱纵筋在顶层结点内满足直锚长度时，就伸到柱顶留保护层[图 5-11(a)]；当不能满足直锚长度时，就弯折锚固，伸到柱顶后向内弯折 $12d$[图 5-11(b)]；当柱顶有不小于 100 mm 厚的现浇板时，也可向外弯折[图 5-11(c)]；柱纵筋也可采用端部加锚头或锚板的机械锚固[图 5-11(d)]。中柱柱顶纵筋构造三维图如图 5-11(e)所示。

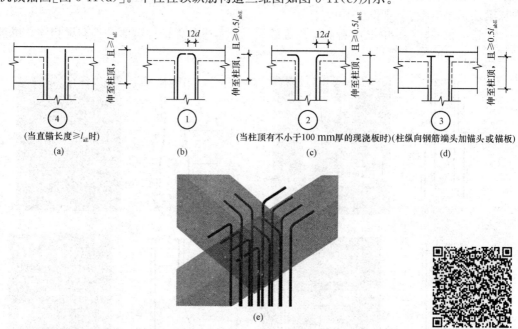

(4)	①	②	③
(当直锚长度≥l_{aE}时)		(当柱顶有不小于100 mm厚的现浇板时)	(柱纵向钢筋端头加锚头或锚板)
(a)	(b)	(c)	(d)

图 5-11 中柱柱顶纵筋构造

扫描二维码看彩图

2. 边角柱顶纵筋构造

边角柱顶内侧纵筋构造同中柱柱顶纵筋构造，在此不再重复。

边角柱顶外侧纵筋构造区分为下列几种情况：

(1)当柱外侧纵筋直径不小于梁上部纵筋时，可将柱外侧纵筋弯入梁内作为梁上部纵筋[图 5-12(a)]。

(2)柱外侧纵筋深入梁内与梁上部纵筋搭接，搭接长度从梁底算起≥$1.5l_{abE}$[图 5-12(b)]。当搭接长度 $1.5l_{abE}$ 未超过柱内侧边缘时，柱外侧纵筋弯折后水平段≥$15d$[图 5-12(c)]。

(3)对于无法深入梁内的柱顶外侧纵筋，可以伸到柱顶弯折，弯折后的水平段伸到柱内侧边，再下弯 $8d$[图 5-12(d)]。

(4)梁上部纵筋深入柱内与柱外侧纵筋搭接，搭接长度从柱顶(扣一个保护层厚度)算起，且≥$1.7l_{abE}$[图 5-12(e)]。

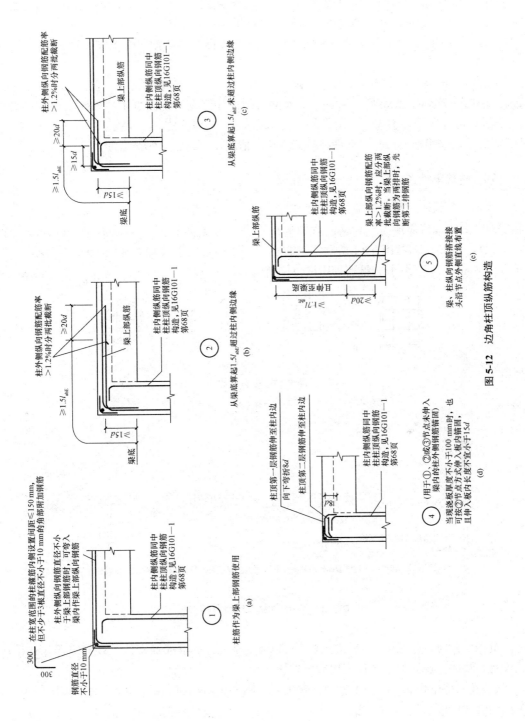

图 5-12 边角柱顶纵筋构造

当梁柱纵筋比较多时，为了避免由于在同一位置截断所有纵筋，而在混凝土内部形成应力集中，使混凝土开裂，所以规定，当梁或柱纵筋配筋率大于 1.2% 时，结点②、③和⑤应分两批截断，每批截断一半，两批截断点之间的距离 $\geqslant 20d$。

　　当柱纵筋直径 $\geqslant 25$ mm 时，在柱宽范围的柱箍筋内侧设置间距 $\leqslant 150$ mm，但不少于 $3\Phi10$ 的附加角筋。

　　注意：(1)结点①、②、③和④应配合使用，结点④不应单独使用，仅用于未伸入梁内的柱外侧纵筋锚固。无论哪种结点，伸入梁内的柱外侧纵筋不宜少于柱外侧全部纵筋面积的 65%。可选择②+④或③+④或①+②+④或①+③+④的组合做法。

　　(2)结点⑤用于梁、柱纵筋在柱外侧搭接的情况，可与结点①组合使用。

四、柱箍筋构造

　　柱箍筋宜采用焊接封闭箍筋、连续螺旋箍筋或连续复合螺旋箍筋。当采用非焊接封闭箍筋时，其末端应做成 135°弯钩，弯钩端平直段长度不应小于 $\max(10d，75$ mm$)$（d 为箍筋直径），如图 5-13 和图 5-14 所示。拉筋弯钩构造形式应由设计者在施工图中指定，一般情况下应采用图 5-14(d)。箍筋加密区范围如图 5-15 所示。

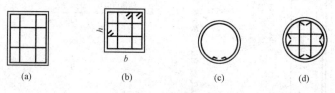

图 5-13　箍筋类型

(a)焊接封闭箍筋；(b)非焊接封闭箍筋；(c)螺旋箍筋；(d)复合螺旋箍筋

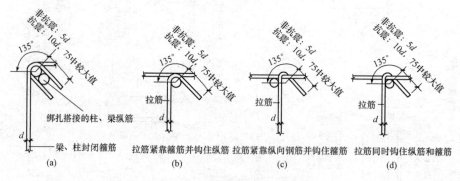

图 5-14　封闭箍筋及拉筋弯钩构造

　　抗震设计时，框架柱 KZ、梁上柱 LZ 和墙上柱 QZ 的箍筋加密区长度和纵筋非连接区长度是一致的。箍筋加密区长度构造要求如下：

　　(1)嵌固部位相邻上一层 KZ、LZ 和 QZ，下端加密区长度 $\geqslant H_n/3$（一般直接取 $H_n/3$）。上端加密区长度 $\geqslant [\max(H_n/6，h_c，500)+h_b]$ {一般直接取 $[\max(H_n/6，h_c，500)+h_b]$}。其他各层，下端加密区长度 $\geqslant \max(H_n/6，h，500)$ [一般直接取 $\max(H_n/6，h_c，500)$]，上端加密区长度 $\geqslant [\max(H_n/6，h_c，500)+h_b]$ {一般直接取 $[\max(H_n/6，h_c，500)+h_b]$}。

如图 5-14 所示。

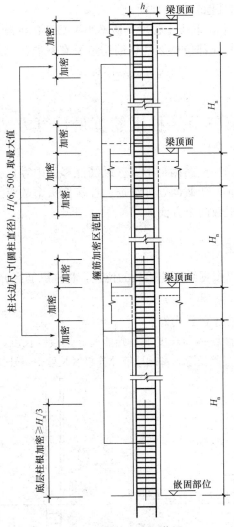

图 5-15 箍筋加密区范围

其中，H_n 为框架柱净高；h_c 为框架柱截面长边尺寸，圆柱时为柱直径；h_b 为框架梁截面高。

(2)当柱纵筋采用绑扎搭接连接时，纵筋搭接区箍筋应加密，加密区箍筋间距为 $\min(5d, 100\ \text{mm})$。

(3)当存在刚性地面时，刚性地面上下各 500 mm 范围内加密，如图 5-16 所示。刚性地面是指基础以上墙体两侧的回填土应分层回填夯实(回填土和压实密度应符合国家有关规定)，在压实土层上铺设的混凝土面层，厚度不应小于 150 mm，这样在基础埋深较深的情况下，设置刚性地面能对埋入地下的墙体在一定程度上起到侧面嵌固或约束的作用。箍筋在刚性地面上下 500 mm 范围内加密是考虑了这种刚性地面约束的影响。另外，有专家提出以下两种形式

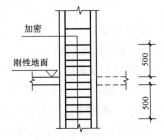

图 5-16 刚性地面上下箍筋加密

也可作刚性地面考虑：

（1）花岗石板块地面和其他岩板块地面。

（2）厚度为 200 mm 以上，混凝土强度等级不小于 C20 的混凝土地面。

地下室抗震框架柱与其他部位框架柱钢筋构造没有本质区别，注意柱的嵌固部位，可能在基础顶面，也可能在地下室顶板位置。具体可参考 16G101—1 的相关内容。

第三节　柱钢筋算量计算方法

柱中的钢筋主要有纵筋和箍筋两种形式。纵筋计算的内容包括计算基础插筋、首层纵筋、中间层纵筋、顶层纵筋、变截面处柱纵筋、连接接头个数等。箍筋计算的内容主要有计算箍筋单根长度和箍筋根数两个方面。

一、柱纵筋的计算方法

为了表述的方便，可以根据纵筋连接点的位置，将柱纵筋区分为低位筋和高位筋。

1. 基础插筋钢筋量计算（图 5-17）

柱纵筋在基础中的插筋计算公式为

$$低位插筋长度＝插筋锚固长度＋基础插筋非连接区长度（＋搭接长度\ l_{lE}）\qquad (5-1)$$

$$高位插筋长度＝插筋锚固长度＋基础插筋非连接区长度＋错开长度（＋搭接长度\ l_{lE}）\quad(5-2)$$

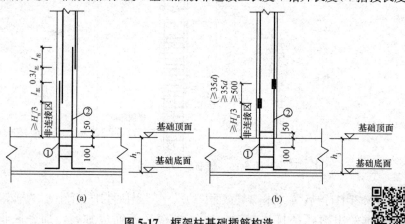

图 5-17　框架柱基础插筋构造

（a）绑扎连接；（b）（机械）焊接连接

说明如下：

（1）锚固长度取值。

当基础高度满足直锚长度时，插筋基础内锚固长度＝$(h_j-c-2d)+\max(6d,\ 150\ \text{mm})$；

当基础高度不满足直锚长度时，插筋基础内锚固长度＝$(h_j-c-2d)+15d$。

注：c 为基础底层钢筋保护层厚度；d 为基础底层钢筋直径。

（2）基础高度对锚固长度的影响。当柱为轴心受压或小偏心受压，基础高度或基础顶面至中间钢筋网片顶面距离不小于 1 200 mm 时，或当柱为大偏心受压，基础高度或基础顶面至中间钢筋网片顶面距离不小于 1 400 mm 时，可仅将柱四角插筋伸至基础底板钢筋网上(伸至底板钢筋网上的柱插筋之间间距不大于 1 000 mm)，其他钢筋满足锚固长度 l_{aE} 即可。任何情况下，插筋竖直段锚固长度 h_j 不得小于 $\max(0.6\,l_{abE}，20d)$。

可仅将柱四角插筋伸至基础底板钢筋网上(伸至底板钢筋网上的柱插筋之间间距不大于 1 000 mm)，其他钢筋满足锚固长度 $l_{aE}(l_a)$ 即可。任何情况下，插筋竖直段锚固长度 h_j 不得小于 $0.6l_{aE}(0.6l_a)$。

(3)基础插筋的非连接区长度。当基础顶面为柱的嵌固部位时，非连接区长度为 $H_n/3$；如果不是柱的嵌固部位，非连接区长度为 $\max(H_n/6，h_c，500)$。

(4)接头数量。一般每根纵筋每层有一个接头。

2. 首层及中间层纵筋计算(图 5-8)

纵筋长度＝本层层高－本层非连接区长度＋上层非连接区长度$(+l_{lE}\times 2)$

(5-3)

微课：首层及中间层柱纵筋计算

说明：首层非连接区长度，当有地下室且地下室顶板作为柱的嵌固部位时，非连接区长度为 $H_n/3$；如果不是柱的嵌固部位，非连接区长度为 $\max(H_n/6，h_c，500)$。其他各中间层非连接区长度为 $\max(H_n/6，h_c，500)$。

3. 变截面处纵筋计算(图 5-10)

(1)当上下柱单侧变化值 Δ 与所在楼层框架梁截面高度 h_b 的比值 $\Delta/h_b \geqslant 1/6$，上、下层柱纵筋应截断后分别锚固，下层柱纵筋伸到梁顶(留保护层)，然后水平弯折 $12d$，且竖直段长度 $\geqslant 0.5l_{abE}$；上层柱纵筋深入梁柱结点内从梁顶算起 $1.2l_{aE}$，如图 5-10(a)、(c)所示。

微课：KZ 柱纵筋上下柱配筋不一致时钢筋计算

下层柱纵筋长度＝下层层高－下层非连接区长度$-c+12d(+l_{lE})$

(5-4)

上层柱纵筋长度＝上层层高＋上层非连接区长度$+1.2l_{aE}(+2l_{lE})$　(5-5)

(2)当上下柱单侧变化值 Δ 与所在楼层框架梁截面高度 h_b 的比值 $\Delta/h_b \leqslant 1/6$，上下层柱纵筋应连续通过梁柱节点，即下柱纵筋略向内侧倾斜通过节点，如图 5-10(b)、(d)所示。此时，可忽略因变截面纵筋长度差值，其纵筋长度计算同中间层纵筋长度。

微课：KZ 柱变截面位置纵向钢筋计算

(3)边角柱外侧有偏移时，无论 Δ/h_b 是否大于 $1/6$，柱纵筋都是截断分别锚固，下层柱纵筋伸到梁顶(留保护层)，然后水平弯折，从上层柱外侧算起 l_{aE}；上层柱纵筋深入梁柱节点内从梁顶算起 $1.2l_{aE}$，如图 5-10(e)所示。

下层柱纵筋长度＝下层层高－下层非连接区长度$-2c+(l_{aE}+\Delta)(+l_{lE})$　(5-6)

上层柱纵筋长度＝上层层高＋上层非连接区长度$+1.2l_{aE}(+2l_{lE})$　(5-7)

4. 顶层纵筋计算

顶层框架柱，因其所处位置不同，分为角柱、边柱和中柱。各种柱纵筋在顶层的锚固长度如图 5-11 和图 5-12 所示。

顶层低位纵筋长度＝层净高 H_n－当前层非连接区段长度＋顶层钢筋锚固长度

顶层高位纵筋长度＝层净高 H_n－当前层非连接区段长度－当前层连接

微课：KZ 柱柱顶纵向钢筋计算

错开长度+顶层钢筋锚固长度

说明：顶层钢筋锚固长度按以下方法计算：

(1)图 5-11(a)和(b)中，顶层钢筋锚固长度=顶层梁高$-c+12d$；

(2)图 5-11(c)和(d)中，顶层钢筋锚固长度=顶层梁高$-c$；

(3)图 5-12(a)中，和梁纵筋一起计算；

(4)图 5-12(b)中，顶层钢筋锚固长度$=1.5l_{abE}$ 或 $1.5l_{abE}+20d$；

(5)图 5-12(c)中，顶层钢筋锚固长度=顶层梁高$-c+15d$ 或顶层梁高$-c+15d+20d$；

(6)图 5-12(d)中，顶层钢筋锚固长度=顶层梁高$-c+h_c-2c+8d$ 或顶层梁高$-c+h_c-2c$；

(7)图 5-12(e)中，顶层钢筋锚固长度=顶层梁高$-c$；

(8)柱截面中内外侧纵筋的划分如图 5-18 所示。

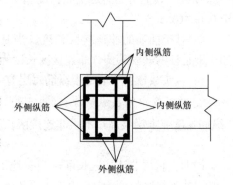

图 5-18 柱截面中内、外侧纵筋的划分

二、柱箍筋的计算方法

柱箍筋计算包括箍筋长度计算和根数计算两大部分内容，框架柱箍筋布置要注意以下几个方面：

(1)沿复合箍筋周边，箍筋不宜多于两层，并且尽量不在两层位置的中部设置纵筋。

(2)抗震设计时，柱箍筋的弯钩角度为 135°，弯钩平直段长度为 $\max(10d，75\ \text{mm})$。

(3)为使箍筋强度均衡，当拉筋设置在旁边时，可沿竖向将相邻两道箍筋按其各自平面位置交错放置，如图 5-19 所示。

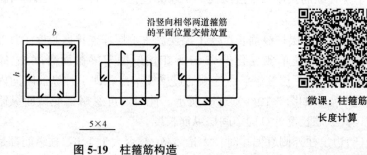

微课：柱箍筋
长度计算

图 5-19 柱箍筋构造

(4)柱纵筋尽量布置在箍筋转角位置，抗震设计时，应满足箍筋对纵筋"隔一拉一"要求。

1. 柱箍筋长度计算

柱常用的复合形式为 $m \times n$ 肢箍，由大矩形箍、小矩形箍和单肢箍形式组成。下面以图 5-20 所示柱箍筋为例，给出箍筋长度计算公式。

$$柱箍筋长度=(b+h)\times 2-c\times 8+11.9d\times 2+[(b-2c-2d-D)/3+D+2d]\times 2+(h-2c)\times 2+11.9d\times 2+[(h-2c-2d-D)/3+D+2d]\times 2+$$

微课：基础内柱
插筋的箍筋计算

$$(b-2c)\times2+11.9d\times2$$

注：c——混凝土保护层厚度；d——箍筋直径；D——柱纵筋直径。

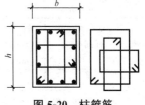

图 5-20 柱箍筋

2. 箍筋根数计算

柱箍筋分布在每层有加密区和非加密区。

(1)基础插筋在基础中的箍筋根数。

当柱插筋侧面混凝土保护层厚度≥5d时，箍筋根数=[(基础高度−100−c−2d)/500]+1；

当柱插筋侧面混凝土保护层厚度<5d时，箍筋根数=[(基础高度−100−c−2d)/s]+1。

注：s——锚固区横向箍筋间距，锚固区横向箍筋应满足直径≥d/4(d为插筋最大直径)，间距≤5d(d为插筋最小直径)且≤100 mm的要求。

(2)基础相邻层或首层箍筋根数。

箍筋根数=(下部加密区长度−50)/加密区间距+(上部加密区长度−50)/

加密区间距+非加密区长度/非加密区间距+1+$\dfrac{2.3l_{lE}}{\min(100,5d)}$

微课：楼层柱箍筋
根数计算

(3)中间层及顶层箍筋根数。

箍筋根数=(下部加密区长度−0.05)/加密区间距+(上部加密区长

度−0.05)/加密区间距+非加密区长度/非加密区间距+1+$\dfrac{2.3l_{lE}}{\min(100,5d)}$

说明：如果柱纵筋不是绑扎连接，就不用加$\dfrac{2.3l_{lE}}{\min(100,5d)}$。

第四节　柱钢筋工程量计算实例

以下是某有地下室框架柱钢筋的计算实例。

已知：某框架角柱地下一层至地上七层，采用强度等级为C30的混凝土，框架结构抗震等级为二级，环境类别为地下部分为二b类，其余为一类。钢筋采用焊接连接，基础高度为800 mm，基础钢筋保护层厚度为40 mm，基础底板钢筋直径为20 mm，基础梁截面尺寸为600 mm×800 mm，顶标高为−3.200 mm，基础底板板顶标高为−3.800 mm，框架梁截面尺寸均为250 mm×600 mm，嵌固部位位于地下室顶板。现浇楼厚度为100 mm。角柱的截面注写内容如图5-21和表5-2所示，结构层楼面标高和结构层高见表5-3。

要求：计算该框架角柱钢筋量。

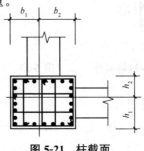

图 5-21　柱截面

表 5-2　KZ1 柱表内容

柱号	标高/m	$b \times h$ /(mm× mm)	b_1/mm	b_2/mm	h_1/mm	h_2/mm	全部纵筋	角筋	b 边一侧中部筋	h 边一侧中部筋	箍筋
KZ1	−3.200～19.470	750×700	300	450	300	400	24⊈25	—	—	—	Φ10@100/200
	19.470～26.670	550×500	300	250	300	200	—	4⊈22	5⊈22	4⊈20	Φ8@100/200

表 5-3　结构层楼面标高和结构层高

层号	标高/m	层高/m
−1	−3.800	3.77
1	−0.030	4.5
2	4.470	4.2
3	8.670	3.6
4	12.270	3.6
5	15.870	3.6
6	19.470	3.6
7	23.070	3.6
顶层	26.670	—

其计算过程如下。

一、纵筋长度和根数

为了方便描述每根纵筋，对纵筋进行编号，如图 5-22 和图 5-23 所示，所有的长度单位统一为 m。

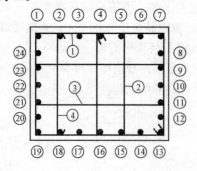

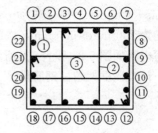

图 5-22　19.470 m 以下截面柱纵(箍)筋编号　　　图 5-23　19.470 m 以上截面柱纵(箍)筋编号

1. 基础底面～19.470 高度范围

混凝土强度等级 C30，抗震等级二级，$l_{aE} = 40d = 40 \times 0.025 = 1$ (m)，而 $h_j - c - 2d = 0.8 - 0.04 - 0.02 \times 2 = 0.72$ (m) < 1 m，当 $h_j - c - 2d < l_{aE}(l_a)$ 时，插筋基础内锚固长度＝

$(h_j - c - 2d) + 15d = (0.8 - 0.04 - 2 \times 0.02) + 15 \times 0.025 = 1.095 \text{(m)}$

由于在 19.470 标高处柱截面尺寸发生变化,根据 16G101—1 第 68 页

$\Delta/h_b = \dfrac{200}{600} = \dfrac{1}{3}$,所以①～⑬号纵筋都要水平弯折 $12d = 12 \times 0.025 = 0.3 \text{(m)}$

①～⑬号纵筋单根长度 = $1.095 + (19.47 + 3.8) - 0.02 + 0.3 = 24.645 \text{(m)}$

⑭～㉑、㉓、㉔号纵筋共 10 根,其中低位钢筋单根长度 = $1.095 + (19.47 + 3.8) + 0.55 = 24.915 \text{(m)}$

高位钢筋单根长度 = $1.095 + (19.47 + 3.8) + 0.55 + 35 \times 0.025 = 25.79 \text{(m)}$

下柱比上柱多出的 22 号纵筋单根长度 = $1.095 + (19.47 + 3.8) - 0.6 + 1.2 \times 1 = 24.965 \text{(m)}$

2. 19.470～26.670 高度范围

①～⑦、⑫号纵筋都要深入梁柱节点 $1.2l_{aE} = 1.2 \times 40d = 1.2 \times 40 \times 0.022 = 1.056 \text{(m)}$

⑧～⑪号纵筋都要深入梁柱节点 $1.2l_{aE} = 1.2 \times 40d = 1.2 \times 40 \times 0.02 = 0.96 \text{(m)}$

因①～⑦、⑫号纵筋(内侧筋)在柱顶 $l_{aE} = 40d = 40 \times 0.022 = 0.88 > 梁高 = 0.6$,所在柱顶是弯折锚固。

①～⑦、⑫号纵筋单根长度 = $1.056 + (26.67 - 19.47) - 0.02 + 12 \times 0.022 = 8.5 \text{(m)}$,因⑧～⑪号纵筋(内侧筋)在柱顶 $l_{aE} = 40d = 40 \times 0.02 = 0.8 > 梁高 = 0.6$,所在柱顶是弯折锚固。

⑧～⑪号纵筋单根长度 = $0.96 + (26.67 - 19.47) - 0.02 + 12 \times 0.02 = 8.38 \text{(m)}$

⑬～⑱,⑲～㉒号纵筋(外侧筋)在柱顶采用图 4.13(b)所示的构造。

⑬～⑱号低位纵筋单根长度 = $(26.67 - 19.47) - 0.55 - 0.6 + 1.5 \times 40 \times 0.022 = 7.37 \text{(m)}$

⑬～⑱号高位纵筋单根长度 = $(26.67 - 19.47) - 0.55 - 0.6 - 35 \times 0.022 + 1.5 \times 40 \times 0.022 = 6.6 \text{(m)}$

⑲～㉒号低位纵筋单根长度 = $(26.67 - 19.47) - 0.55 - 0.6 + 1.5 \times 40 \times 0.02 = 7.25 \text{(m)}$

⑲～㉒号高位纵筋单根长度 = $(26.67 - 19.47) - 0.55 - 0.6 - 35 \times 0.02 + 1.5 \times 40 \times 0.02 = 6.55 \text{(m)}$

纵筋计算完毕。

二、箍筋长度和根数

1. 基础底面～19.470 高度范围

由于基础梁截面尺寸为 600×800,柱插筋在基础中侧向保护层厚度 $< 5d$,根据 16G101—3 第 66 页注 2,锚固区横向箍筋(非复合箍筋)的设置要求,锚固区横向箍筋应为 Φ8@100,所以,基础高度内箍筋数量为 $(0.8 - 0.1)/0.1 + 1 = 8$(根)。

单根长度 = $(0.75 + 0.7) - 8 \times 0.035 + 11.9 \times 0.008 \times 2 = 1.36 \text{(m)}$

基础顶面～19.470 高度范围为 5×4 复合箍筋,根据 16G101—1 第 56 页,地下室柱筋保护层厚度为 35 mm,地上部分保护层厚度为 20 mm。

地下室复合箍筋单根长度计算如下:

①号箍筋长度 = $(0.75 + 0.7) \times 2 - 8 \times 0.035 + 11.9 \times 0.01 \times 2 = 2.858 \text{(m)}$

②号箍筋长度 = $[0.7 - 2 \times 0.035 + (0.75 - 2 \times 0.035 - 0.01 \times 2 - 0.025)/6 + 0.025 + 0.01 \times 2] \times 2 + 11.9 \times 0.01 \times 2 = 1.8 \text{(m)}$

③号箍筋长度＝[0.75－2×0.035＋(0.7－2×0.035－0.01×2－0.025)/3＋0.025＋0.01×2]×2＋11.9×0.01×2＝2.078(m)

④号箍筋长度＝0.7－2×0.035＋11.9×0.01×2＝0.868(m)

所以地下室复合箍筋单根长度＝2.858＋1.8＋2.078＋0.868＝7.604(m)

地上部分复合箍筋单根长度计算如下：

①号箍筋长度＝(0.75＋0.7)×2－8×0.02＋11.9×0.01×2＝2.978(m)

②号箍筋长度＝[0.7－2×0.02＋(0.75－2×0.02－0.01×2－0.025)/6＋0.025＋0.01×2]×2＋11.9×0.01×2＝1.87(m)

③号箍筋长度＝[0.75－2×0.02＋(0.7－2×0.02－0.01×2－0.025)/3＋0.025＋0.01×2]×2＋11.9×0.01×2＝2.158(m)

④号箍筋长度＝0.7－2×0.02＋11.9×0.01×2＝0.898(m)

所以地上部分复合箍筋单根长度＝2.978＋1.87＋2.158＋0.898＝7.904(m)

地下室范围箍筋数量：

根据16G101—1第64页地下室抗震KZ箍筋构造，地下室框架柱根部加密区长度＝max(3.17/6，0.5，0.75)＝0.75(mm)，顶部加密区长度＝max(3.17/6，0.5，0.75)＋0.6＝1.35(mm)

箍筋数量＝(0.75－0.05)/0.1＋(1.35－0.05)/0.1＋(2.27－0.75)/0.2＋1＝29(根)，首层柱箍筋

嵌固端在地下室顶板，根据16G101—1第65页，首层柱根部加密区长度＝H_n/3＝(4.5－0.6)/3＝1.3(m)，上部加密区长度＝max(H_n/6，0.5，0.75)＋0.6＝1.35(m)，非加密区长度＝4.5－1.3－1.35＝1.85(m)筋数量＝(1.3－0.05)/0.1＋(1.35－0.05)/0.1＋1.85/0.2＋1＝37(根)，首层箍筋单根长度＝地下室柱箍筋单根长度＝7.409 m。

二层柱箍筋数量：

二层柱根部加密区长度＝max(H_n/6，0.5，0.75)＝0.75 m，上部加密区长度＝max(H_n/6，0.5，0.75)＋0.6＝1.35(m)，非加密区长度＝4.2－0.75－1.35＝2.1(m)筋数量＝(0.75－0.05)/0.1＋(1.35－0.05)/0.1＋2.1/0.2＋1＝33(根)，三～五层柱箍筋数量，三～五层层高是相同的，所以，只需计算一层，然后乘三就可以了，三～五层柱根部加密区长度＝max(H_n/6，0.5，0.75)＝0.75(m)，上部加密区长度＝max(H_n/6，0.5，0.75)＋0.6＝1.35(m)，非加密区长度＝3.6－0.75－1.35＝1.5(m)

箍筋数量＝[(0.75－0.05)/0.1＋(1.35－0.05)/0.1＋1.5/0.2＋1]×3＝87(根)

5×4复合箍筋总根数＝26＋37＋33＋87＝183(根)

2.19.470～26.670高度范围

19.470～26.670高度范围为4×4复合箍筋，单根长度计算如下：

①号箍筋长度＝(0.55＋0.5)×2－8×0.02＋11.9×0.008×2＝2.13(m)

②号箍筋长度＝[0.5－2×0.02＋(0.55－2×0.02－0.008×2－0.022)/3＋0.022＋0.008×2]×2＋11.9×0.008×2＝1.5(m)

③号箍筋长度＝[0.55－2×0.02＋(0.5－2×0.02－0.008×2－0.022)/5＋0.022＋0.008×2]×2＋11.9×0.008×2＝1.455(m)

所以单根复合箍筋长度＝2.13＋1.5＋1.455＝5.085(m)

六～七层柱箍筋数量：

六～七层柱根部加密区长度＝max(H_n/6，0.5，0.55)＝0.55 m，上部加密区长度＝max(H_n/6，0.5，0.55)＋0.6＝1.15(m)，非加密区长度＝3.6－0.55－1.15＝1.9(m)

箍筋数量＝[(0.55－0.05)/0.1＋(1.15－0.05)/0.1＋1.9/0.2＋1]×2＝54(根)，箍筋计算完毕。

三、纵筋接头数量

该框架柱，地上七层，地下一层，每根纵筋在每层有一个机械连接接头，19.470 m 以下(－1～5层)，纵筋接头个数共24×6＝144(个)；19.470 m 以上(6～7层)，纵筋接头个数共22×2＝44(个)。该柱纵筋接头共144＋44＝188(个)。钢筋工程量计算见表5-4。

表5-4　钢筋工程量计算表

序号	钢筋名称	钢筋级别、直径/mm	计算式	单根长度/m	钢筋根数	总长度/m	单根钢筋理论质量/(kg·m^{-1})	总质量/kg
1	基础～19.470纵筋(在19.47位置弯折锚固纵筋)	25	1.095＋(19.47＋3.8)－0.02＋0.3	24.65	13	320.39	3.850	1 233.48
2	基础～19.470纵筋(在19.47位置直通低位纵筋)	25	1.095＋(19.47＋3.8)＋0.55	24.92	5	124.58	3.850	479.61
3	基础～19.470纵筋(在19.47位置直通高位纵筋)	25	1.095＋(19.47＋3.8)＋0.55＋35×0.025	25.79	5	128.95	3.850	496.46
4	基础～19.470纵筋(19.47下柱比上柱多出的纵筋)	25	1.095＋(19.47＋3.8)－0.6＋1.2×1	24.97	1	24.97	3.850	96.12
5	19.470～26.670纵筋(内侧纵筋)	22	1.056＋(26.67－19.47)－0.02＋12×0.022	8.50	8	68.00	2.980	202.64
6	19.470～26.670纵筋(内侧纵筋)	20	0.96＋(26.67－19.47)－0.02＋12×0.02	8.38	4	33.52	2.470	82.79
7	19.470～26.670纵筋(外侧低位纵筋)	22	(26.67－19.47)－0.55－0.6＋1.5×40×0.022	7.37	3	22.11	2.980	65.89
8	19.470～26.670纵筋(外侧高位纵筋)	22	(26.67－19.47)－0.55－0.6－35×0.022＋1.5×40×0.022	6.60	3	19.80	2.980	59.00

序号	钢筋名称	钢筋级别、直径/mm	计算式	单根长度/m	钢筋根数	总长度/m	单根钢筋理论质量/(kg·m⁻¹)	总质量/kg
9	19.470～26.670 纵筋(外侧低位纵筋)	20	(26.67－19.47)－0.55－0.6+1.5×40×0.02	7.25	2	14.50	2.470	35.82
10	19.470～26.670 纵筋(外侧高位纵筋)	20	(26.67－19.47)－0.55－0.6－35×0.02+1.5×40×0.02	6.55	2	13.10	2.470	32.36
11	基础高度内柱箍筋							
12	根数	8	(0.8－0.1)/0.1+1		8			
13	箍筋工程量	8	(0.75+0.7)－8×0.035+11.9×0.008×2	1.36	8	10.88	0.395	4.30
14	地下室柱箍筋							
15	根数	10	(0.75－0.05)/0.1+1.35/0.1+(2.27－0.75－0.07)/0.2+1		29			
16	箍筋工程量	10	(0.75+0.7)×2－8×0.035+11.9×0.01×2+[0.7－2×0.035+(0.75－2×0.035－0.01×2－0.025)/6+0.025+0.01×2]×2+11.9×0.01×2+[0.75－2×0.035+(0.7－2×0.035－0.01×2－0.025)/3+0.025+0.01×2]×2+11.9×0.01×2+0.7－2×0.035+11.9×0.01×2	7.60	29	220.51	0.617	136.05
17	地上5×4箍筋单根长度	10	(0.75+0.7)×2－8×0.02+11.9×0.01×2+[0.7－2×0.02+(0.75－2×0.02－0.01×2－0.025)/6+0.025+0.01×2]×2+11.9×0.01×2+(0.75－2×0.02+[0.7－2×0.02－0.01×2－0.025)/3+0.025+0.01×2]×2+11.9×0.01×2+0.7－2×0.02+11.9×0.01×2	7.90				

序号	钢筋名称	钢筋级别、直径/mm	计算式	单根长度/m	钢筋根数	总长度/m	单根钢筋理论质量/(kg·m⁻¹)	总质量/kg
18	一层柱箍筋	10	(1.3−0.05)/0.1+(1.35−0.05)/0.1+1.85/0.2+1	7.90	36	282.57	0.617	174.34
19	二层柱箍筋	10	(0.75−0.05)/0.1+(1.35−0.05)/0.1+2.1/0.2+1	7.90	32	248.98	0.617	153.62
20	三~五层柱箍筋	10	[(0.75−0.05)/0.1+(1.35−0.05)/0.1+1.5/0.2+1]×3	7.90	86	675.79	0.617	416.96
21	4×4箍筋单根长度	8	(0.55+0.5)×2−8×0.02+11.9×0.008×2+[0.5−2×0.02+(0.55−2×0.02−0.008×2−0.022)/3+0.022+0.008×2]×2+11.9×0.008×2+(0.55−2×0.02+[0.5−2×0.02−0.008×2−0.022)/5+0.022+0.008×2]×2+11.9×0.008×2	5.09	1.5			
22	六、七层柱箍筋	8	[(0.55−0.05)/0.1+(1.15−0.05)/0.1+1.9/0.2+1]×2	4.76	54	257.26	0.395	101.62

钢筋材料汇总见表 5-5。

表 5-5　钢筋材料汇总表

钢筋类别	钢筋直径、级别	总长度/m	总质量/kg
纵筋	Φ25	598.875	2 305.669
	Φ22	109.910	327.532
	Φ20	61.504	151.915
箍筋	Φ8	268.139	105.915
	Φ10	1 427.842	880.979
接头	直螺纹套筒连接接头，188 个		

思考题

1. 框架柱柱根伸入基础梁中的构造要求有哪些？

2. 梁柱顶层结点位置钢筋的构造要求有哪些？

3. 框架结构中、上、下柱钢筋量或钢筋根数不同时，其构造要点有哪些？

4. 什么是芯柱？芯柱纵筋和箍筋有哪些构造要求？

5. 什么是刚性地面？框架柱在刚性地面位置箍筋有什么构造要求？

6. 如何理解嵌固部位、基础顶面和柱根三者之间的关系？

7. 框架柱纵筋非连接区的位置如何确定？有何构造要求？

8. 箍筋根数计算的要点有哪些？箍筋的长度如何计算？

9. 基础中，柱插筋的锚固要求和箍筋是怎么设置的？

习　题

计算图 5-1 中 KZ1 的全部钢筋工程量，要求列表计算，写出计算过程，可以使用表 5-4 的形式。

第六章　剪力墙平法施工图与钢筋算量

1. 熟悉剪力墙平法施工图的表示方式。
2. 掌握常用的剪力墙标准构造详图。
3. 掌握剪力墙钢筋算量的计算方法。

1. 剪力墙平法施工图的两种表示方式。
2. 基础中剪力墙插筋构造；剪力墙身竖向分布钢筋连接构造；剪力墙身水平分布钢筋连接构造；剪力墙竖向钢筋顶部构造；剪力墙变截面处竖向分布钢筋构造；剪力墙边缘构件构造；剪力墙边缘构件纵向钢筋构造；剪力墙墙梁构造；剪力墙洞口补强构造。
3. 剪力墙墙身、墙梁、墙柱钢筋长度的计算方法；剪力墙钢筋接头个数确定。

第一节　剪力墙平法施工图制图规则

一、剪力墙平法施工图的表示方式

剪力墙平法施工图有列表注写方式和截面注写方式。

剪力墙平面布置图可采用适当比例（一般是 1∶100）单独绘制，也可与柱或梁平面内布置图合并绘制。当剪力墙较复杂或采用截面柱写方式时，应按标准层分别绘制剪力墙平面布置图。在实际工程中常采用列表注写方式，因为列表注写方式所需剪力墙平面布置图数量较少，而截面注写方式每个标准层都要绘制剪力墙平面布置图。

在剪力墙平面布置图中，对于轴线居中的剪力墙，无须标注定位尺寸，未居中的剪力墙应标注其偏心定位尺寸。所以，在今后的识图中，如发现剪力墙未标注偏心定位尺寸，就说明轴线是平分剪力墙的。

二、列表注写方式

为表达清楚、简便，剪力墙可看作由剪力墙柱、剪力墙身和剪力墙梁（简称为墙柱、墙身和墙梁）三部分组成。

列表注写方式，就是在剪力墙柱表、剪力墙身表和剪力墙梁表中，对应于剪力墙平面布置图上的编号，用绘制截面配筋图并注写几何尺寸与配筋具体数值的方式来表达剪力墙平法施工图，如图 6-1 所示。

剪力墙梁表

编号	所在楼层号	梁顶相对标高高差	梁截面 b×h	上部纵筋	下部纵筋	箍筋
LL1	2~9	0.800	300×2 000	4⊄25	4⊄25	Φ10@100(2)
LL1	10~16	0.800	250×2 000	4⊄22	4⊄22	Φ10@100(2)
LL1	屋面1		250×1 200	4⊄20	4⊄20	Φ10@100(2)
LL2	3	-1.200	300×2 520	4⊄25	4⊄25	Φ10@150(2)
LL2	4	-0.900	300×2 070	4⊄25	4⊄25	Φ10@150(2)
LL2	5~9	-0.900	300×1 770	4⊄25	4⊄25	Φ10@150(2)
LL2	10~屋面1	-0.900	250×1 770	4⊄22	4⊄22	Φ10@150(2)
LL3	2		300×2 070	4⊄25	4⊄25	Φ10@100(2)
LL3	3		300×1 770	4⊄25	4⊄25	Φ10@100(2)
LL3	4~9		250×1 770	4⊄22	4⊄22	Φ10@100(2)
LL3	10~屋面1		250×1 170	4⊄22	4⊄22	Φ10@100(2)
LL4	2		250×2 070	4⊄20	4⊄20	Φ10@120(2)
LL4	3		250×1 770	4⊄20	4⊄20	Φ10@120(2)
LL4	4~屋面1		250×1 170	4⊄20	4⊄20	Φ10@120(2)
AL1	2~9		300×600	3⊄20	3⊄20	Φ8@150(2)
AL1	10~16		250×500	3⊄18	3⊄18	Φ8@150(2)
BKL1	屋面1		500×750	4⊄22	4⊄22	Φ10@150(2)

剪力墙身表

编号	标高	墙厚	水平分布筋	垂直分布筋	拉结筋(矩形)
Q1	-0.030~30.270	300	⊄12@200	⊄12@200	Φ6@600@600
Q1	30.270~59.070	250	⊄10@200	⊄10@200	Φ6@600@600
Q2	-0.030~30.270	250	⊄10@200	⊄10@200	Φ6@600@600
Q2	30.270~59.070	200	⊄10@200	⊄10@200	Φ6@600@600

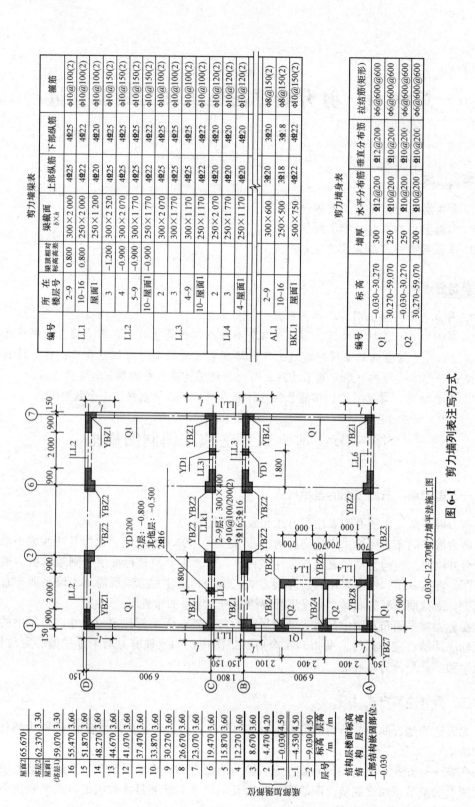

-0.030~12.270剪力墙平法施工图

图 6-1 剪力墙列表注写方式

层号	标高/m	层高/m
屋面2	65.670	3.30
塔层2	62.370	3.30
屋面1 (塔层1)	59.070	3.60
16	55.470	3.60
15	51.870	3.60
14	48.270	3.60
13	44.670	3.60
12	41.070	3.60
11	37.470	3.60
10	33.870	3.60
9	30.270	3.60
8	26.670	3.60
7	23.070	3.60
6	19.470	3.60
5	15.870	3.60
4	12.270	3.60
3	8.670	3.60
2	4.470	4.20
1	-0.030	4.50
-1	-4.530	4.50
-2	-9.030	4.50

结构层楼面标高
结构层高

上部结构嵌固部位: -0.030

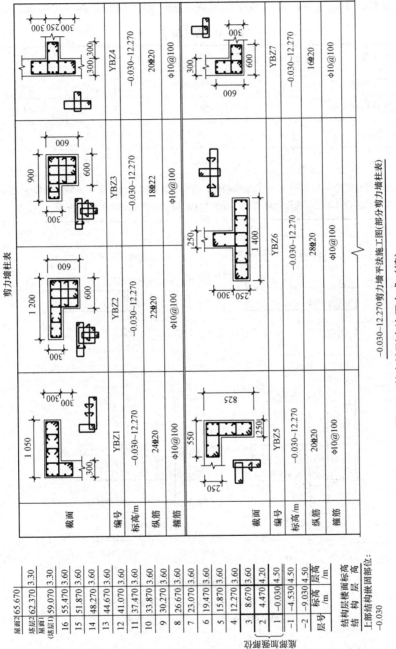

剪力墙柱表

截面							
编号	YBZ1	YBZ2	YBZ3	YBZ4	YBZ5	YBZ6	YBZ7
标高/m	-0.030~12.270	-0.030~12.270	-0.030~12.270	-0.030~12.270	-0.030~12.270	-0.030~12.270	-0.030~12.270
纵筋	24⊕20	22⊕20	18⊕22	20⊕20	20⊕20	28⊕20	16⊕20
箍筋	Φ10@100	Φ10@100	Φ10@100	Φ10@100	Φ10@100	Φ10@100	Φ10@100

-0.030~12.270剪力墙平法施工图(部分剪力墙柱表)

层号	标高/m	层高/m
屋面2	65.670	
塔层2	62.370	3.30
屋面1(塔层1)	59.070	3.30
16	55.470	3.60
15	51.870	3.60
14	48.270	3.60
13	44.670	3.60
12	41.070	3.60
11	37.470	3.60
10	33.870	3.60
9	30.270	3.60
8	26.670	3.60
7	23.070	3.60
6	19.470	3.60
5	15.870	3.60
4	12.270	3.60
3	8.670	4.20
2	4.470	4.50
1	-0.030	4.50
-1	-4.530	4.50
-2	-9.030	4.50
层号	标高/m	层高/m

结构层楼面标高
结构层高
上部结构嵌固部位：-0.030

图6-1 剪力墙列表注写方式（续）

· 113 ·

从图 6-1 可知，列表注写方式剪力墙平法施工图由结构楼层表、剪力墙平面布置图和剪力墙表三部分组成。

将剪力墙按墙柱、墙身和墙梁三类构件分别编号。

(1)墙柱编号由墙柱类型、代号和序号组成，表达形式应符合表 6-1 的规定。

表 6-1 墙柱编号

墙柱类型	代号	序号
约束边缘构件	YBZ	××
构造边缘构件	GBZ	××
非边缘暗柱	AZ	××
扶壁柱	FBZ	××
注：约束边缘构件包括约束边缘暗柱、约束边缘端柱、约束边缘翼墙、约束边缘转角柱墙四种(图 6-2)。构造边缘构件包括构造边缘暗柱、构造边缘端柱、构造边缘翼墙、构造边缘转角墙四种(图 6-3)。		

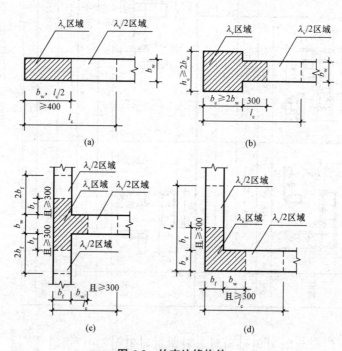

图 6-2 约束边缘构件
(a)约束边缘暗柱；(b)约束边缘端柱；
(c)约束边缘翼墙；(d)约束边缘转角墙

注解：约束边缘构件和构造边缘构件统称为剪力墙边缘构件，起到加强和约束墙体的作用，提高剪力墙的抗震性能。约束边缘构件的约束性更强，所以，一般约束边缘构件的纵筋和箍筋配置都比构造边缘构件多。根据《高层建筑混凝土结构技术规程》(JGJ 3—2010)的规定，在剪力墙底部加强部位考虑设置剪力墙约束边缘构件，其他部位设置构造边缘构件。

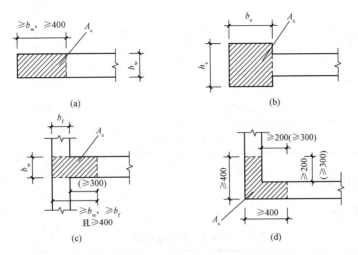

图 6-3　构造边缘构件

(a)构造边缘暗柱；(b)构造边缘端柱；

(c)构造边缘翼墙；(d)构造边缘转角墙

(2)墙身编号由墙身代号、序号以及墙身所配置的水平与竖向分布钢筋的排数组成，其中，排数注写在括号内，表达形式为 Q××(××排)。

注解：

1)在编号中，若干墙柱的截面尺寸与配筋均相同，仅截面与轴线的位置关系不同时，可将其编为同一墙柱编号；若干墙身的厚度尺寸和配筋均相同，仅墙厚与轴线的关系不同或墙身长度不同时，也可将其编为同一墙身号，但应在图中注明与轴线的几何关系。

2)当墙身钢筋为 2 排时，在剪力墙编号中可以不用标注钢筋排数，如图 6-1 墙身表中的 Q1 和 Q2 均为 2 排钢筋。

3)《高层建筑混凝土结构技术规程》(JGJ 3—2010)和平法图集 16G101—1 相关内容规定，非抗震时，当剪力墙厚度大于 160 mm 时，应配置 2 排；当其厚度不大于 160 mm 时，宜配置 2 排。抗震时，当剪力墙厚度不大于 400 mm 时，应配置 2 排；当其厚度大于 400 mm，但不大于 700 mm 时，宜配置 3 排；当其厚度大于 700 mm 时，宜配置 4 排。一般除图纸另有说明外，剪力墙身各排钢筋间距是相同的。

施工人员应当注意，当剪力墙身钢筋多于 2 排时，剪力墙拉筋应同时勾住外排水平和竖向钢筋，还应与剪力墙内排水平和竖向钢筋绑扎在一起。

(3)墙梁编号由墙梁类型代号和序号组成，表达形式应符合表 6-2 的规定。

表 6-2　墙梁编号

墙梁类型	代号	序号
连梁	LL	××
连梁(对角暗撑配筋)	LL(JC)	××
连梁(交叉斜筋配筋)	LL(JX)	××
连梁(集中对角斜筋配筋)	LL(DX)	××
连梁(跨高比不小于 5)	LLk	××

墙梁类型	代号	序号
暗梁	AL	××
边框梁	BKL	××

注：1. 在具体工程中，当某些墙身需设置暗梁或边框梁时，设计者会在剪力墙平法施工图中绘制暗梁或边框梁的平面布置图并编号来明确其具体位置。
2. 跨高比不小于5的连梁接框架梁设计时，代号为LLk。

三、剪力墙柱表的内容

剪力墙柱表见表6-3。

表6-3 剪力墙柱表

截面	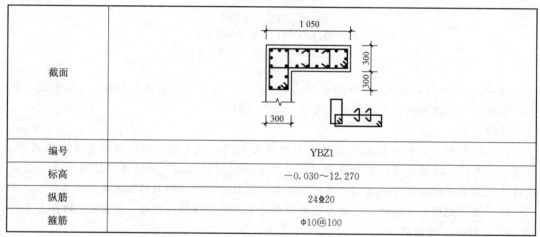
编号	YBZ1
标高	$-0.030 \sim 12.270$
纵筋	24Φ20
箍筋	Φ10@100

(1)绘制墙柱的截面配筋图，并标注墙柱的几何尺寸。

1)约束边缘构件(图6-2)需注明阴影部分尺寸，剪力墙平面布置中应标注约束边缘构件沿墙肢长度 l_c，但当 $l_c = 2b_f$ 时，可不注。

2)构造边缘构件(图6-3)需注明阴影部分尺寸。

3)扶壁柱及非边缘暗柱需标注几何尺寸。

(2)注写墙柱编号(表6-4)，若干墙柱的截面尺寸与配筋均相同，仅截面与轴线的位置关系不同时，可将其编为同一墙柱编号。

微课：剪力墙(墙柱)
平法施工图识读

(3)注写各段墙柱的起止标高，自墙柱根部往上以变截面位置或配筋改变处为界分段注写。墙柱根部一般在基础顶面，部分框支剪力墙结构为框支梁顶面标高。

(4)注写各段墙柱的纵向钢筋和箍筋：设计者应注意，注写值应与在表中绘制的截面配筋图对应一致；箍筋注写方式与柱箍筋的相同。

四、剪力墙身表的内容

剪力墙身表见表6-4。

表 6-4　剪力墙身表

编号	标高/m	墙厚/mm	水平分布筋	垂直分布筋	拉结筋（双向）
Q1	−0.030～30.270	300	Φ12@200	Φ12@200	Φ6@600@600
	30.270～59.070	250	Φ10@200	Φ10@200	Φ6@600@600
Q2	−0.030～30.270	250	Φ10@200	Φ10@200	Φ6@600@600
	30.270～59.070	200	Φ10@200	Φ10@200	Φ6@600@600

（1）注写墙身编号，包括钢筋排数。

（2）注写各段墙身起止标高，自墙身根部往上以变截面或配筋改变处为界分段注写。墙身根部一般是在基础顶面，部分框支剪力墙结构为框支梁的顶面。

（3）注写水平分布钢筋、竖向分布钢筋和拉结筋的具体数值。

拉结筋有矩形"矩形双向"和"梅花双向"两种布置方式（图 6-4），一般施工图中会注明采用何种布置方式。

微课：剪力墙（墙身）
平法施工图识读

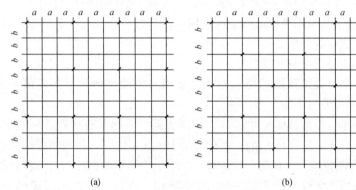

（a）　　　　　　　　　　　（b）

图 6-4　拉结筋布置方式

（a）拉结筋@3a3b 双向（a≤200、b≤200）；（b）拉结筋@4a4b 梅花双向（a≤150、b≤150）

五、剪力墙梁表的内容

剪力墙梁表见表 6-5。

表 6-5　剪力墙梁表

编号	所在楼层号	梁顶相对标高高差/m	梁截面 b×h/(mm×mm)	上部纵筋	下部纵筋	箍筋
LL1	2～9	0.800	300×2 000	4Φ22	4Φ22	Φ10@100(2)
	10～16	0.800	250×2 000	4Φ20	4Φ20	Φ10@100(2)
	层面 1		250×1 200	4Φ20	4Φ20	Φ10@100(2)
AL1	2～9		300×600	3Φ20	3Φ20	Φ8@150(2)
	10～16		250×500	3Φ18	3Φ18	Φ8@150(2)
BKL1	屋面 1		500×750	4Φ22	4Φ22	Φ10@150(2)

墙梁种类有连梁(LL)、暗梁(AL)和边框梁(BKL)，如图6-5所示。

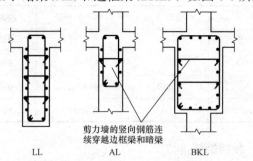

微课：剪力墙(墙梁)
平法施工图识读

图 6-5 连梁、暗梁和边框梁截面图

连梁是由于剪力墙上开洞口而形成的，剪力墙上下洞口之间的部分就是连梁。

暗梁一般分布在顶层剪力墙的顶部，类似于砖混结构的圈梁，截面宽度与剪力墙身厚度相同，起到加强顶层剪力墙和墙体与顶板连接构造的作用。

边框梁与暗梁本质上属于同类构件，两者不同之处在于边框梁截面宽度大于墙厚。

(1)注写墙梁编号。

(2)注写墙梁所在楼层号。

(3)注写墙梁顶面标高高差，是指相对本楼层楼面标高差值，高于者为正，低于者为负，当无高差时不注。

(4)注写墙梁截面尺寸 $b \times h$，上部纵筋、下部纵筋和箍筋的具体数值。

(5)当连梁设有对角暗撑时[代号为 LL(JC)××]，注写暗撑的截面尺寸(箍筋外皮尺寸)；注写一根暗撑的全部纵筋，并注写×2 表明有两根暗撑交叉；注写暗撑箍筋的具体数值。

(6)当连梁设有交叉斜筋时[代号为 LL(JX)××]，注写连梁一侧对角斜筋的配筋值，并标注×2 表明对称设置；注写对角斜筋在连梁端部设置的拉结筋根数、规格及直径，并标注×2 表明对称设置。

(7)当连梁设有集中对角斜筋时[代号为 LL(DX)××]，注写一条对角线上的对角斜筋，并标注×2 表明对称设置。

墙梁侧面纵筋的配置，当墙身水平分布钢筋满足连梁、暗梁及边框梁的两侧面纵筋构造钢筋的要求时，该筋配置同墙身水平分布钢筋，表中不注，施工按标准构造详图的要求即可；当不满足时，应在表中补充注明两侧面纵筋的具体数值(其在支座内的锚固要求同连梁中的受力钢筋)。

六、剪力墙洞口的表示方式

(1)无论是采用列表注写方式还是截面注写方式，剪力墙上的洞口均可在剪力墙平面布置图上原位表达，如图6-1所示 YD1 的标注。

(2)洞口的具体表示方式如下：

1)在剪力墙平面布置图上绘制示意图，并标注洞口中心的平面定位尺寸。

2)在洞口中心位置引注洞口编号、洞口几何尺寸、洞口中心相对标高、洞口每边补强钢筋，共四项内容。

具体规定如下：

①洞口编号：矩形洞口为 JD××(××为序号)，圆形洞口为 YD××(××为序号)。

②洞口几何尺寸：矩形洞口为洞宽×洞高($b×h$)，圆形洞口为洞口直径 D。

③洞口中心相对标高，是相对于结构层楼地面标高的洞口中心高度。当其高于结构楼层标高时为正值，低于结构层楼面时为负值。

④洞口每边补强钢筋，分以下几种不同情况：

a. 当矩形洞口的洞宽、洞高均不大于 800 mm 时，此项注写为洞口每边补强钢筋的具体数值(按标准构造详图设置补强钢筋时可不注)。当洞宽、洞高方向补强钢筋不一致时，分别注写洞宽方向、洞高方向补强钢筋，以"/"分隔。

【例 6-1】 JD2 400×300＋3.100 3Φ14 表示：2 号矩形洞口，洞宽为 400 mm，洞高为 300 mm，洞口中心距本结构层楼面 3 100 mm，洞口每边补强钢筋为 3Φ14。

【例 6-2】 JD3 400×300＋3.100 表示：3 号矩形洞口，洞宽为 400 mm，洞高为 300 mm，洞口中心距本结构层楼面 3 100 mm，洞口每边补强钢筋按构造配置。

【例 6-3】 JD4 800×300＋3.100 3Φ18/3Φ14 表示：4 号矩形洞口，洞宽为 800 mm，洞高为 300 mm，洞口中心距本结构层楼面 3 100 mm，洞宽方向每边补强钢筋为 3Φ18，洞高方向每边补强钢筋为 3Φ14。

b. 当矩形或圆形洞口的洞宽或直径大于 800 mm 时，在洞口上下需设置补强暗梁，此项注写为洞口上下每边暗梁的纵筋与箍筋的具体数值(在标准构造详图中，补强暗梁两高一律定为 400 mm，施工时按标准构造详图取值，设计不注。当设计者另有标注时，按设计标注)，注写圆形洞口时，还需注明环向加强钢筋的具体数值；当洞口上下边为连梁时，此项不注；当洞口竖向两侧设置边缘构件时，也不在此项表达。

【例 6-4】 JD5 1 800×2 100＋1.800 6Φ20 Φ8@150 表示：5 号矩形洞口，洞宽为 1 800 mm，洞高为 2 100 mm，洞口中心距本结构层楼面 1 800 mm，洞口上下设补强暗梁，每边暗梁纵筋为 6Φ20，箍筋为 Φ8@150。

【例 6-5】 YD5 1 000＋1.800 6Φ20 Φ8@150 2Φ16 表示：5 号圆形洞口，直径为 1 000 mm，洞口中心距本结构层楼面 1 800 mm，洞口上下设置补强暗梁，每边暗梁纵筋为 6Φ20，箍筋为 Φ8@150，环向加强钢筋为 2Φ16。

c. 当圆形洞口设置在连梁中部 1/3 范围(且圆洞直径不大于 1/3 梁高)时，需注写在洞口上下水平设置的每边补强纵筋与箍筋。

d. 当圆形洞口设置在墙身或暗梁、边框梁位置，且洞口直径不大于 300 mm 时，此项注写为洞口上下左右每边布置的补强纵筋的具体数值。

e. 当圆形洞口直径大于 300 mm，但不大于 800 mm 时，其加强钢筋在标准构造详图中按照圆外切正六边形的边长方向布置，仅注写一边补强钢筋数值。

第二节　剪力墙标准构造详图

剪力墙分为墙身、墙柱和墙梁三部分。本节将主要介绍这三部分，另外，还将介绍剪力墙洞口补强钢筋构造。

一、剪力墙身钢筋构造

剪力墙身钢筋分为水平分布钢筋和竖向分布钢筋两种。

1. 剪力墙身水平分布钢筋构造

剪力墙身水平分布钢筋构造分为一字形剪力墙水平分布钢筋构造、转角墙水平分布钢筋构造、带翼墙水平分布钢筋构造和带端柱剪力墙水平分布钢筋构造四种情况。

(1)一字形剪力墙水平分布钢筋构造，如图 6-6 和图 6-7 所示。

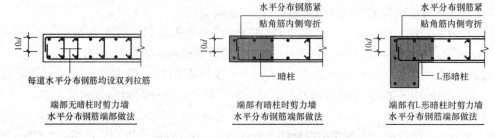

图 6-6　一字形剪力墙水平分布钢筋构造

图 6-7　剪力墙身钢筋三维模型

扫描二维码看彩图

1)当端部无暗柱时，水平分布筋应伸至端部对折 $10d$，箍住端部竖向分布筋。

2)当端部有暗柱时，水平分布筋应伸入暗柱对折 $10d$，弯入暗柱端部纵向钢筋内侧。

(2)转角墙水平分布钢筋构造，如图 6-8 所示。

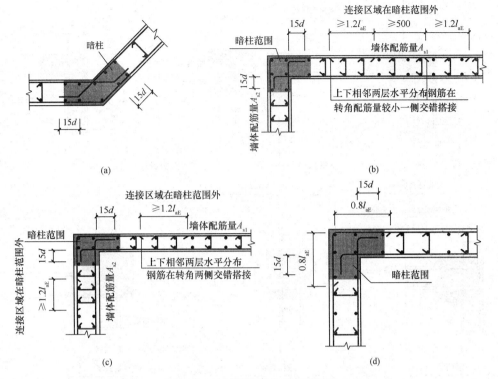

图 6-8　转角墙水平分布钢筋构造

斜交转角墙，内侧水平分布筋伸至对边竖向分布筋内侧弯折 15d，外侧水平分布筋可以连续通过，也可以参照图 6-8(a)在暗柱范围内搭接。

转角墙，内侧水平分布筋伸至对边竖向分布筋内侧弯折 15d，外侧水平分布筋可以连续通过[图 6-8(b)、(c)]，也可以在暗柱范围内搭接[图 6-8(d)]。

(3)带翼墙水平分布钢筋构造，如图 6-9 所示。

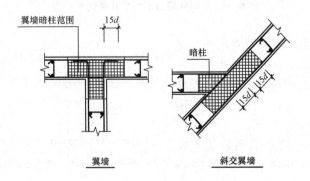

图 6-9　带翼墙水平分布钢筋构造

带翼墙的剪力墙水平分布筋，应伸入翼墙暗柱对边纵筋内侧弯折 15d。

(4)带端柱剪力墙水平分布钢筋构造，如图 6-10 所示。

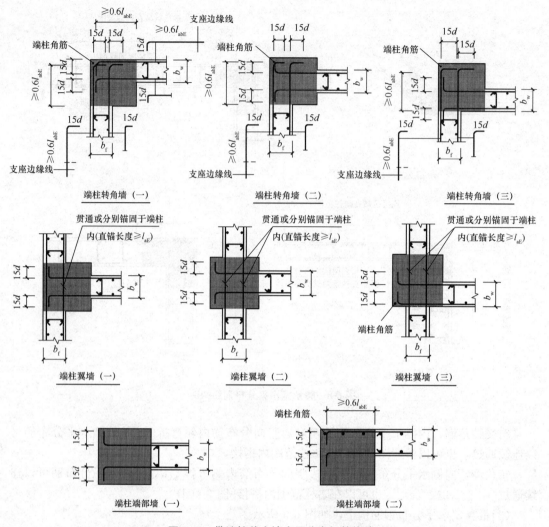

图6-10 带端柱剪力墙水平分布钢筋构造

带端柱的剪力墙，当剪力墙内侧水平分布筋伸入端柱的长度≥l_{aE}时，水平分布筋伸入端柱纵筋内 l_{aE} 即可，否则伸入端柱纵筋内侧后水平弯折 $15d$，且在端柱范围内弯折前的长度≥$0.6l_{aE}$。

剪力墙水平分布钢筋采用搭接连接时，沿高度每层错开搭接，如图6-11所示。

剪力墙水平变截面处，水平分布筋构造在变截面处有分别锚固和连续通过两种情况，如图6-12所示。

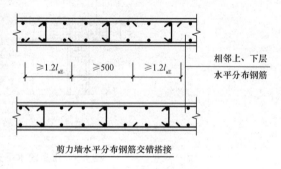

剪力墙水平分布钢筋交错搭接

图6-11 错开搭接

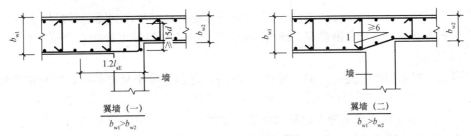

图 6-12 水平钢筋构造

2. 剪力墙身竖向分布钢筋构造

(1)剪力墙身基础插筋锚固构造，如图 6-13 所示。

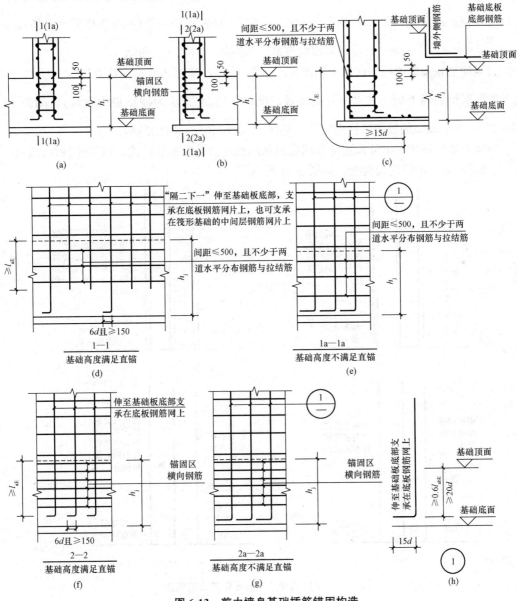

图 6-13 剪力墙身基础插筋锚固构造

· 123 ·

根据 16G101—3，第 64 页，剪力墙身竖向分布钢筋在基础内的锚固形式与基础的类型无关，与剪力墙身竖向分布钢筋在基础内的侧向混凝土保护层厚度和竖直段锚固长度有关，如图 6-13 所示。

1)当插筋在基础内的侧向保护层厚度大于 $5d$，基础高度满足直锚时，插筋应采用"隔二下一"的方式伸至基础底层钢筋网上侧，并水平弯折 $\max(6d，150)$，设置间距不大于 500 mm，且不少于两道水平分布钢筋和拉筋，如图 6-13(a)、(b)、(d)所示。

2)当插筋在基础内的侧向保护层厚度大于 $5d$，基础高度不满足直锚时，插筋应伸至基础底层钢筋网上侧，并水平弯折 $15d$，设置间距不大于 500 mm，且不少于两道水平分布钢筋和拉结筋，如图 6-13(a)、(b)、(e)和(h)所示。

3)当插筋在基础内的侧向保护层厚度小于等于 $5d$，基础高度满足直锚时，插筋应伸至基础底层钢筋网上侧，并水平弯折 $\max(6d，150)$，设置直径$\geqslant\dfrac{d}{4}$(d 为插筋最大直径)，间距 $s\leqslant\min(10d，100\ mm)$ 的锚固区横向钢筋，如图 6-13(b)、(f)所示。

4)当插筋在基础内的侧向保护层厚度小于等于 $5d$，基础高度不满足直锚时，插筋应伸至基础底层钢筋网上侧，并水平弯折 $15d$，设置直径$\geqslant\dfrac{d}{4}$(d 为插筋最大直径)，间距 $s\leqslant\min(10d，100\ mm)$ 的锚固区横向钢筋，如图 6-13(b)、(g)和(h)所示。

5)剪力墙外侧插筋也可采用与基础底板钢筋相互搭接的构造形式，如图 6-13(c)所示。

(2)竖向分布钢筋连接构造，如图 6-14 所示。

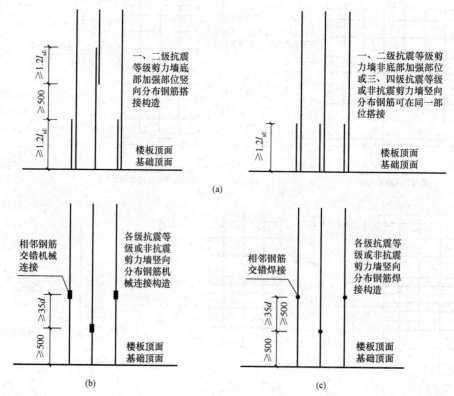

图 6-14　剪力墙身竖向分布钢筋连接构造
(a)搭接连接；(b)机械连接；(c)焊接连接

剪力墙竖向分布钢筋连接形式有搭接连接、机械连接和焊接连接。

1)搭接连接：一、二级抗震等级剪力墙非底部加强部位，三、四级抗震等级剪力墙竖向分布钢筋可在同一部位搭接连接。一、二级抗震等级剪力墙底部加强部位，剪力墙竖向分布钢筋应错开搭接连接，相邻钢筋错开距离≥500 mm。

2)机械连接：各级抗震等级剪力墙采用机械连接时应相互错开连接，相邻钢筋错开距离≥35d，且低位钢筋连接点距楼板或基础顶面距离≥500 mm。

3)焊接连接：各级抗震等级剪力墙采用机械连接时应相互错开连接，相邻钢筋错开距离≥max(35d，500 mm)，且低位钢筋连接点距楼板或基础顶面距离≥500 mm。

(3)剪力墙竖向钢筋顶部构造，如图 6-15 所示。

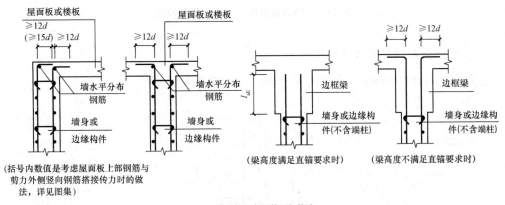

图 6-15　剪力墙竖向钢筋顶部构造

图 6-15 所示的节点构造既适用于剪力墙身竖向分布钢筋，也适用于剪力墙边缘构件竖向钢筋。剪力墙竖向钢筋顶部构造分墙顶是否有边框梁两种情况。无边框梁时，剪力墙竖向钢筋伸至板顶水平弯折 12d；有边框梁时，梁高满足直锚要求时，剪力墙竖向钢筋伸入边框梁内锚固 l_{aE}；不满足直锚要求时，伸至梁顶水平弯折 12d。

(4)剪力墙变截面处竖向钢筋构造，如图 6-16 所示。

因为外力是层层往下传递的，一般情况下，下层剪力墙比上层剪力墙受到的外力要大些，所以，剪力墙截面尺寸往往是向上逐层变小的。剪力墙变截面位置纵筋构造如下：

1)上、下层剪力墙截面尺寸变化一侧，竖向钢筋可截断后分别锚固，下层竖向钢筋伸到板顶(留保护层)然后水平弯折 12d，上层竖向钢筋伸入下层剪力墙内从板顶算起 1.2l_{aE}，如图 6-16(a)和(b)所示。

2)当上、下层剪力墙单侧变化值 Δ≤30 mm 且与楼板相连时，上、下层剪力墙竖向钢筋可连续通过变截面处，如图 6-16(c)所示。

3)上、下层剪力墙截面尺寸变化一侧不与楼板相连时，竖向钢筋应截断后分别锚固，下层竖向钢筋伸到板顶(留保护层)然后水平弯折 12d，上层竖向钢筋伸入下层剪力墙内从板顶算起 1.2l_{aE}，如图 6-16(d)所示。

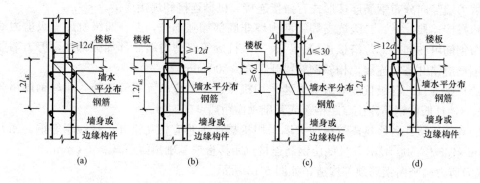

图 6-16 剪力墙变截面处竖向钢筋构造

3. 剪力墙竖向钢筋锚入连梁构造

剪力墙竖向分布钢筋应在下层连梁内锚固 l_{aE}，如图 6-17 所示。

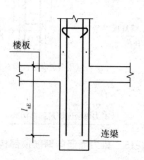

图 6-17 剪力墙竖向钢筋锚入连梁构造

二、剪力墙柱钢筋构造

1. 剪力墙构造边缘构件箍筋和拉结筋构造

剪力墙构造边缘构件的箍筋和拉结筋设置如图 6-18 所示。

约束边缘构件的截面分阴影区域和非阴影区域两部分。对于阴影区域的尺寸，设计者会在施工图中注明；对于非阴影区域的尺寸、箍筋和拉结筋，如果施工图中注明，就按施工图标注，否则非阴影区域的拉结筋同剪力墙身。约束边缘构件非阴影区域可以设置箍筋，也可以设置拉结筋。

注解 1：约束边缘构件为什么要分阴影部分和非阴影部分？

剪力墙属于压弯构件，当墙肢轴压比较大时，通过设置约束边缘构件，增大墙肢边缘混凝土的极限压应变，增大截面的塑性变形能力，以达到延性剪力墙的设计目的。约束边缘构件的长度和配箍特征值与轴压比、墙肢截面高度、层高、墙肢受压区混凝土外缘的极限压应变等多种因素相关；约束范围较长时，若统一配箍，则配箍量较大，可采用分段配箍方式，靠剪力墙中部较近一段的配箍量可适当减少，因此，有了阴影区和非阴影区的差别。

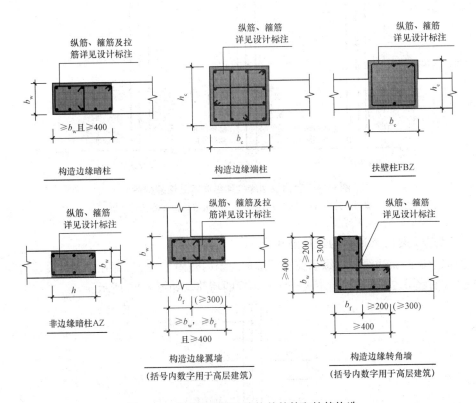

图 6-18　剪力墙构造边缘构件箍筋和拉筋构造

注解 2：端柱、小墙肢的竖向钢筋与箍筋构造与框架柱相同。

注解 3：搭接长度范围内，约束边缘构件阴影部分、构造边缘构件、扶壁柱及非边缘暗柱的箍筋直径应不小于纵向搭接钢筋最大直径的 0.25 倍，箍筋间距不大于 100 mm。

2. 剪力墙边缘构件纵向钢筋连接构造

剪力墙边缘构件纵向分布钢筋连接方式有搭接连接、机械连接和焊接连接，如图 6-19 所示。

根据目前我国施工习惯，剪力墙是逐层施工的，所以，剪力墙边缘构件纵筋在每层必有一个连接接头。

(1)非连接区。绑扎搭接方式边缘构件纵筋可以在底部连接，机械连接和焊接方式底部非连接区长度都是 500 mm。

(2)接头相互错开。为了避免剪力墙边缘构件所有纵筋在同一个位置连接，而造成明显的薄弱区，纵筋应在高低位分别连接，每批连接一半，这样连接面积百分率为 50%。上下连接区错开距离如图 6-19 所示。注意：当某层连接区的总高度小于纵筋分两批搭接连接所需的高度时，应改用机械连接或焊接连接。

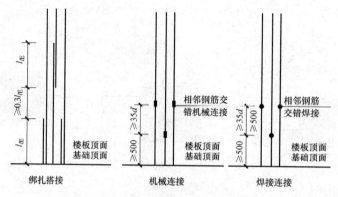

图 6-19 剪力墙边缘构件纵向钢筋连接构造

（适用于约束边缘构件的阴影部分和构造边缘构件的纵向钢筋）

3. 剪力墙上起约束边缘构件纵筋构造

剪力墙上起约束边缘构件纵筋应在下层剪力墙内锚固 $1.2l_{aE}$，并在锚固区设置直径不小于纵筋最大直径 0.25 倍，间距不大于 100 mm 的箍筋，如图 6-20 所示。

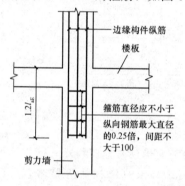

图 6-20 剪力墙上起约束边缘构件纵筋构造

剪力墙约束边缘构件箍筋和拉结筋构造如图 6-21 和图 6-22 所示。

三、剪力墙梁钢筋构造

剪力墙梁分为连梁、暗梁和边框梁三种。

1. 剪力墙连梁钢筋构造

(1)单洞口连梁纵筋构造，如图 6-23(a)所示。剪力墙连梁上、下部纵筋锚入剪力墙内的长度为 $\max(l_{aE}, 600\text{ mm})$。

(2)双洞口连梁纵筋构造，如图 6-23(b)所示。当两洞口的洞间墙长度不能满足两侧连梁纵筋直锚长度 $2\times\min(l_{aE}, 600\text{ mm})$ 的要求时，可采用双洞口连梁。其构造要求为连梁上部、下部、侧面纵筋连续通过洞间墙，上、下部纵筋锚入剪力墙内的长度为 $\max(l_{aE}, 600\text{ mm})$。

(3)剪力墙端部洞口连梁纵筋构造，如图 6-23(c)所示。

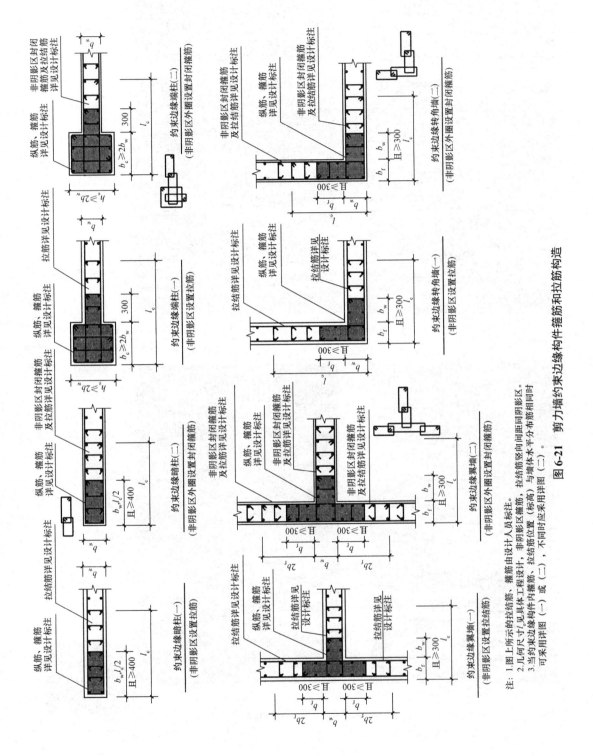

图6-21 剪力墙约束边缘构件箍筋和拉筋构造

注：1. 图上所示的拉结结筋、箍筋由设计人员标注。

2. 几何尺寸见具体工程设计，非阴影区箍筋、拉结筋竖向间距同阴影区。

3. 当约束边缘构件内箍筋、拉结筋位置（标高）与墙体水平分布筋相同时可采用详图（一）或（二），不同时应采用详图（二）。

(a)

(b)

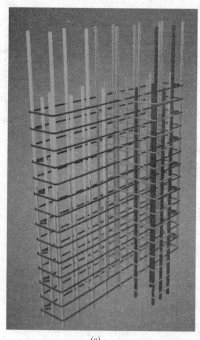

(c)

(d)

图 6-22　剪力墙约束边缘构件钢筋三维模型

(a)约束边缘暗柱；(b)约束边缘端柱；(c)约束边缘翼墙(柱)；(d)约束边缘转角墙(柱)

扫描二维码看彩图

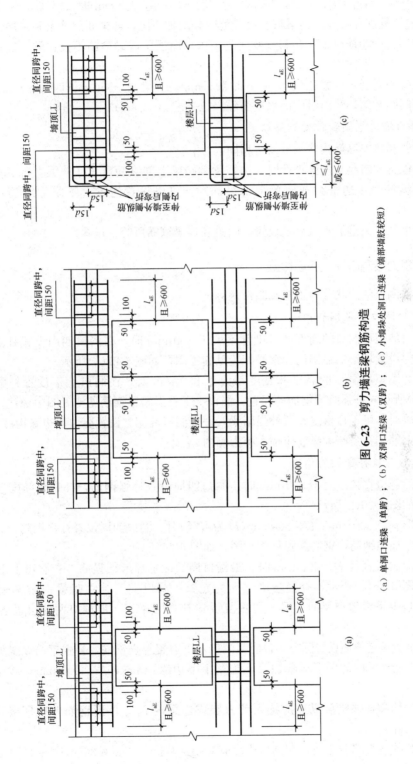

图6-23 剪力墙连梁钢筋构造

(a) 单洞口连梁（单跨）；(b) 双洞口连梁（双跨）；(c) 小墙垛处洞口连梁（端部墙肢较短）

当剪力墙端部长度≤max(l_{aE}，600 mm)时，可采用弯折锚固形式，上、下部纵筋伸至剪力墙外侧纵筋内侧后弯折15d。但当剪力墙端部长度≥max(l_{aE}，600 mm)时，仍采用直锚形式。

（4）连梁箍筋和拉筋。连梁箍筋设置范围分两种情况，即中间层连梁和顶层连梁。

中间层连梁箍筋仅设置在洞口宽度范围内，而顶层连梁箍筋不仅在洞口宽度范围内设置，在上、下纵筋锚固区也应设置直径同跨中间距为150 mm的箍筋。

连梁拉筋直径：当梁宽≤350 mm时为6 mm，当梁宽>350 mm时为8 mm，拉结筋间距为箍筋间距2倍，竖向沿侧面水平筋隔一拉一。

2. 剪力墙边框梁和暗梁钢筋构造

边框梁和暗梁纵筋构造与框架梁相同。

当边框梁和暗梁与连梁重叠时，边框梁和暗梁上部纵筋可兼作连梁上部纵筋，当连梁所需上部纵筋大于边框梁或暗梁上部纵筋时，可以设置连梁上不附加纵筋，如图6-24所示。

边框梁和连梁箍筋各自分别设置，暗梁和连梁箍筋可统一设置。

四、剪力墙洞口补强钢筋构造

剪力墙洞口的形状分为矩形和圆形两种。

1. 矩形洞口补强钢筋构造

当剪力墙矩形洞口的高度和宽度都不大于800 mm时，在洞口四周设置补强钢筋，并沿圆周方向设置环形加强钢筋，钢筋配置见施工图，如图6-25(a)所示。

当剪力墙矩形洞口的高度和宽度都大于800 mm时，在洞口上下设置补强暗梁，如图6-25(b)所示。补强暗梁钢筋的配置：洞口上下补强暗梁钢筋见施工图中标注，当洞口上下设置连梁时，可不再重复设置补强暗梁，一般洞口两侧会设置剪力墙边缘构件。

补强钢筋和补强暗梁纵筋应锚入剪力墙内l_{aE}。

2. 圆形洞口补强钢筋构造

当圆形洞口直径不大于300 mm时，洞口四周设置补强钢筋，补强钢筋配置见施工图中标注，如图6-26(a)所示。

当圆形洞口300 mm<D≤800 mm（D为直径）时，洞口四周设置补强钢筋，并沿圆周方向设置环形加强钢筋，钢筋配置见施工图，如图6-26(b)所示。

当圆形洞口直径D>800 mm时，沿洞口周长配置环形加强筋。在洞口上下设置补强暗梁，如图6-26(c)所示。补强暗梁钢筋的配置：洞口上下补强暗梁钢筋见施工图中标注，当洞口上下设置连梁时，可不再重复设置补强暗梁，一般洞口两侧会设置剪力墙边缘构件。

当在剪力墙连梁内设置圆形洞口时，洞口上下设置补强钢筋，补强钢筋设置见施工图中标注。剪力墙连梁内的圆形洞口边缘距连梁上下边缘≥max($h/3$，200 mm)，如图6-26(d)所示。

补强钢筋和补强暗梁纵筋应锚入剪力墙或连梁内l_{aE}，环形钢筋首尾搭接长度≥max(l_{aE}，300 mm)。

被截断的剪力墙分布筋，在洞口边缘应当相互对折，如图6-26(c)中的1—1截面。

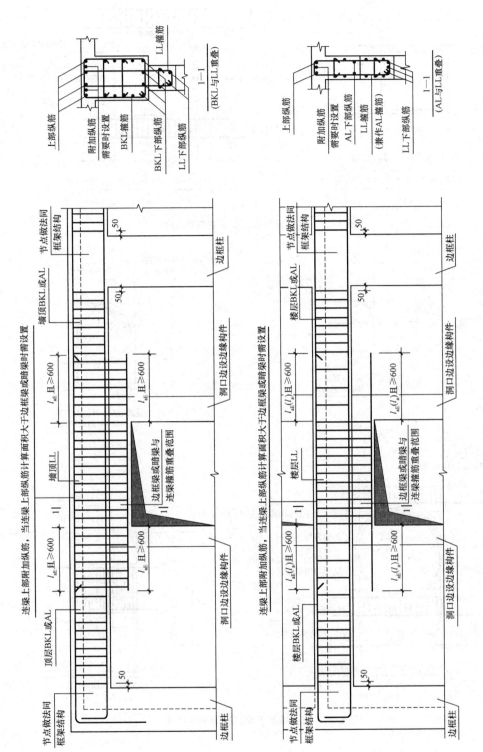

图6-24 剪力墙边框梁和暗梁与连梁重叠时钢筋构造

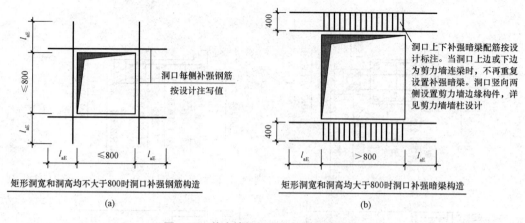

矩形洞宽和洞高均不大于800时洞口补强钢筋构造

(a)

洞口上下补强暗梁配筋按设计标注。当洞口上边或下边为剪力墙连梁时，不再重复设置补强暗梁。洞口竖向两侧设置剪力墙边缘构件，详见剪力墙墙柱设计

矩形洞宽和洞高均大于800时洞口补强暗梁构造

(b)

图 6-25　剪力墙矩形洞口补强钢筋构造

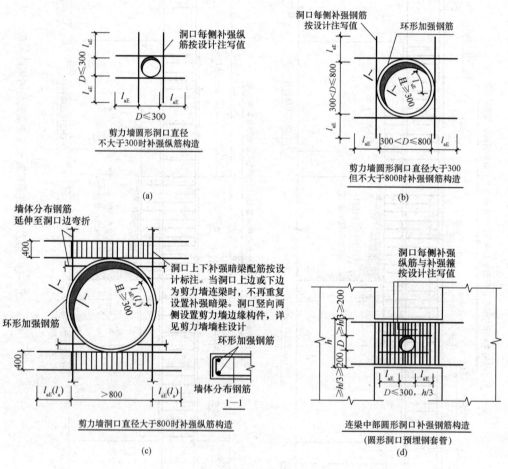

剪力墙圆形洞口直径不大于300时补强纵筋构造

(a)

剪力墙圆形洞口直径大于300但不大于800时补强钢筋构造

(b)

剪力墙洞口直径大于800时补强纵筋构造

(c)

连梁中部圆形洞口补强钢筋构造

(圆形洞口预埋钢套管)

(d)

图 6-26　剪力墙圆形洞口补强钢筋构造

第三节　剪力墙钢筋算量计算方法

剪力墙分为墙身、墙柱和墙梁三部分，下面分别讲解墙身钢筋、墙柱钢筋和墙梁钢筋的计算方法。

一、剪力墙身钢筋计算

由于剪力墙身钢筋计算受到诸多因素的影响，如剪力墙的形状、配筋、剪力墙开洞、墙梁以及边缘构件的类型等，所以，很难总结出适合所有情况的计算公式，下面仅仅以最基本的剪力墙形式为例，总结计算公式。在具体的计算中要从剪力墙的实际情况出发，修正计算公式。

1. 剪力墙身水平分布筋计算

(1)一字形剪力墙身水平分布筋长度＝剪力墙长度$-2c+10d×2$　(6-1)

(2)转角墙内侧水平分布筋长度＝剪力墙长度$-2c+15d×2$　(6-2)

(3)转角墙外侧水平分布筋长度＝剪力墙长度$-2c+\dfrac{l_{lE}}{2}×2$　(6-3)

说明：式(6-3)仅适用于剪力墙水平分布筋在转角暗柱内搭接的情况。剪力墙水平分布筋是否连续通过，要看转角两侧剪力墙水平分布筋配置是否一致，如果一致，应连续通过，否则应在转角暗柱内搭接。

(4)带翼墙的剪力墙水平分布筋长度＝剪力墙长度$-2c+15d×2$　(6-4)

(5)带端柱的剪力墙水平分布筋长度＝剪力墙身长度＋端柱尺寸$×2-2c+15d×2$

(6-5)

(6)剪力墙水平分布筋根数计算。

当墙插筋在基础内侧面保护层厚度$>5d$时，

基础范围内剪力墙水平分布筋根数＝$(h_j-2c-0.1)/0.5+1$　(6-6)

当墙插筋在基础内侧面保护层厚度$\leqslant5d$时，

基础范围内剪力墙水平分布筋根数＝$(h_j-2c-0.1)/0.1+1$　(6-7)

中间各层以及顶层剪力墙水平分布筋根数＝(层高$-0.05)/s+1$　(6-8)

2. 剪力墙身竖向分布筋计算

为了表述的方便，可以根据竖向分布筋连接点的位置，区分为低位筋和高位筋。

(1)基础插筋钢筋量计算。

低位插筋长度＝插筋锚固长度＋基础插筋非连接区长度

（＋搭接长度$1.2l_{aE}$）　(6-9)

高位插筋长度＝插筋锚固长度＋基础插筋非连接区长度＋错开长度（＋搭接长度$1.2l_{aE}$）

(6-10)

锚固长度按如下情况取值：

当基础高度满足钢筋直锚时，插筋基础内锚固长度＝$(h_j-c-2d)+6d$；

当基础高度不满足钢筋直锚时，插筋基础内锚固长度＝$(h_{\mathrm{j}}-c-2d)+6d$。

注：c 为基础底层钢筋保护层厚度；d 为基础底层钢筋直径。

（2）首层及中间层竖向分布筋计算。

$$钢筋长度＝本层层高－本层非连接区长度＋上层非连接区长度（+1.2l_{\mathrm{aE}}×2）\quad(6\text{-}11)$$

非连接区长度：绑扎搭接方式无非连接区，机械连接和焊接方式底部非连接区长度都是 500 mm。

（3）变截面处竖向分布筋计算。

1）当上、下层剪力墙竖向分布筋截断后分别锚固时，下层剪力墙竖向分布筋伸到板顶（留保护层），然后水平弯折 $12d$；上层剪力墙竖向分布筋伸入下层剪力墙内从板顶算起 $1.2l_{\mathrm{aE}}$。

$$下层剪力墙竖向分布筋长度＝下层层高－下层非连接区长度－$$
$$c+12d（+1.2l_{\mathrm{aE}}）\quad(6\text{-}12)$$

$$上层剪力墙竖向分布筋长度＝上层层高＋上层非连接区长度＋1.2l_{\mathrm{aE}}（+2×1.2l_{\mathrm{aE}}）$$
$$(6\text{-}13)$$

2）当上、下层剪力墙竖向分布筋连续通过变截面处，即下层剪力墙竖向分布筋略向内侧倾斜通过结点，可忽略因变截面产生钢筋长度差值，钢筋长度计算方法同中间层钢筋长度。

（4）顶层纵筋计算。

1）当顶层剪力墙无边框梁时：

$$顶层剪力墙竖向分布筋长度＝层高－当前层非连接区段长度＋12d＋（梁高－保护层厚度）$$
$$(6\text{-}14)$$

2）当顶层剪力墙有边框梁时：

$$顶层剪力墙竖向分布筋长度＝层高－当前层非连接区段长度－边框梁高＋l_{\mathrm{aE}}\quad(6\text{-}15)$$

二、剪力墙柱钢筋计算

1. 剪力墙边缘构件箍筋和拉结筋计算

剪力墙边缘构件箍筋和拉结筋计算与框架柱箍筋计算类似，在此不再重复。剪力墙边缘构件的箍筋和拉结筋一般是没有加密区和非加密区的区别，在每层都是一种间距。

2. 剪力墙边缘构件纵筋计算

剪力墙端柱纵筋计算与框架柱相同。

剪力墙暗柱纵筋采用机械连接或焊接连接时，纵筋计算与剪力墙竖向分布钢筋计算完全相同；当采用搭接连接时，搭接长度为 $l_{l\mathrm{E}}$，高低筋的错开长度为 $0.3l_{l\mathrm{E}}$。

三、剪力墙梁钢筋计算

剪力墙梁分为连梁、暗梁和边框梁三种。

1. 剪力墙连梁钢筋计算

剪力墙连梁钢筋分为上下部纵筋、侧面构造筋、箍筋和拉结筋。

(1)连梁上下部纵筋计算。

1)单洞口连梁。

上下部纵筋长度＝连梁长度＋左锚固长度＋右锚固长度　　（6-16）

2)双洞口连梁。

上下部纵筋长度＝连梁长度＋洞间墙长度＋左锚固长度＋右锚固长度

（6-17）

微课：剪力墙（连梁）
侧面构造筋计算

说明：连梁纵筋锚固有直锚和弯锚两种情况，直锚长度＝$\max(l_{aE}$，600 mm)；弯锚长度＝端部墙肢长度＋15d。

(2)连梁侧面构造筋计算。一般连梁侧面构造筋是利用剪力墙身的水平分布筋，所以，连梁侧面构造筋放在剪力墙身水平分布筋中计算。

(3)连梁箍筋和拉筋计算。

微课：剪力墙（连梁）
箍筋计算

箍筋长度＝（连梁宽－保护层厚度×2－侧面纵筋直径×2）×2＋（连梁高－保护层厚度×2）×2＋11.9d

（6-18）

中间层连梁箍筋根数＝（连梁长度－0.05×2）/间距＋1　　（6-19）

顶层连梁箍筋根数＝（连梁长度－0.05×2）/间距＋2×

$[\max(l_{aE}, 0.6)-0.1]$/间距＋1　　（6-20）

微课：剪力墙（连梁）
拉结筋计算

2. 剪力墙暗梁钢筋计算

剪力墙暗梁钢筋计算与连梁完全相同。

3. 剪力墙边框梁钢筋计算

剪力墙边框梁钢筋计算与框架梁完全相同。

第四节　剪力墙钢筋工程量计算实例

某剪力墙身计算实例：

某三层剪力墙，采用强度等级为 C30 混凝土，剪力墙抗震等级为二级，环境类别为：地下部分为二 b 类，其余为一类，剪力墙竖向钢筋在基础内的侧向保护层厚度＞5d。钢筋采用焊接连接，基础高度为 800 mm，基础保护层厚度为 40 mm，基础底板钢筋直径为 10 mm，剪力墙保护层厚度为 15 mm，剪力墙注写内容如图 6-27 所示，结构层楼面标高和结构层高见表 6-6～表 6-8。

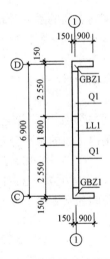

图6-27　剪力墙平法施工图

表 6-6　剪力墙身表

编号	标高/m	墙厚/mm	水平分布筋	垂直分布筋	拉结筋（双向）
Q1	$-0.030 \sim 12.270$	300	$\Phi 12@200$	$\Phi 12@200$	$\Phi 6@600@600$

表 6-7　剪力墙梁表

编号	所在楼层号	相对标高高差/m	梁截面尺寸	上部纵筋	下部纵筋	箍筋
LL1	2～3	0.800	$300 \times 2\,000$	$4\Phi22$	$4\Phi22$	$\Phi10@100(2)$
	屋面层		$300 \times 1\,200$	$4\Phi22$	$4\Phi22$	$\Phi10@100(2)$

表 6-8　结构层楼面标高和结构层高（一）

	屋顶	12.270	
	3	8.670	3.6
	2	4.470	4.2
	1	-0.030	4.5
	层号	标高/m	层高/m

计算过程：

一、剪力墙身(Q1)钢筋计算

(1)Q1 水平分布钢筋计算。

基础层高度范围内：

因为剪力墙竖向钢筋在基础内的侧向保护层厚度$>5d$，且 $l_{aE}=40d=40 \times 0.012=0.48(\mathrm{m})<0.8\,\mathrm{m}$

单根长度$=(6.9+0.15 \times 2-0.015 \times 2)+10 \times 0.012 \times 2=7.41(\mathrm{m})$

数量$=[(0.8-0.1-0.04-0.01 \times 2)/0.5+1] \times 2=6(根)$

一层范围内贯通的水平分布筋

单根长度$=(6.9+0.15 \times 2-0.015 \times 2)+10 \times 0.012 \times 2=7.41(\mathrm{m})$

数量$=[(2-0.05)/0.2+1] \times 2=22(根)$

被洞口截断的水平筋长度$=(6.9+0.15 \times 2-0.015 \times 4-1.8)+10 \times 0.012 \times 2+$
$$(0.3-0.015 \times 2) \times 2=6.12(\mathrm{m})$$

数量$=(2.5/0.2+1) \times 2=28(根)$

二层范围内贯通的水平分布筋

单根长度$=(6.9+0.15 \times 2-0.015 \times 2)+10 \times 0.012 \times 2=7.41(\mathrm{m})$

数量$=[(2-0.05)/0.2+1] \times 2=22(根)$

被洞口截断的水平筋长度$=(6.9+0.15 \times 2-0.015 \times 4-1.8)+10 \times 0.012 \times 2+(0.3-$
$$0.015 \times 2) \times 2=6.12(\mathrm{m})$$

数量$=(2.2/0.2+1) \times 2=24(根)$

三层范围内贯通的水平分布筋

单根长度$=(6.9+0.15 \times 2-0.015 \times 2)+10 \times 0.012 \times 2=7.41(\mathrm{m})$

数量＝[(2−0.05)/0.2+1]×2=22(根)

三层范围内被洞口截断的水平筋长度＝(6.9+0.15×2−0.015×4−1.8)+10×0.012×2+(0.3−0.015×2)×2=6.15(m)

数量＝(1.6/0.2+1)×2=18(根)

(2)Q1竖向分布钢筋计算。

连梁长度范围外剪力墙竖筋。因为剪力墙竖向钢筋在基础内的侧向保护层厚度＞5d，且 $l_{aE}=40d=40×0.012=0.48(m)<0.8$ m

单根长度＝12.27+0.03+0.8−0.04−0.01×2−0.015+6×0.012+12×0.012=13.241(m)

数量＝[(2.55−0.3−0.15−0.2)/0.2+1]×4=44(根)

(3)Q1拉结筋计算。

单根长度＝0.3−0.015×2+11.9×0.006×2=0.413(m)

数量＝[(6.9−(0.15+0.3)×2−1.8−0.1×2)/0.6+1]×[(12.27+0.03+0.8−0.04−0.01×2−0.015)/0.6+1]=184(根)

二、剪力墙柱(GBZ1)钢筋计算

(1)GBZ1纵筋计算。

因为剪力墙竖向钢筋在基础内的侧向保护层厚度≥5d，且 $l_{aE}=40d=40×0.02=0.8(m)$

单根长度＝12.27+0.03+0.8−0.04−0.01×2−0.015+0.15+12×0.02=13.415(m)

数量＝24×2(有两个 GBZ1)=48(根)

(2)GBZ1箍筋计算。

GBZ1箍筋形状见表6-9，GBZ1箍筋由①②③三种形式箍筋组成。

表6-9　剪力墙柱表

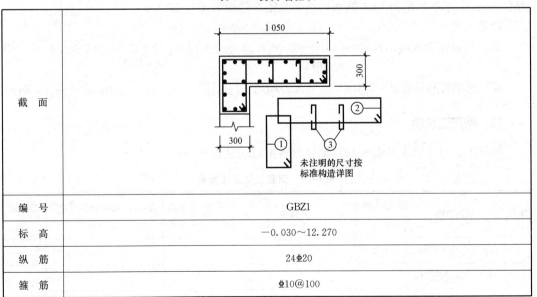

截　面	未注明的尺寸按标准构造详图
编　号	GBZ1
标　高	−0.030～12.270
纵　筋	24Φ20
箍　筋	Φ10@100

①号箍筋长度＝$(0.3+0.3-0.015\times2+0.3-0.015\times2+11.9\times0.01\times2)\times2=1.918$(m)

②号箍筋长度＝$(1.05-0.015\times2)\times2+(0.3-0.015\times2)\times2+11.9\times0.01\times2=2.818$(m)

③号箍筋长度＝$(0.3-0.015\times2+11.9\times0.01\times2)\times2=1.016$(m)

GBZ1单根箍筋总长度＝5.752(m)

箍筋数量

基础层高度范围内：

因为剪力墙竖向钢筋在基础内的侧向保护层厚度＞5d，且 $l_{aE}=40d=40\times0.02=0.8$ m

数量＝$[(0.8-0.04-0.01\times2-0.1)/0.5+1]\times2=6$(根)

基础层以上范围内：

数量＝$[(12.27+0.03-0.05-0.015)/0.1+1]\times2=248$(根)

三、连梁(LL1)钢筋计算

(1)LL1上下部纵筋计算。

单根长度＝$(1.8+40\times0.022\times2)\times24=85.44$(m)

(2)LL1箍筋计算。

二、三层箍筋长度＝$(0.3-0.015\times2-0.012\times2)\times2+(2-0.015\times2)\times2+11.9\times$
$0.01\times2=4.67$(m)

二、三层连梁箍筋数量＝$[(1.8-0.05\times2)/0.1+1]\times2=36$(根)

顶层连梁箍筋长度＝$(0.3-0.015\times2-0.012\times2)\times2+(1.2-0.015\times2)\times2+11.9\times$
$0.01\times2=3.07$(m)

顶层连梁箍筋数量＝$(1.8-0.05\times2)/0.1+[(40\times0.022-0.1)/0.15]\times2+1=29$(根)

(3)LL1拉结筋计算。

因为 LL1 截面宽度小于 350 mm，所以拉筋直径为 6 mm，水平间距为箍筋间距 2 倍即为 200 mm，水平间距为 LL1 侧面构造筋间距 2 倍即为 400 mm。

拉筋长度＝$(0.3-0.015\times2)+11.9\times0.006\times2=0.413$(m)

二、三层连梁拉筋总数量＝$[(1.8-0.05\times2)/0.2+1]\times[(2-0.015\times2)/0.4-1]\times2$
$=80$(根)

顶层连梁拉筋总数量＝$[(1.8-0.05\times2)/0.2+1]\times[(1.2-0.015\times2)/0.4-1]=20$(根)

四、钢筋汇总表

钢筋工程量计算表见表 6-10，钢筋材料汇总表见表 6-11。

表 6-10 钢筋工程量计算表

序号	钢筋名称	钢筋级别、直径/mm	计算式	单根长度/m	钢筋根数	总长度/m	单根钢筋理论质量/(kg·m⁻¹)	总质量/kg
1	Q1水平分布钢筋	⊈12						
2	基础层高度范围内							

序号	钢筋名称	钢筋级别、直径/mm	计算式	单根长度/m	钢筋根数	总长度/m	单根钢筋理论质量/(kg·m⁻¹)	总质量/kg
3	单根长度		$(6.9+0.15×2-0.015×2)+10×0.012×2$	7.41				
4	数量/钢筋工程量		$[(0.8-0.1)/0.5+1]×2$		6	44.46	0.888	39.48
5	一层范围内							
6	单根长度		$(6.9+0.15×2-0.015×2)+10×0.012×2$	7.41				
7	数量/钢筋工程量		$[(4.5-2.5-0.05)/0.2+1]×2$		22	159.32	0.888	141.47
8	被洞口截断的水平筋长度		$(6.9+0.15×2-0.015×4-1.8)+10×0.012×2+(0.3-0.015×2)×2$	6.12				
9	数量/钢筋工程量		$(2.5/0.2+1)×2$		27	166.05	0.888	147.45
10	二层范围内							
11	单根长度		$(6.9+0.15×2-0.015×2)+10×0.012×2$	7.41				
12	数量/钢筋工程量		$[(4.2-2.2)/0.2+1]×2$		22	163.02	0.888	144.76
13	被洞口截断的水平筋长度		$(6.9+0.15×2-0.015×4-1.8)+10×0.012×2+(0.3-0.015×2)×2$	6.12				
14	数量/钢筋工程量		$(2.2/0.2+1)×2$		24	147.60	0.888	131.07
15	三层范围内							
16	单根长度		$(6.9+0.15×2-0.015×2)+10×0.012×2$	7.41				
17	数量/钢筋工程量		$[(3.6-1.6)/0.2+1]×2$		22	163.02	0.888	144.76
18	被洞口截断的水平筋长度		$(6.9+0.15×2-0.015×4-1.8)+10×0.012×2+(0.3-0.015×2)×2$	6.12				
19	数量/钢筋工程量		$(1.6/0.2+1)×2$		18	110.70	0.888	98.30
20	Q1竖向分布钢筋	Φ12						
21	连梁长度范围外剪力墙竖筋单根长度		$12.27+0.03+0.8-0.04-0.01×2-0.015+6×0.012+12×0.012$	13.24				
22	数量/钢筋工程量		$[(2.55-0.3-0.15-0.2)/0.2+1]×4$		42	556.12	0.888	493.84

141

序号	钢筋名称	钢筋级别、直径/mm	计算式	单根长度/m	钢筋根数	总长度/m	单根钢筋理论质量/(kg·m⁻¹)	总质量/kg
23	Q1 拉结筋	$\Phi 6$						
24	单根长度		$0.3-0.015\times2+11.9\times 0.006\times2$	0.41				
25	数量/钢筋工程量		$[6.9-(0.15+0.3)\times2-1.8-0.1\times2)/0.6+1]\times [12.27+0.03+0.8-0.04-0.01\times2-0.015)/0.6+1]$		184	71.87	0.222	15.95
26	GBZ1 纵筋	$\Phi 20$	$12.27+0.03+0.8-0.04-0.01\times2-0.015+0.15+12\times0.02$	13.42	48	643.92	2.470	1 590.48
27	GBZ1 箍筋	$\Phi 10$						
28	1 号箍筋长度		$(0.3+0.3-0.015\times2)\times 2+(0.3-0.015\times2)\times2+ 11.9\times0.01\times2$	1.92				
29	2 号箍筋长度		$(1.05-0.015\times2)\times2+ (0.3-0.015\times2)\times2+ 11.9\times0.01\times2$	2.82				
30	3 号箍筋长度		$(0.3-0.015\times2+11.9\times 0.01\times2)\times2$	1.02				
31	单根箍筋总长度		$1.918+2.818+1.016$	5.75				
32	基础层内数量/钢筋工程量		$[(0.8-0.04-0.01\times2-0.1)/0.5+1]\times2$		6	34.51	0.617	21.29
33	基础以上部分数量/钢筋工程量		$[(12.27+0.03-0.05-0.015)/0.1+1]\times2$		248	1 419.02	0.617	875.53
34	LL1 上下部纵筋	$\Phi 22$	$1.8+40\times0.022\times2$	3.56	24	85.44	2.980	254.61
35	LL1 箍筋	$\Phi 10$						
36	二、三层连梁箍筋单根长度		$(0.3-0.015\times2-0.012\times 2)\times2+(2-0.015\times2)\times2+ 11.9\times0.01\times2$	4.67				
37	二、三层连梁箍筋数量/钢筋工程量		$[(1.8-0.05\times2)/0.1+ 1]\times2$		36	168.12	0.617	103.37
38	顶层连梁箍筋单根长度		$(0.3-0.015\times2-0.012\times 2)\times2+(1.2-0.015\times2)\times 2+11.9\times0.01\times2$	3.07				

序号	钢筋名称	钢筋级别、直径/mm	计算式	单根长度/m	钢筋根数	总长度/m	单根钢筋理论质量/(kg·m⁻¹)	总质量/kg
39	顶层连梁箍筋总数量/钢筋工程量		$(1.8-0.05\times2)/0.1+$ $[40\times0.022-0.1)/0.15]$ $\times2+1$		29	87.19	0.617	53.79
40	LL1拉结筋	$\Phi6$						
41	单根长度		$(0.3-0.015\times2)+11.9\times$ 0.006×2	0.41				
42	二、三层连梁拉筋总数量/钢筋工程量		$[(1.8-0.05\times2)/0.2+$ $1]\times[(2-0.015\times2)/0.4-$ $1]\times2$		80	30.78	0.222	6.83
43	顶层连梁拉筋总数量/钢筋工程量		$[(1.8-0.05\times2)/0.2+$ $1]\times[(1.2-0.015\times2)/$ $0.4-1]$		20	7.55	0.222	1.68

表 6-11　钢筋材料汇总表

钢筋类别	钢筋直径、级别/mm	总长度/m	总质量/kg
墙身水平分布筋	$\Phi12$	954.165	847.299
墙身竖向分布筋	$\Phi12$	556.122	493.836
墙身拉结筋	$\Phi6$	71.867	15.955
墙柱纵筋	$\Phi20$	643.920	1 590.482
墙柱箍筋	$\Phi10$	1 453.530	896.828
连梁纵筋	$\Phi22$	85.440	254.611
连梁箍筋	$\Phi10$	255.308	157.525
连梁拉结筋	$\Phi6$	38.334	8.510

思考题

1. 剪力墙连梁、边框梁和暗梁的侧面构造钢筋如何布置？

2. 剪力墙中的竖向分布钢筋在顶层楼板处遇边框梁时，是否可以锚固在边框梁内？如果可以锚固，长度从哪里算起？

3. 剪力墙水平分布钢筋分别在端柱、暗柱和翼墙内如何锚固？

4. 剪力墙的边缘构件分为哪几类？

5. 剪力墙竖向分布钢筋采用搭接连接、机械连接和焊接连接时，钢筋错开间距各是多少？

6. 剪力墙开洞时，剪力墙水平分布筋和竖向分布筋在洞口截断处如何处理？

7. 剪力墙身或墙柱钢筋在基础内有何构造要求？

8. 有抗震设防要求的剪力墙为何要有底部加强部位的要求？

习　　题

计算附图中④轴线上①、⑥轴线之间剪力墙的全部钢筋工程量，要求列表计算，写出计算过程，可以参考表 6-10 的形式。

第七章　梁平法施工图与钢筋算量

1. 熟悉梁平法施工图的表示方式。
2. 掌握常用的梁标准构造详图。
3. 掌握梁钢筋算量的计算方法。

1. 梁平法施工图的两种表示方式。
2. 框架梁纵向钢筋连接构造；框架梁中间支座纵筋构造；框架梁箍筋、附加箍筋和吊筋构造。
3. 框架梁纵筋长度的计算方法；框架梁箍筋、附加箍筋和吊筋长度以及数量计算方法；纵向构造钢筋、抗扭钢筋、拉筋长度以及数量计算方法。

第一节　梁平法施工图制图规则

一、梁平法施工图表示方式

梁的平法施工图表示方式有平面注写方式和截面注写方式两种。本章重点讲述平面注写方式。

二、平面注写方式

平面注写方式如图 7-1 所示，是在梁的平面布置图上，分别在不同编号的梁中各选一根梁，在其上注写截面尺寸和配筋具体数值的方式来表达梁平法施工图。

平面注写的内容包括集中标注和原位标注两部分。

1. 集中标注内容

(1)梁编号。梁编号即代表梁的种类，见表 7-1。

(2)梁截面尺寸。如图 7-1 所示，集中标注 300×650 的意思是梁截面宽度 $b=300$ mm，梁截面高度 $h=650$ mm。

梁截面存在加腋情况，包括竖向加腋(图 7-2)和水平加腋(图 7-3)。

竖向加腋时，用 $Yc_1×c_2$ 表示，其中 c_1 为腋长，c_2 为腋高；

水平加腋时，用 $b×h\ PYc_1×c_2$ 表示，其中 c_1 为腋长，c_2 为腋宽。

微课：梁平法施工图
集中标注

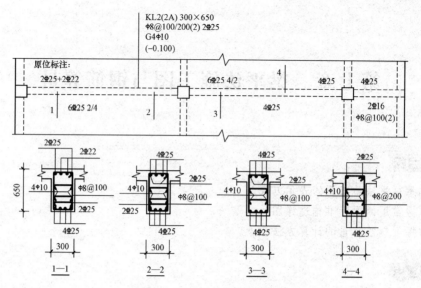

图 7-1 平面注写方式示例

表 7-1 梁的类型

梁类型	代号	序号	跨数是否有悬挑	备注
楼层框架梁	KL	××	(××)、(××A)、(××B)	中间楼层支承在框架柱或剪力墙上的梁
楼层框架扁梁	KBL	××	(××)、(××A)、(××B)	截面宽度大于截面高度的楼层框架梁
屋面框架梁	WKL	××	(××)、(××A)、(××B)	屋面层支承在框架柱或剪力墙上的梁
框支梁	KZL	××	(××)、(××A)、(××B)	支承在框支柱上的梁
托柱转换梁	TZL	××	(××)、(××A)、(××B)	支撑柱子的梁
非框架梁	L	××	(××)、(××A)、(××B)	支承在其他类型梁上的梁
悬挑梁	XL	××	(××)	一端支承在框架柱上,另一端悬挑的梁
井字梁	JZL	××	(××)、(××A)、(××B)	相互垂直方向的非框架梁,形成井格式
注:(××A)为一端有悬挑,(××B)为两端有悬挑,悬挑不计入跨内。				

注解: 图 7-2 所示为立面图,图 7-3 所示为平面图。

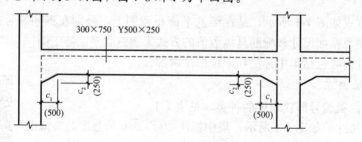

图 7-2 梁竖向加腋

当有悬挑梁或悬挑端且根部和端部的截面高度不同时,用斜线分隔根部与端部的高度值,如图 7-4 所示。

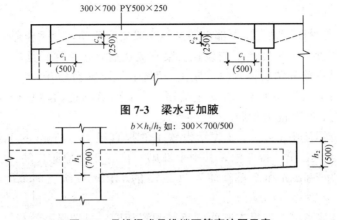

300×700 PY500×250
c_2
(250)
c_2
(250)
c_1
(500)
c_1
(500)

图 7-3　梁水平加腋

$b×h_1/h_2$ 如：300×700/500
h_1
(700)
h_2
(500)

图 7-4　悬挑梁或悬挑端不等高注写示意

(3)梁箍筋。梁箍筋包括箍筋级别、直径、加密区与非加密区间距和肢数，如图 7-1 所示，集中标注 Φ8@100/200(2)意思是：HPB300 级钢筋、直径 8 mm、加密区间距 100 mm、非加密区间距 200 mm 的双肢箍筋。

注解：梁箍筋肢数是指箍筋竖边的个数，如图 7-5 所示，左边箍筋是四肢箍，右边箍筋是双肢箍。

(4)梁上部通长筋或架立筋。如图 7-1 集中标注 2Φ25，表示该梁上部配置 2 根直径为25 mm 的 HRB400 级通长钢筋。所谓通长钢筋，就是从梁左端一直延伸到梁右端，中间不截断。

当梁下部也配置通长筋时，上下部通长筋用“;”分开。

例如：2Φ22；3Φ20 表示梁的上部配置 2Φ22 的通长筋，梁的下部配置 3Φ20 的通长筋。

(5)梁侧面纵向构造钢筋或受扭钢筋。当梁截面腹板高度 $h_w \geqslant 450$ mm 时，应在梁侧面配置构造钢筋，如图 7-1 所示，集中标注 G4Φ10 表示该梁每侧面配置 2 根(两侧面共 4 根)直径为 10 mm 的 HPB300 级钢筋。

当梁侧面配置抗扭钢筋时，将 G 改为 N，并且配置抗扭筋后不再配置构造筋。侧面构造钢筋或抗扭筋在梁截面中的位置如图 7-6 所示。

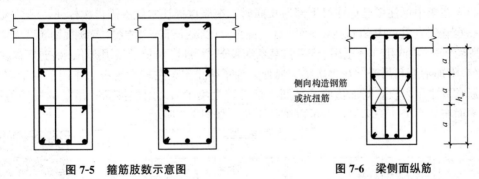

图 7-5　箍筋肢数示意图

侧向构造钢筋
或抗扭筋
a
a
a
h_w

图 7-6　梁侧面纵筋

(6)梁顶面标高高差。梁顶面标高高差是指相对于本结构层楼面标高的高差值，当梁面高于板面时，为“+”；当梁面低于板面时，为“−”。存在高差时标注，不存在时不标注。如图 7-1 所示，集中标注(−0.100)表示该梁面低于本层板面 100 mm。

集中标注内容共六项，其中前五项为必注项，第六项为选注项。

2. 原位标注内容

(1)梁支座上部纵筋。梁支座上部纵筋又称为梁支座负筋，属于非通长筋，仅在支座附近一定长度范围内设置。梁支座负筋是包括通长筋在内的数值。当支座负筋分两层设置时，应用"/"将上下层钢筋分开，"/"前为上层支座负筋，"/"后为第二层支座负筋；当支座负筋是两种直径时，应用"+"分开，"+"前为角筋。

如图 7-1 原位标注中 6⊈25 4/2 表示设置了 6 根直径为 25 mm 的 HRB400 级支座负筋，上部第一排 4 根，第二排 2 根，其中上部第一排有 2 根是通长筋；2⊈25+2⊈22 表示设置了 2 根直径为 25 mm 和 2 根直径为 20 mm 的 HRB400 级支座负筋，其中 2 根直径 25 mm 是通长筋。

对于梁中间支座负筋，如果支座两侧负筋配置相同，只选择一侧标注，另侧不注；如果支座两侧负筋配置不同，应在两侧分别标注配筋值。

当梁的两大跨中间为一小跨，且小跨净跨值小于左右两大跨净跨值之和的 1/3 时，采用大跨支座负筋连通小跨上部纵筋的布置方式，如图 7-7 所示。

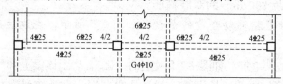

图 7-7 大小跨梁的注写方式

(2)梁下部纵筋。梁下部纵筋标注有下面几种情况：

1)当下部纵筋多于一排时，用"/"将上下两排分开。

2)当下部纵筋由不同直径钢筋组成时，用"+"将不同直径钢筋相连，并且角筋写在"+"前。

3)当梁下部纵筋不全部伸入支座时，将不深入支座的下纵筋写在括号内。

例如：6⊈25 2(-2)/4 表示梁下部纵筋共 6 根直径为 25 mm 的 HRB400 级钢筋，其中上排有 2 根且不伸入支座，下排有 4 根且伸入支座。

4)当在集中标注中已标注过下部通长筋时，在原位标注中就不需再次标注。

(3)当集中标注的内容(包括梁截面尺寸、箍筋、上部通长筋或架立筋、梁侧面钢筋以及梁顶面标高高差的某一项或几项)不适用于某跨或某悬挑部分时，将其不同数值采用原位标注进行修改。

(4)附加箍筋和吊筋。在主次梁交界处，为了防止主梁在较大集中力作用下发生剪切破坏，通常在主梁内设置附加箍筋或吊筋来抵抗较大集中力。附加箍筋和吊筋的配筋值可以在梁平面布置图上一一标注，也可以统一说明，如图 7-8 所示。

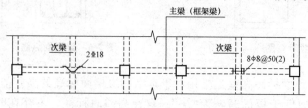

图 7-8 附加箍筋和吊筋标注示意

采用平面注写方式的梁平法施工图示例如图 7-9 所示。

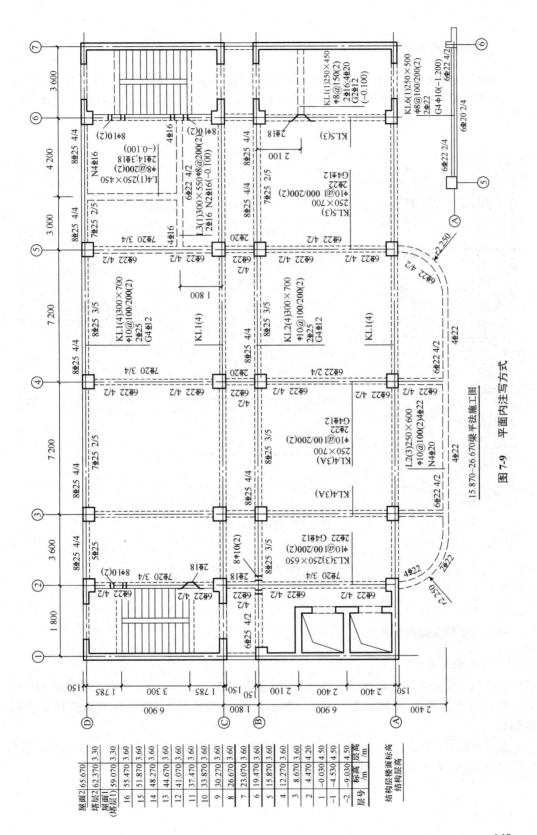

图 7-9 平面内注写方式

15.870~26.670梁平法施工图

结构层楼面标高 结构层高		
屋面2	65.670	
塔层2	62.370	3.30
屋面1（塔层1）	59.070	3.30
16	55.470	3.60
15	51.870	3.60
14	48.270	3.60
13	44.670	3.60
12	41.070	3.60
11	37.470	3.60
10	33.870	3.60
9	30.270	3.60
8	26.670	3.60
7	23.070	3.60
6	19.470	3.60
5	15.870	3.60
4	12.270	4.20
3	8.670	3.60
2	4.470	4.20
1	-0.030	4.50
-1	-4.530	4.50
-2	-9.030	4.50
层号	标高/m	层高/m

· 149 ·

三、截面注写方式

截面注写方式是在分标准层绘制的梁平面布置图上，分别在不同编号的梁中各选择一根梁用剖面号引出配筋图，并在其上注写截面尺寸和配筋具体数值，如图 7-10所示。

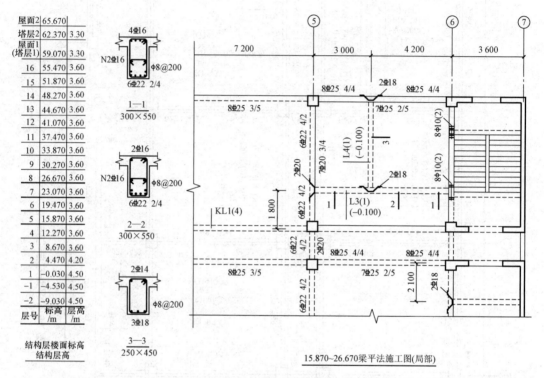

图 7-10　截面注写方式

第二节　梁标准构造详图

一、抗震框架梁纵筋构造

1. 楼层框架梁 KL

根据纵向钢筋的位置和作用不同可分为上部通长筋、支座负筋（有端支座负筋和中间支座负筋两种情况）、下部纵筋（有通长和不通长两种情况）、侧面纵向构造筋和受扭钢筋。

上部通长筋、端支座负筋、下部纵筋、受扭钢筋在端支座内的锚固形式有三种，即直线锚固（直锚）、弯折锚固（弯锚）和锚头或锚板锚固，如图 7-11～图 7-13 所示。

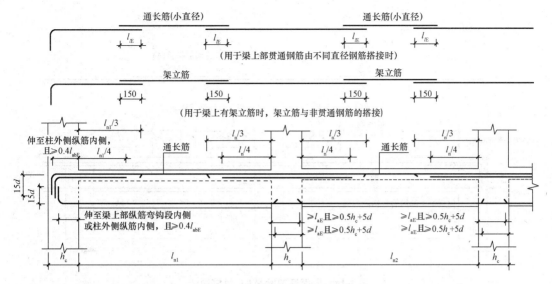

图 7-11　楼层框架梁 KL 纵筋构造

图 7-12　端支座直锚　　　　　图 7-13　端支座锚头或锚板锚固

　　锚头或锚板锚固是新版图集增加的一种锚固形式，但目前在实际工程中应用还较少，此种锚固方式具有锚固效果好、节省钢筋的优点，是未来发展的方向。目前一般选择直锚或弯锚。如果支座宽度 $h_c - c \geqslant \max(0.5h_c + 5d, l_{aE})$，就选用直锚，否则用弯锚。采用弯锚时，需满足弯折前平直段长度 $\geqslant 0.4l_{abE}$，弯折后竖直段长度为 $15d$。如果相邻跨梁下部纵筋配置相同，就连通布置，否则在中间支座处分别锚固，锚固长度 $= \max(l_{aE}, 0.5h_c + 5d)$。

　　注：L_{aE} 为受拉钢筋抗震锚固长度；L_{abE} 为抗震设计时受拉钢筋基本锚固长度；c 为保护层厚度；h_c 为柱或剪力墙截面尺寸；d 为钢筋直径。

　　支座负筋伸入跨内的长度：第一排支座负筋伸入跨内长度 $= l_n/3$，第二排支座负筋伸入跨内长度 $= l_n/4$，如果还有第三排支座负筋，设计者应在施工图中说明伸入跨内的长度，l_n 为支座两侧净跨度值较大者。

2. 屋面框架梁 WKL 纵筋构造

　　屋面框架梁纵筋构造，除了上部通长筋和端支座负筋在端支座的锚固与楼层框架梁不同外，其余完全相同，如图 7-14 所示。屋面框架梁上部纵筋在端支座的锚固要与框架柱外侧纵筋在柱顶构造相协调，见第五章第二节相应内容。

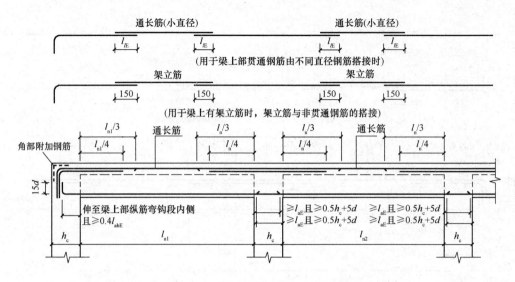

图 7-14 屋面框架梁 WKL 纵筋构造

3. 框架梁纵筋中间支座构造

图 7-15 为框架梁侧立面图，其中①～③是屋面框架梁中间支座纵筋构造，④～⑥是楼层框架梁中间支座纵筋构造。

(1)①图是当支座两侧屋面框架梁截面高度不一致，且两侧梁高差值 $\Delta h/(h_c-50)>1/6$ 时，左侧梁下部纵筋无法伸入右侧梁底，此时左侧梁下部纵筋在支座中能直锚就直锚，否则弯锚；如果 $\Delta h/(h_c-50)\leqslant1/6$，可参照⑤图梁底部纵筋连续布置。

(2)②图是当支座两侧屋面框架梁截面高度不一致，且梁顶有高差时，无论高差多大，梁上部纵筋在中间支座都是分别锚固，高侧梁上部纵筋弯折锚固，低侧梁上部筋直线锚固。

(3)③图是当支座两侧屋面框架梁截面宽度不一致或错开布置时，将无法直通的纵筋弯锚入柱内；或当支座两边纵筋根数不同时，可将多出的纵筋弯锚入柱内。

(4)④和⑤图是支座两侧楼层框架梁底和梁顶存在高差，当高差值 $\Delta h/(h_c-50)>1/6$ 时，梁上下部纵筋在中间支座分别锚固；当 $\Delta h/(h_c-50)\leqslant1/6$ 梁时，梁上下部纵筋连续布置。框架梁纵筋中间支座构造做法参考图 7-16。

(5)⑥图是当支座两侧楼层框架梁截面宽度不一致或错开布置时，将无法直通的纵筋弯锚入柱内；或当支座两边纵筋根数不同时，可将多出的纵筋弯锚入柱内。

4. 梁侧面纵筋构造

梁侧面纵筋构造包括侧面构造筋和受扭筋两类。

当梁截面腹板高度 $h_w\geqslant450$ mm 时，应在梁侧面配置构造钢筋(以 G 打头)，侧面构造筋竖向间距 $a\leqslant200$ mm。当梁受到较大扭矩作用时，应在梁侧面配置一定数量的受扭筋(以 N 打头)，受扭筋可替代构造筋，受扭筋的数量应满足承载力的要求，并满足构造筋竖向间距的要求。

侧面构造筋属于非受力筋，搭接和锚固长度可取 $15d$；受扭筋属于受力筋，搭接和锚固长度取值同框架梁下部纵筋，搭接长度为 l_{lE} 或 l_l，直锚长度为 l_{aE} 或 l_a。

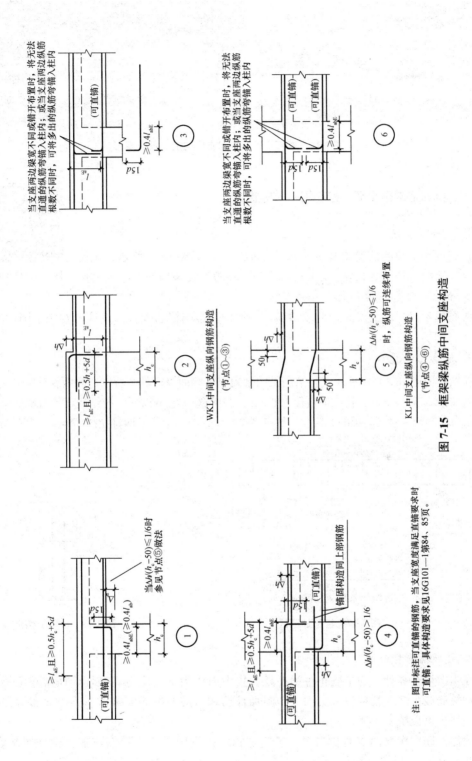

当支座两边梁宽不同或错开布置时，将无法直通的纵筋弯锚入柱内；或当支座两边的纵筋弯锚入柱内，可将多出的纵筋弯锚入柱内根数不同时。

$\geq 0.4l_{abE}$

15d

③

当支座两边梁宽不同或错开布置时，将无法直通的纵筋弯锚入柱内；或当支座两边的纵筋弯锚入柱内，可将多出的纵筋弯锚入柱内根数不同时。

（可直锚）（可直锚）

$\geq 0.4l_{abE}$

15d 15d

⑥

WKL中间支座纵向钢筋构造
（节点①～③）

$\geq l_{aE}$ 且 $\geq 0.5h_c+5d$

h_c

②

$\Delta h/(h_c-50) \leq 1/6$ 时，纵筋可连续布置

h_c

50 50

KL中间支座纵向钢筋构造
（节点④～⑥）

⑤

图7-15 框架梁中间支座构造

当 $\Delta h/(h_c-50) \leq 1/6$ 时做法参见节点⑤

$\geq l_{aE}$ 且 $\geq 0.5h_c+5d$

15d

$\geq 0.4l_{abE}$ （$\geq 0.4l_{ab}$）

h_c

（可直锚）

①

锚固构造同上部钢筋

$\geq l_{aE}$ 且 $\geq 0.5h_c+5d$

$\geq 0.4l_{abE}$

15d

（可直锚）

$\Delta h/(h_c-50) > 1/6$

h_c

④

注：图中标注可直锚的钢筋，当支座宽度满足直锚要求时可直锚，具体构造要求见16G101—1第84、85页。

· 153 ·

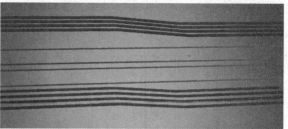

图 7-16　框架梁纵筋中间支座构造三维模型

二、抗震框架梁箍筋、拉筋和吊筋构造

扫描二维码看彩图

1. 箍筋加密区

抗震框架梁箍筋的设置分加密区和非加密区，如图 7-17 所示，抗震等级是一级时，加密区长度＝max($2h_b$，500 mm)；二至四级时，加密区长度＝max($1.5h_b$，500 mm)。

抗震框架梁尽端为梁时，此端箍筋可不加密，梁端箍筋配置由设计者在施工图中说明，如图 7-17 所示。

2. 拉结筋构造

拉结筋构造如图 7-18 所示。拉结筋是用来固定梁侧面纵筋的，所以有侧面纵筋时才需要拉筋。当梁宽≤350 mm 时，拉结筋直径为 6 mm；当梁宽＞350 mm 时，拉结筋直径为 8 mm。拉结筋间距为非加密区箍筋间距的 2 倍。当设有多排拉结筋时，上、下两排拉结筋竖向错开设置。

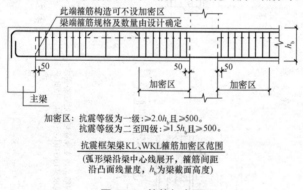

加密区：抗震等级为一级为：≥2.0h_b且≥500。
抗震等级为二至四级：≥1.5h_b且≥500。

抗震框架梁KL、WKL箍筋加密区范围
(弧形梁沿梁中心线展开，箍筋间距沿凸面线量度，h_b为梁截面高度)

图 7-17　箍筋加密区

图 7-18　拉结筋构造

3. 附加箍筋和吊筋

在主次梁交界处，为了防止主梁在较大集中力作用下发生剪切破坏，通常在主梁内设置附加箍筋或吊筋来抵抗较大集中力。附加箍筋和吊筋的配筋值可以在梁平面布置图上一一标注，也可以统一说明。

附加箍筋在次梁两侧对称布置，且附加箍筋范围内梁正常箍筋或加密箍筋照常设置，如图 7-19 所示。设置附加吊筋时，当梁高≤800 mm 时，弯起 45°；当梁高＞800 mm 时，弯起 60°(图 7-20)。

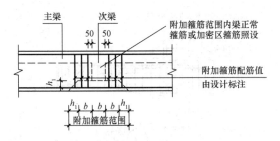

图 7-19 附加箍筋

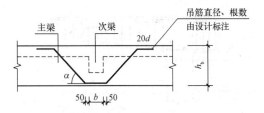

图 7-20 附加吊筋

三、纯悬挑梁和各类梁的悬挑端配筋构造

1. 纯悬挑梁

一端支承在框架柱上且不与任何梁连接，另一端悬挑的梁称为纯悬挑梁，如图 7-21 所示。

纯悬挑梁上部纵筋在支座中弯折锚固。上部第一排纵筋至少 2 根角筋，并不少于第一排纵筋的 1/2 必须伸到挑梁尽端下弯 $12d$，其余下弯，当 $l < 4h_b$ 时可将钢筋伸至挑梁端部弯下 $12d$。第二排纵筋在 $0.75l$ 处弯下，但当 $l < 5h_b$ 第二排纵筋伸至挑梁端部弯下 $12d$。下部纵筋在支座内锚固 $15d$。

2. 各类梁的悬挑端

悬挑端纵筋构造有下列几种情况，如图 7-22 所示。

（1）①图是用于支座左侧梁上部纵筋与悬挑端上部纵筋相同的情况，这时左侧梁与悬挑端上部纵筋连通设置，其他都和图 7-21 相同。

（2）②、④图仅用于中间层，不能用于屋面层。当支座两侧梁顶有高差且 $\Delta_h/(h_c - 50) > 1/6$ 时，无论两侧梁上部纵筋是否相同，在支座处分别锚固，其他都和图 7-21 相同。

（3）③、⑤图仅用于中间层或支座为梁的屋面层。当支座两侧梁顶有高差且 $\Delta_h/(h_c - 50) \leqslant 1/6$ 时，两侧梁上部纵筋配置相同时可连通设置，其他都和图 7-21 相同。

（4）⑥、⑦图仅用于屋面层或支座为梁的中间层。当支座两侧梁顶有高差时，无论两侧梁上部纵筋是否相同，在支座处分别锚固，注意图中弯锚的钢筋只能弯锚，任何情况下都不能直锚，弯折后长度必须同时满足 $\geqslant l_{aE}(l_a)$ 和伸到梁底的要求，其他都和图 7-21 相同。

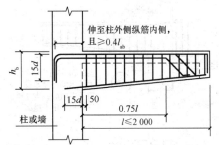

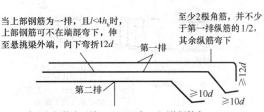

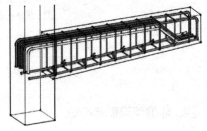

图 7-21 纯悬挑梁

扫描二维码看彩图

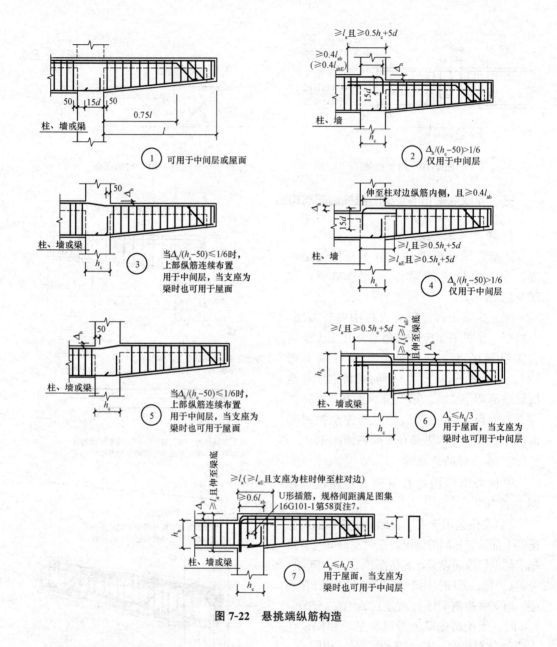

图 7-22　悬挑端纵筋构造

四、非框架梁配筋构造

非框架梁与框架梁配筋构造最大的区别就在于，框架梁有抗震等级
而非框架梁没有抗震等级，也就是说，非框架梁纵筋的锚固搭接都是按非抗震来计算的，
直锚长度为 l_a，绑扎搭接长度为 l_l，箍筋也没有加密区。

1. 非框架梁上部纵筋构造

非框架梁上部纵筋锚固分铰接和充分利用钢筋抗拉强度两种情况，设计者会在施工图
中说明，一般是按照铰接考虑的，如图 7-23 所示。

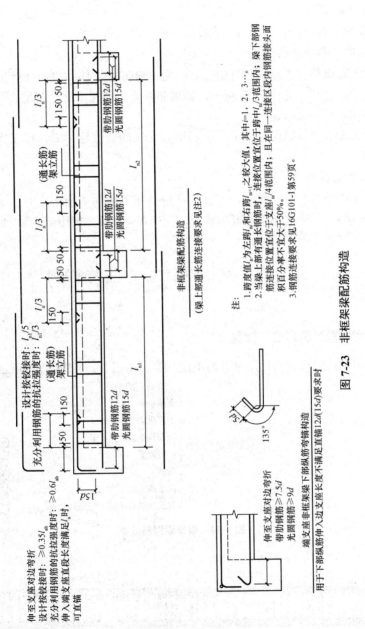

非框架梁配筋构造
（梁上部通长筋连接要求见注2）

注：
1. 跨度值l_n为左跨l_{ni}和右跨l_{ni+1}之较大值，其中$i=1、2、3…$。
2. 当梁上部有通长钢筋时，连接位置宜位于支座中$l_n/3$跨围内；梁下部钢筋连接位置宜位于支座$l_n/4$跨围内；且在同一连接区段内钢筋接头面积百分率不宜大于50%。
3. 钢筋连接要求见16G101-1第59页。

伸至支座对边弯折
设计按铰接时：≥0.35l_{ab}
充分利用钢筋的抗拉强度时：≥0.6l_{ab}
伸入端支座直段长度满足l_a时，可直锚

伸至支座对边弯折
带肋钢筋≥7.5d
光圆钢筋≥9d
用于下部非框架梁梁下部纵筋弯锚构造
端支座非框架梁下部纵筋伸入边支座长度不满足直锚12d(15d)要求时

图7-23 非框架梁配筋构造

· 157 ·

（1）设计按铰接时，上部纵筋弯折锚固时，弯折前水平段长度$\geqslant 0.35l_{ab}$，支座负筋伸入跨内$l_n/5$。

（2）充分利用钢筋抗拉强度时，上部纵筋弯折锚固时，弯折前水平段长度$\geqslant 0.6l_{ab}$，支座负筋伸入跨内$l_n/3$。

（3）非框架梁上部纵筋在支座内平直段长度$\geqslant l_a$时，可直线锚固。

2. 非框架梁下部纵筋构造

非框架梁下部纵筋在支座内的直锚长度：光圆钢筋时为$15d$，带肋钢筋时为$12d$；如果无法直锚可做135°弯钩，如图7-23所示。如果非框架相邻跨下部纵筋配置相同，不必在中间支座分别锚固，可连通布置。

当非框架梁配有受扭纵筋时，下部纵筋锚入支座的长度应为l_a，在端支座直锚长度不足时，可弯锚。

3. 非框架梁箍筋构造

由于非框架梁是不考虑抗震的，所以，一般情况下箍筋不加密，但当端支座为柱、剪力墙(平面内连接)时，梁端部应设置加密区，设计者应在施工图中明确加密区长度。

第三节　梁钢筋计算方法与算例

一、框架梁钢筋计算方法与算例

根据框架梁钢筋的位置与作用可分为下面几类，如图7-24和图7-25所示。

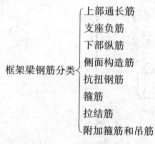

图 7-24　框架梁钢筋分类　　　　　　扫描二维码看彩图

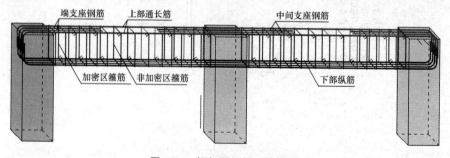

图 7-25　框架梁钢筋三维模型

如图 7-26 所示，其中：

(1)上部通长筋长度＝通跨净长＋首尾端支座锚固长度。

(2)端支座负筋长度＝深入跨内长度($l_n/3$ 或 $l_n/4$)＋端支座锚固长度(直锚或弯锚)。

中间支座负筋长度＝两边深入跨内长度[($l_n/3$ 或 $l_n/4$)×2]＋中间支座宽度。

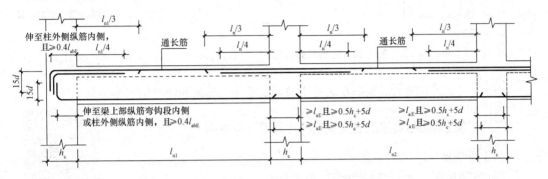

图 7-26　抗震楼层框架梁 KL 纵筋构造

(3)下部钢筋长度＝净跨长＋左右支座锚固长度(直锚或弯锚)。

(4)侧面构造筋或受扭筋长度＝锚固长度($15d$)或(直锚或弯锚)×2＋通跨净长。

(5)箍筋：箍筋长度＝(梁宽－2×保护层厚度)×2＋(梁高－2×保护层厚度)×2＋$11.9d$×2；

箍筋根数＝[(加密区长度－0.05)/加密区箍筋间距＋1]×2＋[(梁净长－加密区长度×2)/非加密区箍筋间距－1]。

加密区长度：抗震等级一级为 $\max(2h_b, 500)$，抗震等级二至四级为 $\max(1.5h_b, 500)$，如图 7-27 所示。

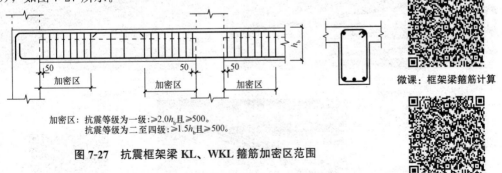

加密区：抗震等级为一级：≥$2.0h_b$ 且≥500。
抗震等级为二至四级：≥$1.5h_b$ 且≥500。

图 7-27　抗震框架梁 KL、WKL 箍筋加密区范围

(6)拉结筋：单根长度＝(梁宽－2×保护层厚度)＋2×$11.9d$。

根数＝[(梁净跨长－0.05×2)/非加密区箍筋间距 2 倍＋1]×排数

（7）吊筋长度＝次梁宽＋0.05×2＋$\sqrt{2}$×（梁高－2×保护层厚度）×2＋20d×2，如图 7-28 所示。

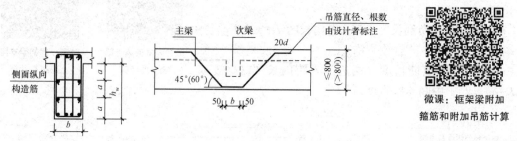

微课：框架梁附加
箍筋和附加吊筋计算

图 7-28　附加吊筋构造

屋面框架梁钢筋除上部钢筋在端支座锚固长度外，其余和楼层框架梁完全一样。

二、纯悬挑梁和各类梁的悬挑端钢筋计算方法与算例

（1）上部纵筋（图 7-29）。

①号纵筋长度＝$l-c+(h_c-c+15d)+12d$

②号纵筋长度＝$l-c+$（梁端部截面高－2×保护层厚度）×$(\sqrt{2}-1)+$$(h_c-c+15d)$

③号纵筋长度＝$0.75l+$（梁端部截面高－3×保护层厚度）×$\sqrt{2}+10d+(h_c-c+15d)$

微课：悬挑梁上部
纵筋计算

（2）下部纵筋长度＝$15d+\sqrt{(l-c)^2+\Delta h^2}$。

（3）单根箍筋长度＝（梁宽－2×保护层厚度）×2＋（梁高平均值－2×保护层厚度）×2＋11.9d×2；

数量＝（l－0.05－保护层厚度）/箍筋间距＋1。

注：L 为悬挑梁长度；c 为保护层厚度；h_c 为柱或剪力墙截面尺寸；Δh 为变截面悬挑梁根部与端部截面高差；d 为钢筋直径。

微课：悬挑梁下部
纵筋计算

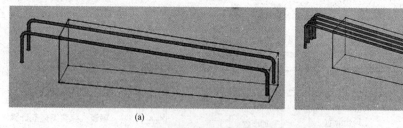

(a)   (b)

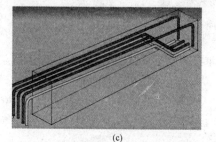

(c)

扫描二维码看彩图

图 7-29　悬挑梁上部纵筋三维模型
(a)①号纵筋；(b)②号纵筋；(c)③号纵筋

【例 7-1】 框架梁平法施工图如图 7-30 所示，环境类别为一类，混凝土强度等级为 C30，抗震等级为二级，所有柱子截面尺寸均为 500×500 且居中布置，计算 KL1 的全部钢筋。

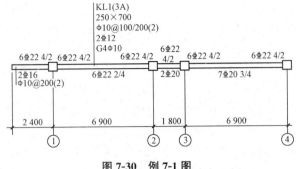

微课：悬挑梁
箍筋计算

图 7-30 例 7-1 图

解：环境类别为一类，查 16G101—1 第 58 页可知，梁柱钢筋保护层厚度为 20 mm；查 16G101—1 第 53 页知，抗震直锚长度 $l_{aE} = 40d$。

(1) 上部通长筋 2Φ22：

上部通长筋 2Φ22 一直通到悬挑端，

$l_{aE} = 40d = 40 \times 22 = 880 > (h_c - c) = 500 - 20 = 480 \text{(mm)}$，所以在端支座内应是弯折锚固。

$$通长筋长度 = [(6.9 + 1.8 + 6.9 + 2.4 - 0.25 - 0.02) + (0.5 - 0.02 + 15 \times 0.022) + 12 \times 0.022] \times 2 = 37.61 \text{(m)}$$

(2) 支座负筋：

①号轴支座负筋 6Φ22

由于①号轴支座负筋与悬挑端上部纵筋完全一致，所以两侧上部纵筋应连通设置，其中有 2 根在通长筋中已经计算过，在此应扣除，根据 16G101—1 第 92 页。

因为满足 $l < 4h_b$，$(2.4 - 0.25) = 2.15 < 4 \times 0.7 = 2.8$，第一、二排纵筋全部伸至端部弯下。

$$第一排纵筋长度 = [(6.9 - 0.5)/3 + 0.5 + (2.4 - 0.25) - 0.02 + 12 \times 0.022] \times 2 = 10.05 \text{(m)}$$

$$第二排纵筋长度 = [(6.9 - 0.5)/4 + 0.5 + (2.4 - 0.25) - 0.02 + 12 \times 0.022] \times 2 = 8.99 \text{(m)}$$

②、③号轴支座负筋 6Φ22

②、③号轴支座负筋连通小跨布置，应和中间小跨上部纵筋一起计算。

$$第一排纵筋长度 = [(6.9 - 0.5)/3 \times 2 + 0.5 + (1.8 - 0.25 \times 2)] \times 2 = 12.13 \text{(m)}$$

$$第二排纵筋长度 = [(6.9 - 0.5)/4 \times 2 + 0.5 + (1.8 - 0.25 \times 2)] \times 2 = 10 \text{(m)}$$

④号支座负筋 6Φ22

$$第一排纵筋长度 = [(6.9 - 0.5)/3 + (0.5 - 0.02 + 15 \times 0.022)] \times 2 = 5.89 \text{(m)}$$

$$第二排纵筋长度 = [(6.9 - 0.5)/4 + (0.5 - 0.02 + 15 \times 0.022)] \times 2 = 4.82 \text{(m)}$$

(3) 下部纵筋：

悬挑端下部纵筋 2Φ16

$$长度 = [(2.4 - 0.25 - 0.02) + 15 \times 0.016] \times 2 = 4.74 \text{(m)}$$

①～②跨下部纵筋 6⊈22

长度=[(6.9-0.5)+40×0.022×2]×6=48.96(m)

②～④连通下部纵筋 2⊈20

长度=[(1.8+6.9-0.5)+40×0.02+(0.5-0.02+15×0.02)]×2=19.56(m)

③～④跨下部纵筋 5⊈20

长度=[(6.9-0.5)+40×0.02+(0.5-0.02+15×0.02)]×5=39.9(m)

(4)侧面构造筋 4⊈10:

长度=[(6.9+1.8+6.9+2.4-0.25-0.02)+15×0.01]×4=71.52(m)

(5)箍筋 Φ10@100/200(2):

单根长度=(0.25-0.02×2)×2+(0.7-0.02×2)×2+11.9×0.01×2=1.98(m)

根数=[(2.4-0.25-0.05-0.02)/0.2+1]+{[(1.5×0.7-0.05)/0.1+1]×2+

(6.9-0.5-1.5×0.7×2)/0.2-1}×2+(1.8-0.5-0.05×2)/0.1+1=111(根)

箍筋总长 1.98×141=219.78(m)

(6)拉结筋:

根据16G101—1第90页可知,因梁宽小于350 mm,所以拉筋直径为6 mm,间距为400 mm,竖向两排。

单根长度=(0.25-0.02×2)+11.9×0.006×2=0.35(m)

根数={(2.4-0.25-0.05-0.02)/0.4+1+[(6.9-0.5-0.05×2)/0.4+1]×2+

(1.8-0.5-0.05×2)/0.4+1}×2=88(根)

拉筋总长=0.35×88=30.8(m)

KL1钢筋工程量计算表和钢筋材料汇总表见表7-2和表7-3。

表 7-2　KL1 钢筋工程量计算表

序号	钢筋名称	钢筋级别、直径/m	计算式	单根长度/m	钢筋根数	总长度/m	单根钢筋理论质量 kg/m	总质量/kg
1	上部通长筋	⊈22	(6.9+1.8+6.9+2.4-0.25-0.02)+(0.48+15×0.022)+12×0.022	18.80	2	37.61	2.980	112.07
2	1号支座负筋(第一排)	⊈22	(6.9-0.5)/3+0.5+(2.4-0.25-0.02)+12×0.022	5.03	2	10.05	2.980	29.96
3	1号支座负筋(第二排)	⊈22	(6.9-0.5)/4+0.5+(2.4-0.25-0.02)+12×0.022	4.49	2	8.99	2.980	26.78
4	2、3号支座负筋(第一排)	⊈22	[(6.9-0.5)/3]×2+0.5+(1.8-0.25×2)	6.07	2	12.13	2.980	36.16
5	2、3号支座负筋(第二排)	⊈22	[(6.9-0.5)/4]×2+0.5+(1.8-0.25×2)	5.00	2	10.00	2.980	29.80

序号	钢筋名称	钢筋级别、直径/m	计算式	单根长度/m	钢筋根数	总长度/m	单根钢筋理论质量 kg/m	总质量/kg
6	4 号支座负筋(第一排)	$\Phi22$	$(6.9-0.5)/3+(0.5-0.02+15\times0.022)$	2.94	2	5.89	2.980	17.54
7	4 号支座负筋(第二排)	$\Phi22$	$(6.9-0.5)/4+(0.5-0.02+15\times0.022)$	2.41	2	4.82	2.980	14.36
8	悬挑端下部纵筋	$\Phi16$	$(2.4-0.25-0.02)+15\times0.016$	2.37	2	4.74	1.580	7.49
9	1—2 跨下部纵筋	$\Phi22$	$(6.9-0.5)+40\times0.022\times2$	8.16	6	48.96	2.980	145.90
10	2—4 连通下部纵筋	$\Phi20$	$(1.8+6.9-0.5)+40\times0.02+(0.5-0.02+15\times0.02)$	9.78	2	19.56	2.470	48.31
11	3—4 跨下部纵筋	$\Phi20$	$(6.9-0.5)+40\times0.02+(0.5-0.02+15\times0.02)$	7.98	5	39.90	2.470	98.55
12	侧面构造筋	$\Phi10$	$(6.9+1.8+6.9+2.4-0.25-0.02)+15\times0.01$	17.88	4	71.52	0.617	44.13
13	箍筋根数		$(2.4-0.25-0.05-0.02)/0.2+1+[(1.5\times0.7-0.05)/0.1+1]\times2+(6.9-0.5-1.5\times0.7\times2)/0.2-1)\times2+(1.8-0.5-0.05\times2)/0.1+1$		111			
14	箍筋单长	$\Phi10$	$(0.25-0.02\times2)\times2+(0.7-0.02\times2)\times2+11.9\times0.01\times2$	1.98				
15	箍筋工程量		1.98×109			219.78	0.617	133.16
16	拉结筋根数	$\Phi6$	$\{(2.4-0.25-0.05-0.02)/0.4+1+[(6.9-0.5-0.05\times2)/0.4+1]\times2+(1.8-0.5-0.05\times2)/0.4+1\}\times2$		87			
17	拉结筋单长		$(0.25-0.02\times2)+11.9\times0.006\times2$	0.35				
18	拉结筋工程量		0.35×87			30.78	0.222	6.83

表 7-3 KL1 钢筋材料汇总表

钢筋类别	钢筋直径、级别/mm	总长度/m	总质量/kg
纵筋	⊕22	138.451	412.583
	⊕20	59.460	146.866
	⊕16	4.780	7.552
	⊕10	71.520	44.128
箍筋	Φ10	215.820	133.161
拉结筋	Φ6	30.781 8	6.834

三、非框架梁钢筋计算方法与算例(图 7-31)

上部通长筋长度=通跨净长+首尾端支座锚固长度

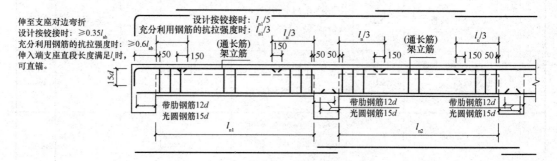

图 7-31 非框架梁配筋构造

端支座负筋长度=深入跨内长度($l_n/5$ 或 $l_n/3$)+端支座锚固长度(直锚或弯锚)

中间支座负筋长度=$l_n/3×2$+中间支座宽度

下部钢筋长度=净跨长+左右支座锚固长度($12d$ 或 $15d$)

侧面构造筋或受扭筋长度=锚固长度($15d$)或(直锚或弯锚)×2+通跨净长。

箍筋：箍筋长度=(梁宽−2×保护层厚度)×2+(梁高−2×保护层厚度)×2+$11.9d$×2；箍筋根数=(梁净长−起步距离×2)/箍筋间距+1。

【例 7-2】 非框架梁平法施工图如图 7-32 所示，非框架梁端部按铰接设计，环境类别为一类，混凝土强度等级为 C30，所有框架梁截面尺寸均为 250 mm×600 mm 且居中布置，计算 L1 的全部钢筋。

解：环境类别为一类，查 16G101—1 第 56 页可知，梁钢筋保护层厚度为 20 mm；查 16G101—1 第 58 页可知，抗震直锚长度 $l_a=35d$。

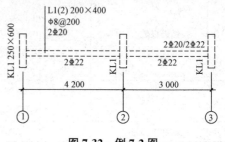

图 7-32 例 7-2 图

(1)上部通长筋 2Φ20：

单根长度=[(4.2+3-0.25)+(0.25-0.02+15×0.02)×2]×2=16.02(m)

(2)③号支座负筋 2Φ22：

单根长度=[(3-0.25)/5+(0.25-0.02+15×0.02)]×2=2.16(m)

(3)下部钢筋 2Φ22：

左右两跨下部钢筋配置相同，可以连通布置。

单根长度=[(4.2+3-0.25)+(0.25-0.02+15×0.02)×2]×2=16.02(m)

(4)箍筋 Φ8@200：

单根长度=(0.2-0.02×2)×2+(0.4-0.02×2)×2+11.9×0.008×2=1.23(m)

根数=(4.2-0.25-0.05×2)/0.2+1+(3-0.25-0.05×2)/0.2+1=36(根)

思考题

1. 框架梁支座负筋的长度如何确定？

2. 楼层框架梁上、下部纵筋在端支座锚固有哪些构造要求？

3. 当框架梁中的上部的通长纵筋的直径不同时，应如何处理？支座负筋与通长筋和架立筋应该如何连接？

4. 框架梁下部纵筋不能连通时，在中间支座应如何锚固？

5. 梁的侧面构造筋和抗扭筋有何不同？

6. 写出图 7-33 标注的含义。

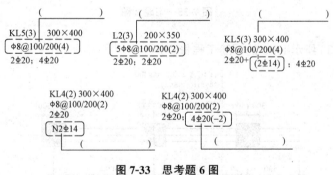

图 7-33　思考题 6 图

习题

注：以下各题的计算条件都是 C30 混凝土，一类环境，一级抗震等级。

1. 计算图 7-34 所示 KL2 的钢筋工程量。

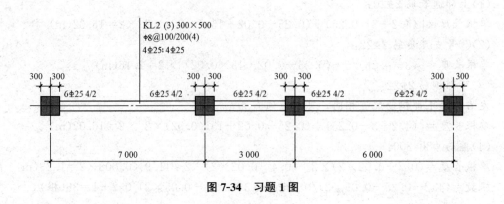

KL2 (3) 300×500
Φ8@100/200(4)
4Φ25; 4Φ25

300 300   300 300   300 300   300 300

6Φ25 4/2   6Φ25 4/2   6Φ25 4/2   6Φ25 4/2   6Φ25 4/2

7 000   3 000   6 000

图 7-34 习题 1 图

2. 计算图 7-35 所示 KL3 的钢筋工程量。

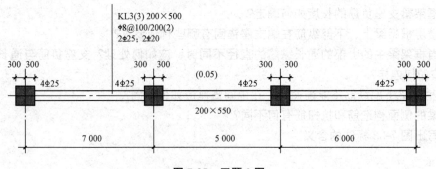

KL3(3) 200×500
Φ8@100/200(2)
2Φ25; 2Φ20

300 300   300 300   300 300   300 300

4Φ25   4Φ25   (0.05)   4Φ25   4Φ25

200×550

7 000   5 000   6 000

图 7-35 习题 2 图

3. 计算图 7-36 所示 KL5 的钢筋工程量。

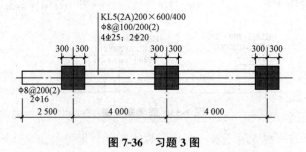

KL5(2A)200×600/400
Φ8@100/200(2)
4Φ25; 2Φ20

300 300   300 300   300 300

Φ8@200(2)
2Φ16

2 500   4 000   4 000

图 7-36 习题 3 图

第八章 板平法施工图与钢筋算量

🎯 **学习目标**

1. 熟悉板平法施工图的表示方式。
2. 掌握常用的板标准构造详图。
3. 掌握板构件钢筋算量的计算方法。

🎯 **学习重点**

1. 有梁楼盖板平法施工图的表示方式。
2. 板块集中标注。
3. 板支座原位标注。
4. 板构件的相关构造：板底筋、板顶筋、支座负筋。
5. 楼盖板板底钢筋、板顶钢筋、支座负筋的平法钢筋计算方法。

第一节 板构件平法识图

一、板构件的分类

（1）从板所在标高位置，可以将板分为楼面板和屋面板。楼面板和屋面板的平法表示方式及钢筋构造相同，都简称板构件。

（2）根据板的组成形式，板可以分为有梁楼盖板和无梁楼盖板两种（图 8-1）。无梁楼盖板是由柱直接支撑板的一种楼盖体系，在柱与板之间，根据情况设计柱帽。

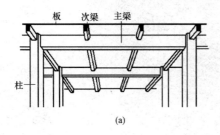
(a)

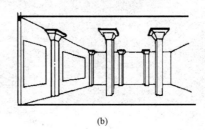
(b)

图 8-1 楼盖板分类

（a）有梁楼盖板；（b）无梁楼盖板

（3）根据板的平面位置，可以将板分为普通板和悬挑板两种。

二、有梁楼盖平法施工图制图规则

有梁楼盖的制图规则适用于以梁为支座的楼面与屋面板平法施工图标注。

1. 有梁楼盖板平法施工图的表示方法

（1）有梁楼盖板平法施工图，是在楼面板和屋面板布置图上，采用平面注写的表达方式。板平面注写主要包括板块集中标注和板支座原位标注。

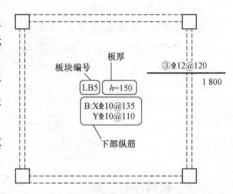

微课：平法施工图识读

（2）为方便设计表达和施工识图，规定结构平面的坐标方向如下：

1）当两向轴网正交布置时，图面从左至右为 X 向，从下至上为 Y 向；

2）当轴网转折时，局部坐标方向顺轴网转折角度做相应转折；

3）当轴网向心布置时，切向为 X 向，径向为 Y 向。

此外，对于平面布置比较复杂的区域，如轴网转折交界区域、向心布置的核心区域等，其平面坐标方向应由设计者另行规定并在图上明确表示。

2. 板块集中标注

（1）板块集中标注的内容为板块编号、板厚、上部贯通纵筋、下部纵筋以及当板面标高不同时的标高高差，如图 8-2 和图 8-3 所示。

对于普通楼面，两向均以一跨为一板块；对于密肋楼盖，两向主梁（框架梁）均以一跨为一板块（非主梁密肋不计）。

所有板块应逐一编号，相同编号的板块可择其一做集中标注，其他仅注写置于圆圈内的板编号，以及当板面标高不同时的标高高差。

板块编号为楼面板（LB）、屋面板（WB）、悬挑板（XB）。

图 8-2　有梁楼盖板集中标注内容

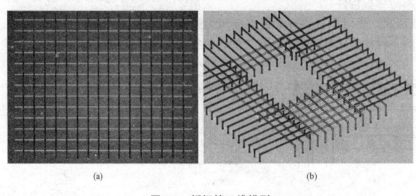

图 8-3　板钢筋三维模型

（a）板底贯通纵筋；（b）板支座钢筋和分布筋

扫描二维码看彩图

板厚注写为 $h=\times\times\times$（为垂直于板面的厚度）；当悬挑板的端部改变截面厚度时，用斜分隔根部与端部的高度值，注写为 $h=\times\times\times/\times\times\times$；当设计已在图注中统一注明板厚时，此项可不注。

纵筋按板块的下部和上部分别注写（当板块上部不设贯通纵筋时则不注），并以 B 代表下部，以 T 代表上部贯通纵筋，B&T 代表下部与上部；X 向纵筋以 X 打头，Y 向纵筋以 Y 打头，两向纵筋配置相同时，则以 X&Y 打头。

当为单向板时，分布筋可不必注写，而在图中统一注明。

当在某些板内（如在悬挑板 XB 的下部）配置有构造钢筋时，则 X 向以 Xc、Y 向以 Yc 打头注写。

当 X 向采用放射配筋时（切向为 X 向，径向为 Y 向），设计者应注明配筋间距的定位尺寸。

当贯通筋采用两种规格钢筋"隔一布一"方式时，表达为 $xx/yy@\times\times\times$，表示直径为 xx 的钢筋和直径为 yy 的钢筋二者之间间距为 $\times\times\times$，直径 xx 的钢筋的间距为 $\times\times\times$ 的 2 倍，直径 yy 的钢筋的间距为 $\times\times\times$ 的 2 倍。

板面标高高差，是指相对于结构层楼面标高的高差，应将其注写在括号内，且有高差则注，无高差不注。

【例 8-1】 有一楼面板块注写为 LB5　$h=110$
$\qquad$ B：XΦ12@120；　YΦ10@110

它表示 5 号楼面板，板厚 110 mm，板下部配置的纵筋 X 向为 Φ12@120，Y 向为 Φ10@110；板上部未配置贯通纵筋。

【例 8-2】 有一楼面板块注写为 LB5　$h=110$
$\qquad$ B：XΦ10/12@100；　YΦ10@110

它表示 5 号楼面板，板厚度为 110 mm，板下部配置的纵筋 X 向为直径 10 mm、12 mm 隔一布一，10 mm 与 12 mm 之间间距为 100 mm；Y 向为 Φ10@110；板上部未配置贯通纵筋。

【例 8-3】 有一悬挑板注写为 XB2　$h=150/110$
$\qquad$ B：Xc&YcΦ8@200

它表示 2 号悬挑板，板根部厚度为 150 mm，端部厚度为 100 mm，板下部配置构造钢筋双向均为 Φ8@200（上部受力钢筋见板支座原位标注）。

（2）同一编号板块的类型、板厚和贯通纵筋均应相同，但板面标高、跨度、平面形状以及板支座上部非贯通纵筋可以不同，如同一编号板块的平面形状可为矩形、多边形及其他形状等。施工预算时，应根据其实际平面形状，分别计算各块板的混凝土与钢材用量。

3. 板支座原位标注

（1）板支座原位标注的内容为板支座上部非贯通纵筋和悬挑板上部受力钢筋。

板支座原位标注的钢筋，应在配置相同跨的第一跨表达（当在梁悬挑部位单独配置时则在原位表达）。在配置相同跨的第一跨（或梁悬挑部位），垂直于板支座（梁或墙）绘制一段适宜长度的中粗实线（当该筋通长设置在悬挑板或短跨板上部时，实线段应画至对边或贯通短跨），以该线段代表支座上部非贯通纵筋，并在线段上方注写钢筋编号（如①、②等）、配筋值、横向连续布置的跨数（注写在括号内，且当为一跨时可不注），以及是否横向布置到梁的悬挑端。

板支座上部非贯通筋自支座中线向跨内的伸出长度，注写在线段的下方位置，当中间支座上部非贯通纵筋向支座两侧对称伸出时，可仅在支座一侧线段下方标注伸出长度，另一侧不注，如图 8-4 所示。

当向支座两侧非对称伸出时，应分别在支座两侧线段下方注写伸出长度，如图 8-5 所示。

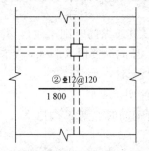

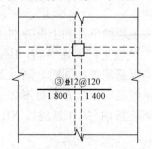

图 8-4 板支座上部非贯通筋对称伸出　　　　**图 8-5 板支座上部非贯通筋非对称伸出**

当线段画至对边贯通全跨或贯通全悬挑长度的上部通长纵筋，贯通全跨或伸出至全悬挑一侧的长度值不注，只注明非贯通筋另一侧的伸出长度值，如图 8-6 所示。

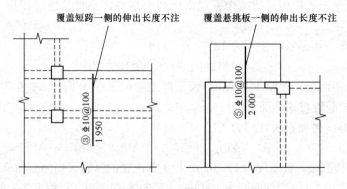

图 8-6 板支座上部非贯通筋贯通全跨或伸至悬挑端

当板支座为弧形，支座上部非贯通纵筋呈放射状分布时，设计者应注明配筋间距的度量位置并加注"放射分布"四字，必要时应补绘平面配筋图，如图 8-7 所示。

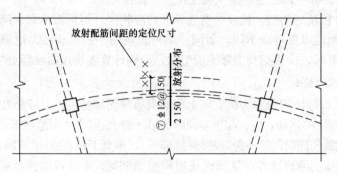

图 8-7 弧形支座处放射配筋

关于悬挑板的注写方式如图 8-8 所示。当悬挑板端部厚度不小于 150 mm 时，设计者应指定板端部封边构造方式。当采用 U 形钢筋封边时，还应指定 U 形钢筋的规格、直径。

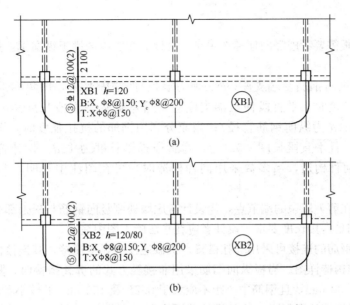

图 8-8　悬挑板支座非贯通筋

　　另外，对于悬挑板的悬挑阳角上部放射钢筋的表示方法，详见 16G101—1 图集。

　　在板平面布置图中，不同部位的板支座上部非贯通纵筋及悬挑板上部受力钢筋，可仅在一个部位注写，对其他相同者，则仅需在代表钢筋的线段上注写编号及按规则注写横向连续布置的跨数即可。

　　【例 8-4】　在板平面布置图某部位，横跨支承梁绘制的对称线段上注有⑦$\underline{\Phi}$12@100（5 A）和 1 500，表示支座上部⑦号非贯通纵筋为 $\underline{\Phi}$12@100，从该跨起沿支承梁连续布置 5 跨加梁一端的悬挑端，该筋自支座中线向两侧跨内的伸出长度均为 1 500 mm。在同一板平面布置图的另一部位，横跨梁支座绘制的对称线段上注有⑦（2）者，表示该筋同⑦号纵筋，沿支承梁连续布置 2 跨且无梁悬挑端布置。

　　另外，与板支座上部非贯通纵筋垂直且绑扎在一起的构造钢筋或分布钢筋，应由设计者在图中注明。

　　（2）当板的上部已配置有贯通纵筋，但需增配板支座上部非贯通纵筋时，应结合已配置的同向贯通纵筋的直径与间距采取"隔一布一"方式配置。

　　"隔一布一"方式，为非贯通纵筋的标注间距与贯通纵筋相同，两者组合后的实际间距为各自标注间距的 1/2。当设定贯通纵筋为纵筋总截面面积的 50% 时，两种钢筋应取相同直径；当设定贯通纵筋大于或小于总截面面积的 50% 时，两种钢筋则取不同直径。

　　例如，板上部已配置贯通纵筋 $\underline{\Phi}$12@250，该跨同向配置的上部支座非贯通纵筋为⑤$\underline{\Phi}$12@250，表示在该支座上部设置的纵筋实际为 $\underline{\Phi}$12@250，其中 1/2 为贯通纵筋，1/2 为⑤号非贯通纵筋（伸出长度值略）。

　　又如，板上部已配置贯通纵筋 $\underline{\Phi}$10@250，该跨配置的上部同向支座非贯通纵筋为③$\underline{\Phi}$12@250，表示该跨实际设置的上部纵筋为 $\underline{\Phi}$10 和 $\underline{\Phi}$12 间隔布置，二者之间间距为 125 mm。

4. 其他

（1）当悬挑板需要考虑竖向地震作用时，设计应注明该悬挑板纵向钢筋抗震锚固长度按何种抗震等级。

（2）板上部纵向钢筋在端支座（梁、剪力墙顶）的锚固要求，图集标准构造详图中规定：当设计按铰接时，平直段伸至端支座对边后弯折且平直段长度$\geqslant 0.35 l_{ab}$，弯折段投影长度为$15d$（d为纵向钢筋直径）；当充分利用钢筋的抗拉强度时，平直段伸至端支座对边后弯折，且平直段长度$\geqslant 0.6 l_{ab}$，弯折段投影长度为$15d$。设计者应在平法施工图中注明采用何种构造，当多数采用同种构造时，可在图注中写明，并将少数不同之处在图中注明。

（3）板支承在剪力墙顶的端节点，当设计考虑墙外侧竖向钢筋与板上部纵向受力钢筋搭接传力时，应满足搭接长度要求，设计者应在平法施工图中注明。

（4）板纵向钢筋的连接可采用绑扎搭接、机械连接或焊接连接，其连接位置详见平法图集中相应的标准构造详图。当板纵向钢筋采用非接触方式的绑扎搭接时，其搭接部位的钢筋净距不宜小于30 mm，且钢筋中心距不应大于$0.2 l_l$及150 mm的较小者。

注：非接触搭接使混凝土能够与搭接范围内所有钢筋的全表面充分黏结，可以提高搭接钢筋之间通过混凝土传力的可靠度。

（5）采用平面注写方式表达的楼面板平法施工图示例如图8-9所示。

三、无梁楼盖平法施工图制图规则

1. 无梁楼盖平法施工图的表示方法

（1）无梁楼盖平法施工图，是在楼面板和屋面板布置图上，采用平面注写的表达方式。

（2）板平面注写主要有板带集中标注、板带支座原位标注两部分内容。

2. 板带集中标注

（1）集中标注应在板带贯通纵筋配置相同跨的第一跨（X向为左端跨，Y向为下端跨）注写，相同编号的板带可择其一做集中标注，其他仅注写板带编号（注在圆圈内）。

板带集中标注的具体内容为板带编号、板带厚及板带宽和贯通纵筋。按表8-1的规定进行编号。

板带厚注写为$h=\times\times\times$，板带宽注写为$b=\times\times\times$。当无梁楼盖整体厚度和板带宽度已在图中注明时，此项可不注。

贯通纵筋按板带下部和板带上部分别注写，并以B代表下部，T代表上部，B&T代表下部和上部。当采用放射配筋时，设计者应注明配筋间距的度量位置，必要时补绘配筋平面图。

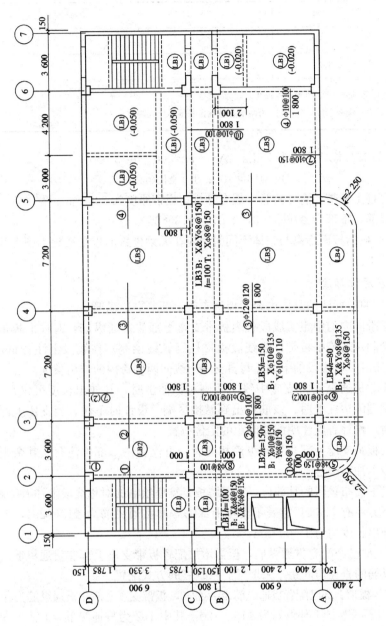

图 8-9 15.870~26.670板平法施工图

屋面2	65.670		3.30
塔层2	62.370		3.30
塔层1(塔层1)	59.070		3.60
16	55.470		3.60
15	51.870		3.60
14	48.270		3.60
13	44.670		3.60
12	41.070		3.60
11	37.470		3.60
10	33.870		3.60
9	30.270		3.60
8	26.670		3.60
7	23.070		3.60
6	19.470		3.60
5	15.870		3.60
4	12.270		3.60
3	8.670		3.60
2	4.470		4.20
1	-0.030		4.50
-1	-4.530		4.50
-2	-9.030		4.50
层号	标高/m	层高/m	

结构层楼面标高
结构层高

· 173 ·

表 8-1　板带编号

板带类型	代号	序号	跨数及有无悬挑
柱上板带	ZSB	××	(××)、(××A)或(××B)
跨中板带	KZB	××	(××)、(××A)或(××B)

注：1. 跨数按柱网轴线计算(两相邻柱轴线之间为一跨)。

　　2.(××A)为一端有悬挑,(××B)为两端有悬挑,悬挑不计入跨数。

【例 8-5】　设有一板带注写为 ZSB2(5A)　$h=300$　$b=3\,000$

B=Φ16@100；T=Φ18@200

它表示 2 号柱上板带,有 5 跨且一端有悬挑；板带厚度为 300 mm、宽度为 3 000 mm；板带配置贯通纵筋,下部为 Φ16@100,上部为 Φ18@200。

(2)当局部区域的板面标高与整体不同时,应在无梁楼盖的板平法施工图上注明板面标高高差及分布范围。

3. 板带支座原位标注

(1)板带支座原位标注的具体内容为板带支座上部非贯通纵筋。

以一段与板带同向的中粗实线段代表板带支座上部非贯通纵筋：对柱上板带,实线段贯穿柱上区域绘制；对跨中板带,实线段横贯柱网轴线绘制。在线段上注写钢筋编号(如①、②等)、配筋值及在线段的下方注写自支座中线向两侧跨内的伸出长度。

当板带支座非贯通纵筋自支座中线向两侧对称伸出时,其伸出长度可仅在一侧标注；当配置在有悬挑端的边柱上时,该筋伸出到悬挑尽端,设计时不注。当支座上部非贯通纵筋呈放射分布时,设计者应注明配筋间距的定位位置。

不同部位的板带支座上部非贯通纵筋相同者,可仅在一个部位注写,其余则在代表非贯通纵筋的线段上注写编号。

例如,设有平面布置图的某部位,在横跨板带支座绘制的对称线段上注有⑦Φ18@250,在线段一侧的下方注有 1 500。它表示支座上部⑦号非贯通纵筋为 Φ18@250,自支座中线向两侧跨内的伸出长度均为 1 500 mm。

(2)当板带上部已经配有贯通纵筋,但需增加配置板带支座上部非贯通纵筋时,应结合已配同向贯通纵筋的直径与间距,采取"隔一布一"的方式配置。

例如,设有一板带上部已配置贯通纵筋 Φ18@240,板带支座上部非贯通纵筋为⑤Φ18@240,则板带在该位置实际配置的上部纵筋为 Φ18@120,其中 1/2 为贯通纵筋,1/2 为⑤号非贯通纵筋(伸出长度略)。

又如,设有一板带上部已配置贯通纵筋 Φ18@240,板带支座上部非贯通纵筋为③Φ20@240,则板带在该位置实际配置的上部纵筋为 Φ18 和 Φ20 间隔布置,二者之间间距为 120 mm(伸出长度略)。

4. 暗梁的表示方法

(1)暗梁平面注写包括暗梁集中标注和暗梁支座原位标注两部分内容,施工图中在柱轴线处画中粗虚线表示暗梁。

（2）暗梁集中标注包括暗梁编号、暗梁截面尺寸（箍筋外皮宽度×板厚）、暗梁箍筋、暗梁上部通长筋或架立筋四部分内容。暗梁编号按表8-2的规定进行。

表8-2 暗梁编号

构件类型	代号	序号	跨数及有无悬挑
暗梁	AL	××	(××)、(××A)或(××B)

注：1. 跨数按柱网轴线计算（两相邻柱轴线之间为一跨）。
　　2.（××A）为一端有悬挑，（××B）为两端有悬挑，悬挑不计入跨数。

（3）暗梁支座原位标注包括梁支座上部纵筋、梁下部纵筋。当在暗梁上集中标注的内容不适用于某跨或某悬挑端时，则将其不同数值标注在该跨或该悬挑端，施工时按原位注写取值。

（4）当设置暗梁时，柱上板带及跨中板带标注方式与无暗梁时基本一致。柱上板带标注的配筋仅设置在暗梁之外的柱上板带范围内。

（5）暗梁中纵向钢筋连接、锚固及支座上部纵筋的伸出长度等要求同轴线处柱上板带中纵向钢筋。

5. 其他

（1）当悬挑板需要考虑竖向地震作用时，设计应注明该悬挑板纵向钢筋抗震锚固长度按何种抗震等级。

（2）无梁楼盖板纵向钢筋的锚固和搭接需满足受拉钢筋的要求。

（3）无梁楼盖跨中板带上部纵向钢筋在端支座的锚固要求，16G101标准构造详图中规定：当设计按铰接时，平直段伸至端支座对边后弯折且平直段长度$\geqslant 0.35l_{ab}$，弯折段长度$15d$（d为纵向钢筋直径）；当充分利用钢筋的抗拉强度时，直段伸至端支座对边后弯折，且平直段长度$\geqslant 0.6l_{ab}$，弯折段长度$15d$。设计者应在平法施工图中注明采用何种构造，当多数采用同种构造时可在图注中写明，并将少数不同之处在图中注明。

（4）无梁楼盖跨中板带支承在剪力墙顶的端节点，当板上部纵向钢筋充分利用钢筋的抗拉强度时（锚固在支座中），直段伸至端支座对边后弯折，且平直段长度$\geqslant 0.6l_{ab}$，弯折段投影长度$15d$；当设计考虑墙外侧竖向钢筋与板上部纵向受力钢筋搭接传力时，应满足搭接长度要求；设计者应在平法施工图中注明采用何种构造，当多数采用同种构造时可在图注中写明，并将少数不同之处在图中注明。

（5）板纵向钢筋的连接可采用绑扎搭接、机械连接或焊接连接，其连接位置详见图集中相应的标准构造详图。当板纵向钢筋采用非接触方式的绑扎搭接时，其搭接部位的钢筋净距不宜小于30 mm，且钢筋中心距不应大于$0.2l_l$及150 mm的较小者。

注：非接触搭接使混凝土能够与搭接范围内所有钢筋的全表面充分黏结，可以提高搭接钢筋之间通过混凝土传力的可靠度。

（6）本章关于无梁楼盖的板平法制图规则，同样适用于地下室内无梁楼盖的平法施工图设计。

（7）采用平面注写方式表达的无梁楼盖柱上板带、跨中板带及暗梁标注图示见16G101—1第48页。

四、相关构造识图

板构件的相关构造包括纵筋加强带、后浇带、柱帽、局部升降板、板加腋、板开洞、板翻边、角部加强筋、悬挑阳角放射筋、抗冲切箍筋、抗冲切弯起筋，其平法表达方式是在板平法施工图上采用直接引注方式表达。

楼板相关构造类型编号见表8-3。

表8-3　楼板相关构造类型编号

构造类型	代号	序号	说明
纵筋加强带	JQD	××	以单向加强筋取代原位置配筋
后浇带	HJD	××	有不同的留筋方式
柱帽	ZM_X	××	适用于无梁楼盖
局部升降板	SJB	××	板厚及配筋所在板相同；构造升降高度≤300 mm
板加腋	JY	××	腋高与腋宽可选注
板开洞	BD	××	最大边长或直径<1 m；加强筋长度有全跨贯通和自洞边锚固两种
板翻边	FB	××	翻边高度≤300 mm
角部加强筋	C_{rs}	××	以上部双向非贯通加强钢筋取代原位置的非贯通配筋
悬挑板阴角附加筋	C_{is}	××	板悬挑阴角上部斜向附加钢筋
悬挑阳角放射筋	C_{es}	××	板悬挑阳角上部放射筋
抗冲切箍筋	Rh	××	通常用于无柱帽无梁楼盖的柱顶
抗冲切弯起筋	Rb	××	通常用于无柱帽无梁楼盖的柱顶

限于篇幅，对表中相关板构件构造，本节不做展开讲解，可参考16G101—1。

第二节　板构件钢筋构造

本节主要介绍板构件的钢筋构造，即板构件的各种钢筋在实际工程中可能出现的各种构造情况。

板构件可分为"有梁板"和"无梁板"，本节主要讲解有梁板板构件中的钢筋构造。

一、板底筋钢筋构造

1. 中间支座锚固构造

板底筋中间支座锚固构造见表8-4。

表 8-4　板底筋中间支座锚固构造

钢筋构造要点	识图
端部支座和中间支座锚固相同。 梁、剪力墙、砌体墙的围梁：≥5d 且至少到支座中线。 砌体墙：≥120，≥h，≥墙厚/2	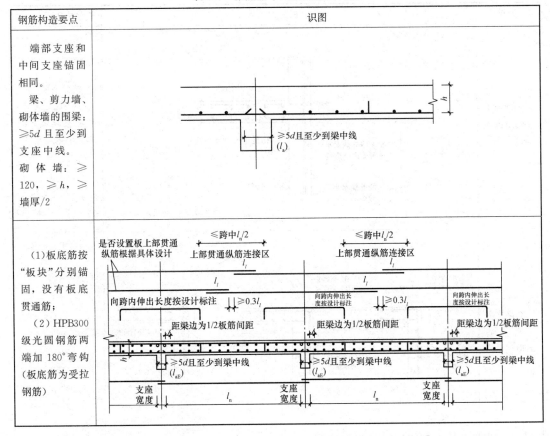
(1)板底筋按"板块"分别锚固，没有板底贯通筋 (2)HPB300 级光圆钢筋两端加 180°弯钩（板底筋为受拉钢筋）	

2. 端部锚固构造及根数构造

板底筋端部锚固构造见表 8-5。

表 8-5　板底筋端部锚固构造

类型	识图	钢筋构造要点
端部支座为普通楼屋面板的边梁	设计按铰接时：≥0.35l_{ab} 充分利用钢筋的抗拉强度时：≥0.6l_{ab} 外侧梁角筋 15d ≥5d 且至少到梁中线 在梁角筋内侧弯钩	≥5d 且至少到支座中线
端部支座为梁板式转换层的楼面板梁	≥0.6l_{abE} 外侧梁角筋 15d　15d 在梁角筋内侧弯钩 ≥0.6l_{abE}	伸入支座≥0.6l_{abE}，再弯折 15d

类型	识图	钢筋构造要点
端部支座为剪力墙中间层	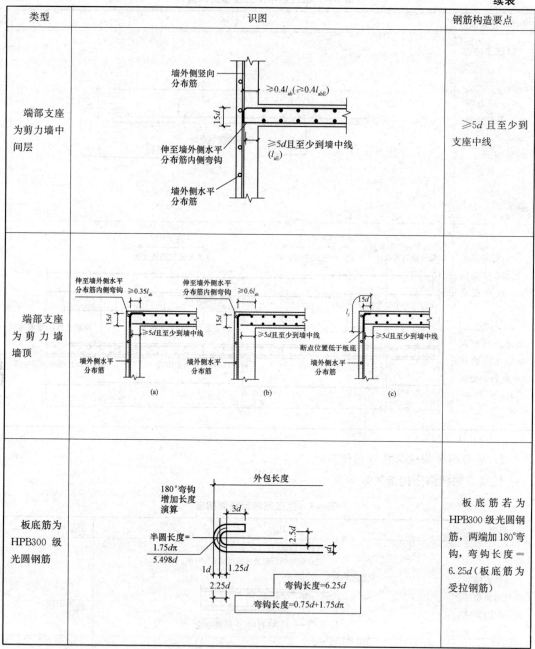	≥5d 且至少到支座中线
端部支座为剪力墙墙顶		
板底筋为HPB300 级光圆钢筋		板底筋若为HPB300 级光圆钢筋,两端加180°弯钩,弯钩长度 = 6.25d(板底筋为受拉钢筋)

3. 延伸悬挑板底部构造筋构造

延伸悬挑板底部构造筋构造见表 8-6。

表 8-6　延伸悬挑板底部构造筋构造

钢筋构造要点	识图
延伸悬挑板底部钢筋构造锚入支座≥12d 且到支座中心线	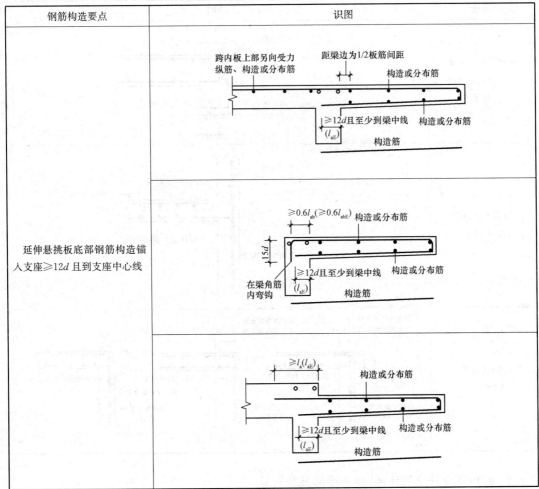

二、板顶筋钢筋构造

1. 板顶筋端部锚固构造及根数构造

板顶筋端部锚固构造见表 8-7。

表 8-7　板顶筋端部锚固构造

类型	识图
端部支座为普通楼屋面板的边梁	设计按铰接时：≥0.35l_{ab} 充分利用钢筋的抗拉强度时：≥0.6l_{ab} 外侧梁角筋　15d　≥5d且至少到梁中线　在梁角筋内侧弯钩

类型	识图
端部支座为梁板式转换层的楼面板梁	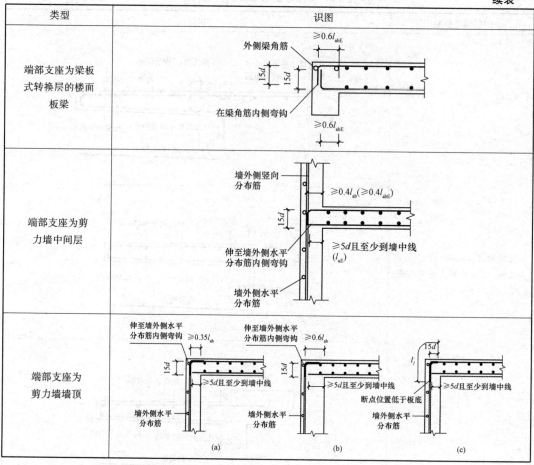
端部支座为剪力墙中间层	
端部支座为剪力墙墙顶	

2. 板顶贯通筋中间连接(相邻跨配筋相同)

板顶贯通筋中间连接构造如图8-10所示。

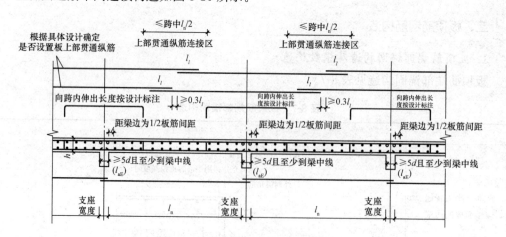

图8-10 板顶贯通筋中间连接构造(一)

板顶贯通筋中间连接钢筋构造要点：板顶贯通筋的连接区域为跨中 $l_n/2$（l_n 为相邻跨较大跨的轴线尺寸）。

3. 板顶贯通筋中间连接（相邻跨配筋不同）

板顶贯通筋中间连接构造如图 8-11 所示。

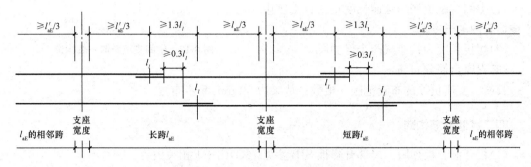

图 8-11 板顶贯通筋中间连接构造（二）

板顶贯通筋中间连接钢筋构造要点：相邻两跨板顶贯通筋配筋不同时，配筋较大的伸至配置较小的跨中 $l_n/3$ 范围内连接。

4. 延伸悬挑板顶部构造筋构造

延伸悬挑板顶部构造筋构造见表 8-8。

表 8-8 延伸悬挑板顶部构造筋构造

钢筋构造要点	识图
（1）延伸悬挑板板顶受力筋由跨内板顶筋直接延伸到悬挑墙； （2）延伸悬挑板板顶受力筋的分布筋详见设计标注	受力钢筋 跨内板上部另向受力纵筋、构造或分布筋　距梁边为1/2板筋间距 构造或分布筋 构造或分布筋 ≥12d且至少到梁中线
（1）延伸悬挑板板顶受力筋由跨内板顶筋直接延伸到悬挑墙； （2）延伸悬挑板板顶受力筋的分布筋详见设计标注	受力钢筋 ≥0.6l_{ab}　构造或分布筋 15d 构造或分布筋 在梁角筋内弯钩　≥12d且至少到梁中线 受力钢筋 ≥l_a　构造或分布筋 构造或分布筋 ≥12d且至少到梁中线

三、支座负筋构造

中间支座负筋一般构造如图 8-12 所示。中间支座负筋一般钢筋构造要点：

（1）中间支座负筋的延伸长度是指自支座中心线向跨内的长度。

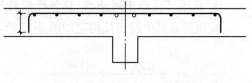

图 8-12　中间支座负筋一般构造

（2）弯折长度为板厚减两个保护层。

（3）支座负筋分布筋：

长度：支座负筋的布置范围。根数：从梁边 50 mm 起步布置。

四、其他钢筋构造

（1）板开洞、板加腋、局部升降板 SJB 参见 16G101—1 相关内容。

（2）温度筋、悬挑阴角补充加强筋构造要点：

1）温度筋：当板跨度较大，板厚较厚，没有配置板顶受力筋时，为防止板混凝土受温度变化开裂，在板顶部设置温度构造筋，两端与支座负筋连接。

2）温度筋的设置按设计标注。

3）悬挑阴角补充附加钢筋。

第三节　板构件钢筋计算

微课：板下部
纵筋计算

　　本节通过实例，详述楼盖板中板底钢筋、板顶钢筋、支座负筋的计算方法，除特别说明外，各例题计算条件均假设：混凝土强度等级为 C30，梁保护层厚度为 25 mm，板保护层厚度为15 mm，抗震等级为一级抗震，$l_{aE}=35d$，$l_a=30d$。$l_l=42d$（搭接接头面积 50%）。

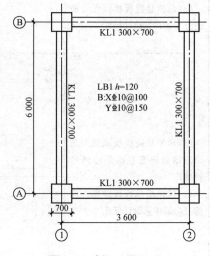

图 8-13　例 8-6 图（一）

一、板底筋钢筋计算

1. 单跨板（梁支座）

【例 8-6】 计算图 8-13 所示板底钢筋工程量。

【解析】（1）端支座锚固长度：$\max(b_b/2,\ 5d)$，如图 8-14 所示。

（2）板底筋的起步距离：1/2 板底筋间距。16G101—1描述的起步距离是指：距梁角筋内侧，这里就简化为取距梁边 1/2 板筋间距，如图 8-15 所示。

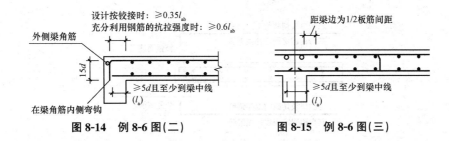

設計按铰接时：$\geqslant 0.35 l_{ab}$
充分利用钢筋的抗拉强度时：$\geqslant 0.6 l_{ab}$

外侧梁角筋

$15d$

在梁角筋内侧弯钩

$\geqslant 5d$ 且至少到梁中线 (l_a)

图 8-14　例 8-6 图(二)

距梁边为 1/2 板筋间距

$\geqslant 5d$ 且至少到梁中线 (l_a)

图 8-15　例 8-6 图(三)

解： X10：

长度＝净长＋端支座锚固

端支座锚固长度＝$\max(b_b/2, 5d)$＝$\max(150, 5 \times 10)$＝150(mm)

单根长度＝$3\,600 - 300 + 2 \times 150$＝$3\,600$(mm)

根数＝(钢筋布置范围长度－起步距离)/间距＋1

　　　＝$(6\,000 - 300 - 100)/100 + 1$＝57(根)

总长度＝$3\,600 \times 57$＝$205\,200$(mm)

　　　＝205.2 m

Y10：

单根总长＝$6\,000 - 300 + 2 \times 150$＝$6\,000$(mm)

根数＝$(3\,600 - 300 - 2 \times 75)/150 + 1$＝22(根)

总长度＝$6\,000 \times 22$＝$132\,000$(mm)

　　　＝132 m

2. 板洞口

【例 8-7】 计算图 8-16 所示板底钢筋单根长度。

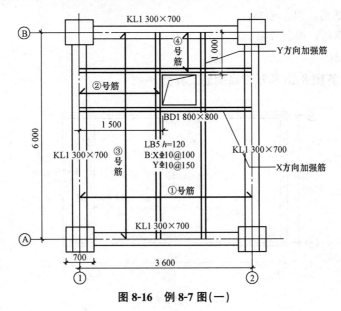

图 8-16　例 8-7 图(一)

【解析】 板底筋在洞口边下弯，如图 8-17 所示。

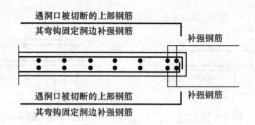

图 8-17　例 8-7 图(二)

解：①号筋：

长度＝净长＋端支座锚固

端支座锚固长度＝$\max(b_b/2, 5d)=\max(150, 5\times10)=150(\text{mm})$

单根长度＝$3\,600-300+2\times150=3\,600(\text{mm})$

②号筋(右端在洞边弯折)：

长度＝净长＋左端支座锚固＋右端弯折长度

端支座锚固长度＝$\max(b_b/2, 5d)=\max(150, 5\times10)=150(\text{mm})$

右端弯折长度＝$120-2\times15=90(\text{mm})$

单根长度＝$(1\,500-150-15)+150+90=1\,575(\text{mm})$

③号筋：

单根长度＝$6\,000-300+2\times150=6\,000(\text{mm})$

④号筋(下端在洞边下弯折)：

长度＝净长＋上端支座锚固＋下端下弯长度

单根长度＝$(1\,000-150-15)+150+90=1\,075(\text{mm})$

X 向洞口加强筋：同①号筋。

Y 向洞口加强筋：同③号筋。

3. 延伸悬挑板

【例 8-8】 计算图 8-18 所示板底钢筋工程量。

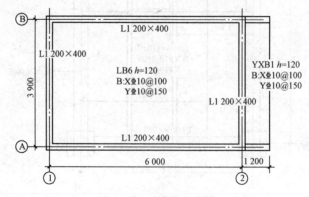

图 8-18　例 8-8 图(一)

【解析】 详细分析如图 8-19 所示。

解：(1)LB6 中：

X10：

长度＝净长＋端支座锚固

端支座锚固长度＝$\max(b_b/2, 5d)$＝$\max(100, 5\times10)$＝100(mm)

单根长度＝6 000－200＋2×100＝6 000(mm)

根数＝(3 900－200－100)/100＋1＝37(根)

总长度＝6 000×37＝222 000(mm)
＝222 m

Y10：

单根长度＝3 900－200＋2×100＝3 900(mm)

根数＝(6 000－200－2×75)/150＋1＝39(根)

总长度＝3 900×39＝152 100(mm)
＝152.1 m

(2)YXB1 中：

X10：

长度＝净长＋端支座锚固

端支座锚固长度＝12d＝120(mm)

单根长度＝1 200－100－15＋120＋(120－2×15)＝1 295(mm)

根数＝(3 900－200－100)/100＋1＝37(根)

总长度＝1 295×37＝47 915(mm)＝47.915 m

Y10：

单根总长度＝3 900－200＋2×100＝3 900(mm)

根数＝(1 200－100－75－15)/150＋1＝8(根)

总长度＝3 900×8＝31 200(mm)
＝31.2 m

二、板顶筋钢筋计算

1. 单跨板

【例 8-9】 计算图 8-20 所示板顶钢筋工程量。

【解析】 关于板顶纵向钢筋在端支座的锚固长度，16G101 有相关规定，如图 8-21 所示。

这两种情形都是设计给出的，实际算量中只要按图施工即可。这里简化为伸到支座外边(减去一个梁保护层厚度)，再向下弯折 15d。

板顶筋的起步距离：1/2 板顶筋间距。16G101—1 描述的起步距离是指距梁角筋内侧，这里简化为取距梁

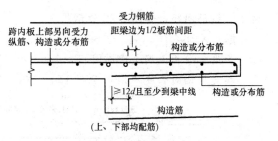

图 8-19 例 8-8 图(二)

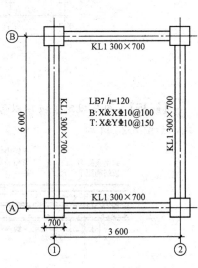

图 8-20 例 8-9 图(一)

边1/2板筋间距，如图8-22所示。

解： X10：

长度＝净长＋端支座锚固

端支座锚固长度＝300－25＋15d＝300－25＋150＝425(mm)

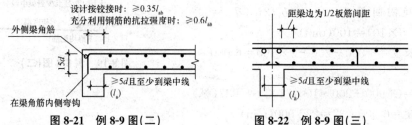

图 8-21　例 8-9 图(二)　　　　图 8-22　例 8-9 图(三)

单根长度＝3 600－300＋2×425＝4 150(mm)

根数＝(钢筋布置范围长度－起步距离)/间距＋1

　　＝(6 000－300－2×75)/150＋1＝38(根)

总长度＝4 150×38＝157 700(mm)

　　　　＝157.7 m

Y10：

单根长度＝6 000－300＋2×425＝6 550(mm)

根数＝(3 600－300－2×75)/150＋1＝22(根)

总长度＝6 550×22＝144 100(mm)＝144.1 m

2. 多跨板

【例 8-10】 计算图 8-23 所示板顶钢筋工程量。

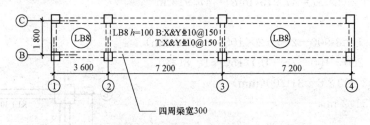

图 8-23　例 8-10 图(一)

【解析】 图集规定了板顶以跨中 $l_n/2$ 范围内进行连接，本例中板顶筋采用三跨贯通方式，如图 8-24 所示。

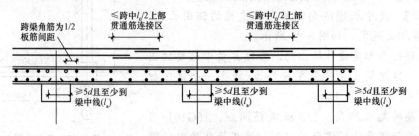

图 8-24　例 8-10 图(二)

解：X10：（3 跨贯通计算）

端支座锚固长度＝300－25＋15d＝300－25＋150＝425（mm）

单根长度＝3 600＋2×7 200－300＋2×425＝18 550（mm）

根数＝(钢筋布置范围长度－两端起步距离)/间距＋1

＝(1 800－300－2×75)/150＋1＝10（根）

总长度＝18 550×10＝185 500（mm）

＝185.5 m

Y10：

单根总长度＝1 800－300＋2×425＝2 350（mm）

根数：①～②轴＝(3 600－300－2×75)/150＋1＝22（根）

②～③轴＝(7 200－300－2×75)/150＋1＝46（根）

③～④轴＝(7 200－300－2×75)/150＋1＝46（根）

总长度＝2 350×(22＋46＋46)＝267 900（mm）

＝267.9 m

3. 多跨板（相邻跨配筋不同）

【例 8-11】 计算图 8-25 所示板顶钢筋工程量。

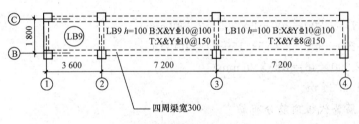

图 8-25　例 8-11 图（一）

【解析】 如图 8-26 所示，在跨中连接的板顶钢筋长度计算公式为$(l_n＋支座宽度)/2＋l_l/2$。

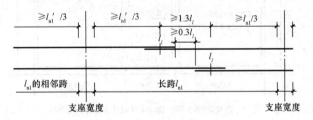

图 8-26　例 8-11 图（二）

解：(1)LB9 中：

X10(①～②跨贯通计算)：

长度＝净长＋左端支座锚固＋右端伸入③～④轴跨中连接

端支座锚固长度＝300－25＋15d＝300－25＋150＝425（mm）

单根长度＝3 600＋7 200－150＋425＋(7 200/3＋21×10)＝13 685（mm）

根数＝(1 800－300－2×75)/150＋1＝10（根）

总长度＝13 685×10＝136 850(mm)

　　　　　＝136.85 m

Y10：

单根长度＝1 800－300＋2×425＝2 350(mm)

根数：

①～②轴根数＝(3 600－300－2×75)/150＋1＝22(根)

②～③轴根数＝(7 200－300－2×75)/150＋1＝46(根)

总长度＝2 350×(22＋46)＝159 800(mm)

　　　　＝159.8 m

(2)LB10 中：

X8：

端支座锚固长度＝300－25＋15d＝300－25＋15×8＝395(mm)

单根长度 7 200/3＋21×8－150＋395＝2 813(mm)

根数＝(1 800－300－2×75)/150＋1＝10(根)

总长度＝2 813×10＝28 130(mm)

　　　　＝28.13 m

Y8：

单根总长度＝1 800－300＋2×395＝2 290(mm)

根数＝(7 200－300－2×75)/150＋1＝46(根)

总长度＝2 290×46＝105 340(mm)

　　　　＝105.34 m

4. 支座负筋替代板顶筋分布筋

【例8-12】 计算图8-27中LB13板顶钢筋工程量。

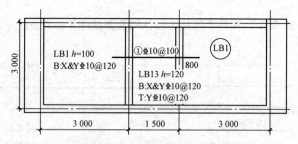

四周梁300×500，图中未注明分布筋为Φ6@200

图8-27　例8-12图

解：X10(板顶筋 X 方向的分布筋不计算)

端支座锚固长度＝300－25＋15d＝425(mm)

单根长度＝3 000－300＋2×425＝3 550(mm)

根数＝(1 500－300－120)/120＋1＝10(根)

总长度＝3 550×10＝35 500(mm)＝35.5 m

①筋不在此处计算，计算方法见例8-17。

三、支座负筋计算

支座负筋分为端支座负筋、中间支座负筋、跨板支座负筋。

1. 中间支座负筋

【例 8-13】 计算图 8-28 和图 8-29 所示支座负筋工程量。

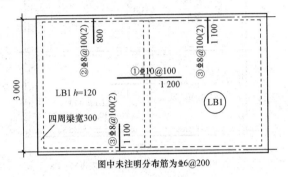

图 8-28 例 8-14 图

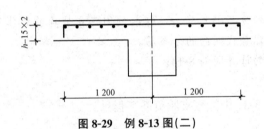

图 8-29 例 8-13 图(二)

【解析】 与不同长度支座负筋相交，转角处分布筋扣减。分布筋自身及与受力主筋、构造钢筋的搭接长度为 150 mm。

解：①号支座负筋：

长度＝平直段长度＋两端弯折

弯折长度＝$h-15\times2=120-30=90$(mm)

单根长度＝$2\times1\,200+2\times90=2\,580$(mm)

根数＝27(根)

总长度＝$2\,580\times27=69\,660$(mm)

　　　＝69.66 m

①号支座负筋的左侧分布筋：

单根长度＝板跨净长－两边同向支座负筋伸入跨内长度＋0.15(搭接长度)$\times2=(3\,000-150\times2)-(800-150)-(1\,100-150)+150\times2=1\,400$(mm)

注：800、1 100 分别是指②号、③号筋自支座中心线伸入板跨内的长度，本例中②号筋只出现在一根梁上。

根数＝$[(1\,200-150-100)/200+1]\times2=14$(根)

微课：板支座上部
非贯通纵筋计算

189

总长度＝1 400×14＝19 600(mm)

　　　　　＝19.6 m

【例 8-14】　计算图 8-30 中①号支座负筋工程量。

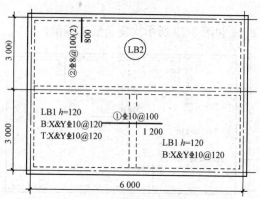

四周梁300×500, 图中未注明分布筋为⊈6@200

图 8-30　例 8-15 图

　　【解析】　支座负筋的分布筋不受力, 仅起到固定支座负筋的作用。如果板上配置了板顶钢筋, 则板顶钢筋可以替代同向的分布筋。

　　解：①号支座钢筋的计算同例 8-14。

　　2. 端支座负筋

【例 8-15】　计算图 8-31 中②号支座负筋工程量。

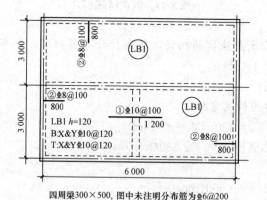

四周梁300×500, 图中未注明分布筋为⊈6@200

图 8-31　例 8-16 图

　　解：②号支座负筋：

　　单根长度＝长度标注值－$b/2$＋$(h-2c)$＋弯锚长度$(b-c+15d)$

　　注：b—板支座宽度；h—板厚；c—混凝土保护层厚度；s—板钢筋间距。

　　锚固长度＝$300-25+15d=300-25+120=395$(mm)

　　弯折长度＝$h-2C=120-15×2=90$(mm)

②号支座负筋：

单根长度＝800－150＋395＋90＝1 135(mm)

根数＝(板跨净长－s)/s＋1

      ＝(6 000－150×2－100)/100＋1＝57(根)

总长度＝1 135×57＝64 695(mm)

      ＝64.695 m

②号支座负筋的分布筋：

单根长度＝(6 000－150×2)－(800－150)×2＋150×2＝4 700(mm)

根数＝(800－150－100)/200＋1＝4(根)

总长度＝4 700×4＝18 800(mm)

      ＝18.8 m

3. 跨板支座负筋

【例 8-17】 计算图 8-33 中①号支座负筋工程量。

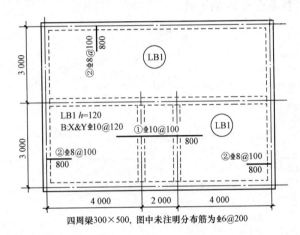

四周梁300×500, 图中未注明分布筋为$\Phi6@200$

图 8-32 例 8-17 图

解： ①号支座负筋：

单根长度＝2×800＋2＋2×(120－15×2)＝3 780(mm)

根数＝(3 000－300－2×50)/100＋1＝27(根)

总长度＝3 780×27＝102 060(mm)

      ＝102.06 m

微课：板支座负筋
分布钢筋计算

📖思考题

1. 根据支承方式，楼板可分为哪几类？其各有什么特点？

2. 有梁楼盖的集中标注包括哪些内容？

3. 如图 8-33 所示，板支座负筋下的 1 800 是从哪里算起到钢筋末端的长度？

4. 板的下部钢筋在端支座内的锚固长度如何计算？下部受力钢筋在中间支座的锚固长度如何确定？

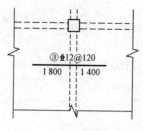

③⊈12@120

1 800 1 400

图 8-33　思考题 3 图

5. 悬挑板中钢筋有哪些类型？如何计算各类钢筋长度？

习　　题

计算附图结施—10 中①～②/Ⓐ～Ⓔ轴线之间楼板的全部钢筋工程量，要求列表计算，写出计算过程，可以参考表 6-10 的形式。

第九章　楼梯平法施工图与钢筋算量

1. 熟悉楼梯平法施工图的表示方式。
2. 掌握板式楼梯常用类型的标准构造详图。
3. 掌握钢筋算量的方法。

1. 楼梯平法施工图的三种表示方式。
2. 不同种类板式楼梯所包含的构件内容；板式楼梯钢筋的分类。
3. 梯板下部纵筋、低端上部纵筋、高端上部纵筋的计算方法。

第一节　楼梯平法施工图制图规则

一、楼梯的分类

从结构上划分，现浇钢筋混凝土楼梯的分类见表 9-1。

表 9-1　楼梯的分类

名称	特点
板式楼梯	板式楼梯的踏步段是一块斜板，这块踏步段斜板支承在高端平台梁和低端平台梁上，或者直接与高端平板和低端平板连成一体，如图 9-1(a)所示
梁板式楼梯	梁板式楼梯踏步段的左右两侧是两根楼梯斜梁，把踏步板支承在楼梯斜梁上，这两根楼梯斜梁支承在高端平台梁和低端平台梁上，这些高端平台梁和低端平台梁一般都是两端支承在墙或者柱子上，如图 9-1(b)所示
悬挑楼梯	悬挑楼梯的梯梁一端支承在墙或者柱子上，形成悬挑梁的结构，踏步板支承在梯梁上。也有的悬挑楼梯直接把楼梯做成悬挑板（一端支承在墙或者柱子上），如图 9-1(c)所示
旋转楼梯	旋转楼梯与普通楼梯有两个踏步段转折上升的形式不同，它采用围绕一个轴心螺旋上升的做法。这个轴心通常是柱子或墙，同时也作为旋转楼梯的支座

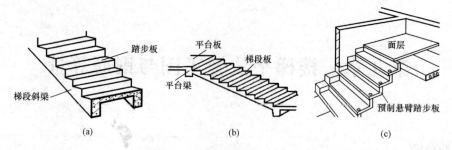

图 9-1 现浇钢筋混凝土楼梯

(a)板式楼梯；(b)梁板式楼梯；(c)悬挑楼梯

以上楼梯分类中，16G101—2 标准图集只适用于板式楼梯。

二、板式楼梯包含的构件

通常，人们看到的一个"楼梯间"包含的构件有踏步段、层间平台梁、层间平台板、楼层平台梁和楼层平台板等。

1. 踏步段

各种楼梯的主要构件，每个踏步段的踏步高度和宽度应该相等。

2. 层间平台板

层间平台板通常讲的是"休息平台""中转平台"。它具有暂时性、过渡性的特征，处于上下层结构楼面之间，应与楼层平台板区分开来。常规的"一跑楼梯"不包含层间平板。在16G101—2 标准图集中，层间平台板的代号为 PTB。

3. 层间平台梁

楼梯的层间平台梁起到支承层间平台板和踏步段的作用。常规的"一跑楼梯"不包含层间梯梁。在 16G101—2 标准图集中，梯梁的代号为 TL。

4. 楼层平台梁

楼梯的楼层平台梁起到支承楼层平台板和踏步段的作用。

在 16G101—2 标准图集第 8 页中规定：梯梁支承在梯柱上时，其构造应符合 16G101—1 中框架梁 KL 的构造做法，箍筋宜全长加密。

5. 楼层平台板

楼层平台板是每个楼层中连接楼层平台梁或踏步段的平板。在 16G101—2 标准图集中只有 FT 包含楼层平台板，其余类型不包含楼层平台板。

6. 梯柱

梯柱支承在楼板与平台梁之间。在 16G101—2 标准图集中梯柱的代号为 TZ。

7. 梯基

梯基位于底层梯板、梯柱下。

在 16G101—2 标准图集第 4 页中规定：平台板、梯梁及梯柱的平法注写方式参见国家建筑标准设计图集 16G101—1。

三、板式楼梯的类型及其适用条件

(一)类型

16G101—2 标准图集适用于及抗震设防烈度为 6～9 度地区的现浇钢筋混凝土板式楼梯。图集包含 12 种类型的楼梯，见表 9-2。

表 9-2　楼梯类型

梯板代号	标注方式	包括构件	备注
AT		踏步段	
BT		低端平板、踏步段	
CT		踏步段、高端平板	一跑
DT		低端平板、踏步段、高端平板	
ET		低端踏步段、中位平板、高端平板	
FT	梯板代号＋序号 如 AT××、BT××	层间平板、踏步段和楼层平板	两跑
GT		层间平板和踏步段	
ATa		踏步段	
ATb		踏步段	
ATc		踏步段	一跑
CTa		踏步段、高端平板	
CTb		踏步段、高端平板	

(二)适用条件

1. AT 型楼梯

AT 型楼梯的适用条件为：两梯梁之间的矩形梯板全部由踏步段构成，即踏步段两端均以梯梁为支座。凡是满足该条件的楼梯均可为 AT 型，如双跑楼梯、双分平行楼梯、交叉楼梯和剪刀楼梯等。

2. BT 型楼梯

BT 型楼梯的适用条件为：两梯梁之间的矩形梯板由低端平板和踏步段构成，两部分的一端各自以梯梁为支座。凡是满足该条件的楼梯均可为 BT 型，如双跑楼梯、双分平行楼梯、交叉楼梯和剪刀楼梯等。

3. CT 型楼梯

CT 型楼梯的适用条件为：两梯梁之间的矩形梯板由踏步段和高端平板构成，两部分的一端各自以梯梁为支座。凡是满足该条件的楼梯均可为 CT 型，如双跑楼梯、双分平行楼梯、交叉楼梯和剪刀楼梯等。

4. DT 型楼梯

DT 型楼梯的适用条件为：两梯梁之间的矩形梯板由低端平板、踏步段和高端平板构成，高、低端平板的一端各自以梯梁为支座。凡是满足该条件的楼梯均可为 DT 型，如双跑楼梯、双分平行楼梯、交叉楼梯和剪刀楼梯等。

5. ET 型楼梯

ET 型楼梯的适用条件为：两梯梁之间的矩形梯板由低端踏步段、中位平板和高端踏步段构成，高、低端踏步段的一端各自以梯梁为支座。凡是满足该条件的楼梯均可为 ET 型。

6. FT 型楼梯

FT 型楼梯的适用条件为：①矩形梯板由楼层平板、两跑踏步段与层间平板三部分构成，楼梯间内不设置梯梁；②楼层平板及层间平板均采用三边支承，另一边与踏步段相连；③同一楼层内各踏步段的水平长度相等、高度相等（等分楼层高度）。凡是满足该条件的楼梯均可为 FT 型，如双跑楼梯。

7. GT 型楼梯

GT 型楼梯的适用条件为：①楼梯间设置楼层梯梁，但不设置层间梯梁；矩形梯板由两跑踏步与层间平台板两部分构成；②层间平台板采用三边支承，另一边与踏步段的一端相连，踏步段的另一端以楼层梯梁为支座。

8. HT 型楼梯

HT 型楼梯的适用条件为：①楼梯间设置楼层梯梁，但不设置层间梯梁；矩形梯板由两跑踏步段与层间平台板两部分构成；②层间平台板采用三边支承，另一边与踏步段的一端相连；踏步段的另一端以楼层梯梁为支座；③同一楼层内各踏步段的水平长度相等、高度相等（等分楼层高度）。凡是满足该条件的楼梯均可为 HT 型，如双跑楼梯、双分楼梯等。

9. ATa 型楼梯

ATa 型楼梯设滑动支座，不参与结构整体抗震计算，其适用条件为：两梯梁之间的矩形梯板全部由踏步段构成，即踏步段两端均以梯梁为支座，且梯板低端支承处做成滑动支座，滑动支座直接落在梯梁上。框架结构中，楼梯中间平台通常设梯柱、梯梁，中间平台可与框架柱连接。

10. ATb 型楼梯

ATb 型楼梯设滑动支座，不参与结构整体抗震计算，其适用条件为：两梯梁之间的矩形梯板全部由踏步段构成，即踏步段两端均以梯梁为支座，且梯板低端支承处做成滑动支座，滑动支座直接落在梯梁挑板上。框架结构中，楼梯中间平台通常设梯柱、梯梁，中间平台可与框架柱连接。

11. ATc 型楼梯

ATc 型楼梯用于抗震计算，其适用条件为：两梯梁之间的矩形梯板全部由踏步段构成，即踏步段两端均以梯梁为支座。框架结构中，楼梯中间平台通常设梯柱、梯梁，中间平台可与框架柱连接（2 个梯柱形式）或脱开（4 个梯柱形式）。

12. CTa 型楼梯

CTa 型楼梯设滑动支座，不参与结构整体抗震计算；其适用条件为：两梯梁之间的矩形梯板全部由踏步段和高端平板构成，高端平板宽应≤3个踏步宽，两部分的一端各自以梯梁为支座，且梯板低端支座处做成滑动支座，滑动支座直接落在梯梁上。框架结构中，楼梯中间平台通常设梯柱、梁，中间平台可与框架柱连接。

13. CTb 型楼梯

CTb 型楼梯设滑动支座，不参与结构整体抗震计算；其适用条件为：两梯梁之间的矩形梯板全部由踏步段和高端平板构成，高端平板宽应≤3个踏步宽，两部分的一端各自以梯梁为支座，而且梯板低端支座处做成滑动支座，滑动支座直接落在梯梁挑板上。框架结构中，楼梯中间平台通常设梯柱、梁，中间平台可与框架柱连接。

四、楼梯平法施工图表示方式

16G101—1 中，楼梯平法施工图表示方式可分为平面注写、剖面注写和列表注写三种。

1. 平面注写方式

平面注写方式是以在楼梯平面布置图上注写截面尺寸和配筋具体数值的方式来表示楼梯施工图，包括集中标注和外围标注，见表9-3。

微课：楼梯平法施工图识读

表 9-3　平面注写制图规则

	数据项及标注方式	注写方式	可能的情况	备注
集中标注	梯板类型代号	梯板代号＋序号	AT～GT、ATa～ATc、CTa～CTb	AT1
	梯板厚度	$h=\times\times\times$	$h=\times\times\times$ $h=\times\times\times(P\times\times\times)$	$h=120$ $h=120(P150)$
	踏步段总高度和踏步级数	$H_s/(m+1)$		1 600/10
	梯板支座上部纵筋、下部纵筋	上部纵筋；下部纵筋		$\Phi10@200$；$\Phi12@150$
	梯板分布筋	以 F 打头注写	也可在图中统一说明	Fϕ8@250
外围标注	楼梯间的平面几何尺寸	1.《建筑结构制图标准》(GB/T 50105—2010)。 2. 16G101—2 标准图集的尺寸以 mm 为单位，标高以 m 为单位。 3. 16G101—2 标准图集中，楼梯均为逆时针上，其制图规则与构造对于顺时针或逆时针上的楼梯均适用		
	楼层结构标高			
	层间结构标高			
	楼梯的上下方向			
	梯板的平面几何尺寸	国家建筑标准设计图集 16G101—1		
	平台板配筋			
	梯梁配筋			
	梯柱配筋			

以 AT 型楼梯为例，平面注写方式如图 9-2 所示。

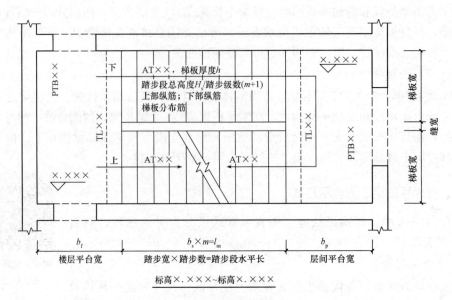

图 9-2 楼梯平面图

楼梯施工图平面注写方式实例如图 9-3 所示。

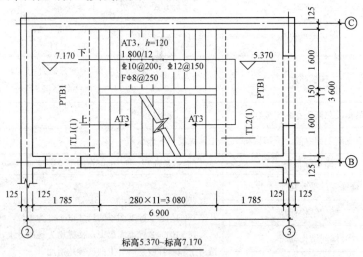

图 9-3 楼梯平面图

图 9-2、图 9-3 的工程实例中反映楼梯以下钢筋信息：

(1)梯板类型及编号为 AT3。

(2)踏步段总高度为 1 800 mm，踏步级数为 12 级。

(3)梯板支座上部纵筋为 Φ10@200。

(4)梯板下部纵筋为 Φ12@150。

(5)梯板分布筋为 ϕ8@250。

楼梯的平面注写方式适用于梯板类型单一，通过平面就能将施工时所需的楼梯截面尺寸和配筋信息表达完整的情况。

2. 剖面注写方式

剖面注写方式需在楼梯平法施工图中绘制楼梯平面布置图和楼梯剖面图，其注写方式分平面注写、剖面注写两部分，见表9-4。

表9-4 剖面注写制图规则

数据项及标注方式		注写方式	可能的情况	备注
平面图注写	楼梯间的平面尺寸	1.《建筑结构制图标准》(GB/T 50105—2010)。 2. 16G101—2标准图集的尺寸以 mm 为单位，标高以 m 为单位。 3. 16G101—2标准图集中，楼梯均为逆时针上，其制图规则与构造对于顺时针与逆时针上的楼梯均适用		
	楼层结构标高			
	层间结构标高			
	楼梯的上下方向			
	梯板的平面几何尺寸			
	梯板类型及编号	梯板代号＋序号	AT～GT、ATa～ATc、CTa～CTb	AT1
	平台板配筋	国家建筑标准设计图集 16G101—1		
	梯梁配筋			
	梯柱配筋			
剖面图注写	梯板集中标注	1. 梯板代号＋序号 2. 梯板厚度(平台板厚) 3. 上部纵筋；下部纵筋 4. 梯板分布筋(也可统一说明)		AT1 $h=120(P150)$ $\Phi10@200$；$\Phi12@150$ $F\phi8@250$
	梯梁、梯柱编号			TL1、TZ1
	梯板水平及竖向尺寸	水平尺寸：bpn、bs×m、bfn 竖向尺寸：$H_s/(m+1)$		
	楼层结构标高			
	层间结构标高			

同样，以 AT 型楼梯为例，楼梯施工图剖面图如图 9-4 所示，楼梯平面布置图如图 9-5 所示。

图 9-4、图 9-5 所示的工程实例中反映楼梯以下钢筋信息：

梯板类型及编号：AT1、CT1、DT1。

以 AT1 为例：

踏步段总高度为 1 480 mm，踏步级数为 9 级。与平面标注法不同的是，该信息并不是集中注写，而是反映在尺寸标注上。

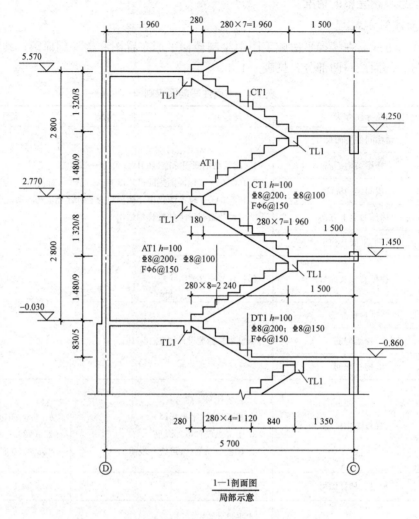

图 9-4　剖面图

梯板支座上部纵筋：Φ8@200。

梯板下部纵筋：Φ8@100。

梯板分布筋：Φ6@150。

楼梯的剖面注写方式适用于在一个楼梯结构中梯板类型多种，并有标准层的工程，通过剖面及平面将施工时所需的楼梯截面尺寸和配筋信息表达完整的情况。

3. 列表注写方式

列表注写方式是用列表方式注写梯板截面尺寸和配筋具体数值来表达楼梯施工图，包括平面布置图注写、列表注写。平面布置图注写与剖面注写方式相同。

将楼梯施工图剖面注写方式的实例改为列表注写方式，平面布置图同图 9-5。图 9-4 的钢筋信息以列表方式注写，见表 9-5。

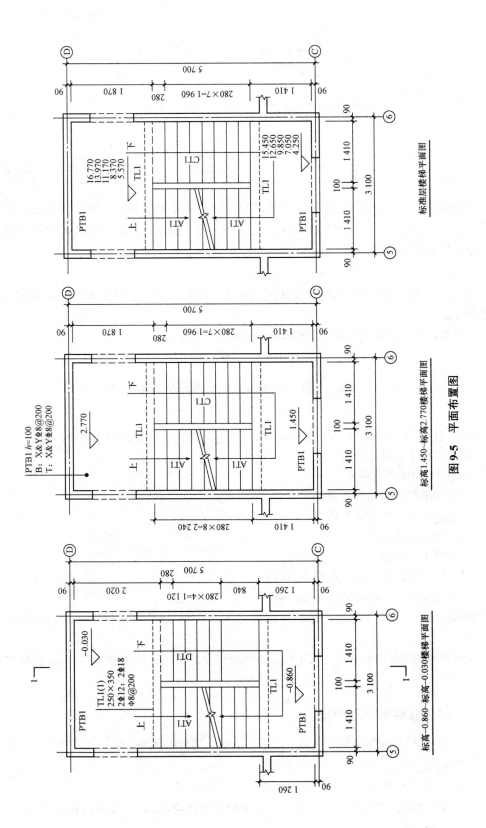

标准层楼梯平面图

PTB1

TL1

16.770
13.970
11.170
8.370
5.570

下

CT1

上

AT1   AT1

TL1

15.450
12.650
9.850
7.050
4.250

PTB1

5 700

90   1 410   280×7=1 960   280   1 870   90

1 410   100   1 410

3 100

标高1.450~标高2.770楼梯平面图

PTB1 h=100
B: X&Y Φ8@200
T: X&Y Φ8@200

2.770

TL1

下

CT1

上

AT1   AT1

TL1

1.450

PTB1

5 700

90   1 410   280×7=1 960   280   1 870   90

1 410   100   1 410

3 100

90   1 410   280×8=2 240

图 9-5 平面布置图

标高-0.860~标高-0.030楼梯平面图

PTB1

TL1(1)
250×350
2Φ12; 2Φ18
Φ8@200

下

DT1

上

AT1

TL1

-0.030

-0.860

PTB1

5 700

90   2 020   280×4=1 120   840   1 260   90
280

1 410   100   1 410

3 100

1 260   90

· 201 ·

表 9-5 梯板几何尺寸和配筋表

梯板编号	踏步段总高度/踏步级数	板厚 h/mm	上部纵向钢筋	下部纵向钢筋	分布筋
AT1	1 480/9	100	⊈8@200	⊈8@100	Φ6@150
CT1	1 320/9	140	⊈8@200	⊈8@100	Φ6@150
DT1	830/5	100	⊈8@200	⊈8@150	Φ6@150

楼梯的列表注写方式适用于在一个楼梯结构中梯板类型多种的工程。没有标准层的工程采用此注写方式，可不受图幅的限制，通过列表及平面注写将施工时所需的楼梯截面尺寸和配筋信息表达完整。

4. 其他

楼层平台梁板的配筋信息既可反映在楼梯平面布置图中，也可反映在相应各楼层梁板配筋图中。

层间平台梁板的配筋信息应反映在楼梯平面图中。

第二节 楼梯标准构造详图

根据楼梯钢筋所处的部位和具体构造要求不同，将其构造分为以下主要内容：

(1)踏步段下部纵筋构造。

(2)踏步段上部纵筋构造。

(3)楼梯平板下部纵筋构造。

(4)楼梯平板上部纵筋构造。

(5)梯板分布筋构造。

(6)滑动支座构造。

(7)不同踏步位置推高与高度减小构造。

(8)各型楼梯第一跑与基础连接构造。

楼梯配筋当采用 HPB300 级钢筋时，其末端应做 180°的弯钩，做法见 16G101—2 第18页。

不同类型的楼梯钢筋构造方式不同，下面分别介绍 16G101—2 中 AT～ET 型板式楼梯的配筋构造。

一、AT 型楼梯梯板配筋构造

AT 型楼梯梯板配筋构造分为踏步段下部纵筋、踏步段低端上部纵筋、踏步段高端上部纵筋、踏步段分布筋，如图 9-6 和图 9-7 所示。

1. 踏步段下部纵筋

踏步段下部纵筋伸入高端梯梁及低端梯梁的长度均应≥5d(d 为纵向钢筋直径)，而且至少伸过支座中线。

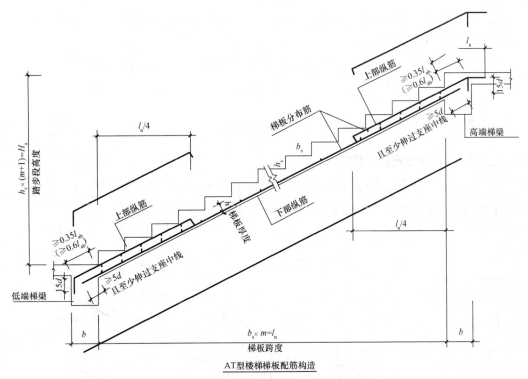

图 9-6　AT 型楼梯梯板配筋构造

2. 踏步段低端上部纵筋

(1)伸入低端梯梁要求。

1)当设计踏步段与平台板铰接时，平直段钢筋伸至端支座对边后弯折，而且平直段长度不小于 $0.35l_{ab}$，弯折段长度 15d（d 为纵向钢筋直径）。

2)当设计考虑充分利用钢筋的抗拉强度时，平直段伸至端支座对边后弯折，而且平直段长度不小于 $0.6l_{ab}$，弯折段长度 15d（d 为纵向钢筋直径）。

图 9-7　AT 型楼梯梯板钢筋三维模型

具体工程中，设计应指明采用何种构造，当多数采用同种构造时，可在图注中写明，并将少数不同之处在图中注明。

(2)伸入梯板要求。上部纵筋伸入踏步板内的水平投影长度是踏步板水平投影长度的 1/4，弯折同 16G101—1 中板的支座负筋。

3. 踏步段高端上部纵筋

(1)伸入高端梯梁要求。

1)当设计踏步段与平台板铰接时，平直段钢筋伸至端支座对边后弯折，而且平直段长度不小于 $0.35l_{ab}$，弯折段长度 15d（d 为纵向钢筋直径）。

2)当设计考虑充分利用钢筋的抗拉强度时，平直段伸至端支座对边后弯折，而且平直段长度不小于 $0.6l_{ab}$，弯折段长度 15d（d 为纵向钢筋直径）。

3)上部纵筋有条件时，可直接伸入平台板内锚固，从支座内边算起，总锚固长度不小于 l_a。

扫描二维码看彩图

在具体工程中，设计应指明采用何种构造。当多数采用同种构造时，可在图注中写明，并将少数不同之处在图中注明。

（2）伸入梯板要求。直段钢筋伸入踏步板内的水平投影长度是踏步板水平投影长度的1/4，弯折同16G101—1中板的负筋。

4. 踏步段分布筋

在下部纵筋上方、上部纵筋下方均应设置分布筋。

二、BT型楼梯梯板配筋构造

BT型楼梯梯板配筋构造分为踏步段及低端平板下部纵筋、低端平板上部纵筋、踏步段低端上部纵筋、踏步段高端上部纵筋、梯板分布筋，如图9-8和图9-9所示。

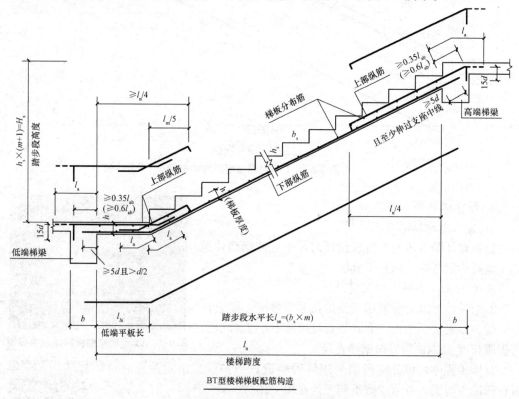

BT型楼梯梯板配筋构造

图 9-8　BT型楼梯梯板配筋构造

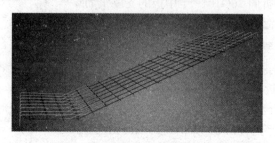

扫描二维码看彩图

图 9-9　BT型楼梯梯板钢筋三维模型

1.踏步段及低端平板下部纵筋

踏步段下部纵筋伸入高端梯梁的长度应≥5d，而且至少伸过支座中线，低端平板处伸入低端梯梁长度≥5d 且＞b/2。

2.低端平板上部纵筋

(1)伸入低端梯梁要求。

1)当设计踏步段与平台板铰接时，平直段钢筋伸至端支座对边后弯折，而且平直段长度不小于 $0.35l_{ab}$，弯折段长度 15d(d 为纵向钢筋直径)。

2)当设计考虑充分利用钢筋的抗拉强度时，平直段伸至端支座对边后弯折，而且平直段长度不小于 $0.6l_{ab}$，弯折段长度 15d(d 为纵向钢筋直径)。

3)上部纵筋有条件时，可直接伸入平台板内锚固，从支座内边算起，总锚固长度不小于 l_a。

具体工程中，设计应指明采用何种构造，当多数采用同种构造时，可在图注中写明，并将少数不同之处在图中注明。

(2)伸入踏步段要求。

钢筋伸至踏步段底部后沿踏步段坡度弯折，伸入踏步段内的总长度为 l_a。

3.踏步段低端上部纵筋

(1)伸入低端平板要求。钢筋伸至低端平板底部后沿平板水平弯折，伸入低端平板内的总长度为 l_a。

(2)伸入踏步段要求。钢筋伸入踏步段的水平投影长度应为 $l_n/5$ 且≥$(l_n/4-l_{ln})$，弯折同 16G101—1 中板的负筋。这里，d 为纵向钢筋直径，l_n 为梯板跨度，l_{ln}为低端平板长。

4.踏步段高端上部纵筋

(1)伸入高端梯梁要求。

1)当设计踏步段与平台板铰接时，平直段钢筋伸至端支座对边后弯折，而且平直段长度不小于 $0.35l_{ab}$，弯折段长度 15d(d 为纵向钢筋直径)。

2)当设计考虑充分利用钢筋的抗拉强度时，平直段伸至端支座对边后弯折，而且平直段长度不小于 $0.6l_{ab}$，弯折段长度 15d(d 为纵向钢筋直径)。

3)上部纵筋有条件时，可直接伸入平台板内锚固，从支座内边算起，总锚固长度不小于 l_a。

具体工程中，设计应指明采用何种构造。当多数采用同种构造时，可在图注中写明，并将少数不同之处在图中注明。

(2)伸入踏步段要求。直段钢筋伸入踏步板内的水平投影长度是踏步板水平投影长度的 1/4，弯折同16G101—1中板的负筋。

5.梯板分布筋

在下部纵筋上方、上部纵筋下方均应设置分布筋。

三、CT型楼梯梯板配筋构造

CT型楼梯梯板配筋构造分为踏步段下部纵筋、高端平板下部纵筋、踏步段低端上部纵筋、踏步段及高端平板上部纵筋、梯板分布筋，如图 9-10 所示。

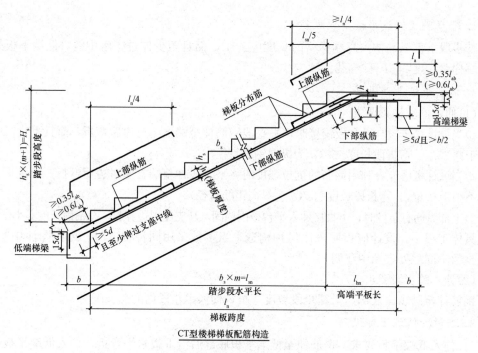

图 9-10　CT 型楼梯梯板配筋构造

1. 踏步段下部纵筋

踏步段下部纵筋伸入低端梯梁的长度应≥5d，而且至少伸过支座中线。伸入高端平板顶端后沿平板水平弯折，伸入高端平板水平段内的总长度为 l_a。

2. 高端平板下部纵筋

(1) 伸入高端梯梁要求。钢筋伸入高端梯梁长度≥5d 且>b/2(d 为纵向钢筋直径，b 为高端梯梁宽度)。

(2) 伸入踏步段要求。钢筋伸至踏步段顶端后沿踏步段坡度弯折，伸入梯板坡段内的总长度为 l_a。

3. 踏步段低端上部纵筋

(1) 伸入低端梯梁要求。

1) 当设计踏步段与平台板铰接时，平直段钢筋伸至端支座对边后弯折，而且平直段长度不小于 $0.35l_{ab}$，弯折段长度 15d(d 为纵向钢筋直径)。

2) 当设计考虑充分利用钢筋的抗拉强度时，平直段伸至端支座对边后弯折，而且平直段长度不小于 $0.6l_{ab}$，弯折段长度 15d(d 为纵向钢筋直径)。

具体工程中，设计应指明采用何种构造。当多数采用同种构造时，可在图注中写明，并将少数不同之处在图中注明。

(2) 伸入踏步段要求。直段钢筋伸入踏步板内的水平投影长度是踏步板水平投影长度的1/4，端部弯折同 16G101—1 中板的负筋。

4. 踏步段及高端平板上部纵筋

(1) 伸入踏步段要求。钢筋伸入踏步段内的水平投影长度应≥$l_{sn}/5$，而且从高端梯梁伸出的水平投影长度应$\geq l_n/4$，弯折同 16G101—1 中板的负筋。这里，d 为纵向钢筋直径，l_{sn} 为踏步段水平长度，l_n 为梯板跨度，l_{hn} 为高端平板长。

（2）伸入高端梯梁要求。

1）当设计踏步段与平台板铰接时，平直段钢筋伸至端支座对边后弯折，而且平直段长度不小于 $0.35l_{ab}$，弯折段长度 $15d$（d 为纵向钢筋直径）。

2）当设计考虑充分利用钢筋的抗拉强度时，平直段伸至端支座对边后弯折，而且平直段长度不小于 $0.6l_{ab}$，弯折段长度 $15d$（d 为纵向钢筋直径）。

3）上部纵筋有条件时，可直接伸入平台板内锚固，从支座内边算起，总锚固长度不小于 l_a。

具体工程中，设计应指明采用何种构造。当多数采用同种构造时，可在图注中写明，并将少数不同之处在图中注明。

5．梯板分布筋

在下部纵筋上方、上部纵筋下方均应设置分布筋。

四、DT 型楼梯梯板配筋构造

DT 型楼梯梯板配筋构造分为低端平板及踏步段下部纵筋、高端平板下部纵筋、低端平板上部纵筋、踏步段低端上部纵筋、踏步段高端及高端平板上部纵筋、梯板分布筋，如图 9-11 所示。

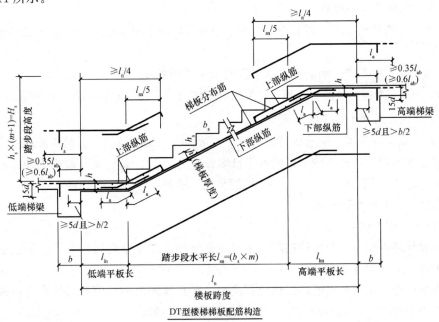

DT型楼梯梯板配筋构造

图 9-11　DT 型楼梯梯板配筋构造

1．低端平板及踏步段下部纵筋

低端平板及踏步段下部纵筋伸入低端梯梁的长度应$\geq 5d$，且$> b/2$。伸入高端平板顶端后，沿平板水平弯折，伸入高端平板水平段内的总长度为 l_a。

2. 高端平板下部纵筋

(1)伸入高端梯梁要求。钢筋伸入高端梯梁长度$\geq 5d$，且$> b/2$（d 为纵向钢筋直径、b 为高端梯梁宽度）。

(2)伸入踏步段要求。钢筋伸至踏步段顶端后沿踏步段坡度弯折，伸入踏步段坡段内的总长度为 l_a。

3. 低端平板上部纵筋

(1)伸入低端梯梁要求。

1)当设计踏步段与平台板铰接时，平直段钢筋伸至端支座对边后弯折，而且平直段长度不小于 $0.35l_{ab}$，弯折段长度 $15d$（d 为纵向钢筋直径）。

2)当设计考虑充分利用钢筋的抗拉强度时，平直段伸至端支座对边后弯折，而且平直段长度不小于 $0.6l_{ab}$，弯折段长度 $15d$（d 为纵向钢筋直径）。

3)上部纵筋有条件时，可直接伸入平台板内锚固，从支座内边算起，总锚固长度不小于 l_a。

具体工程中，设计应指明采用何种构造。当多数采用同种构造时，可在图注中写明，并将少数不同之处在图中注明。

(2)伸入踏步段要求。钢筋伸至踏步段底部后沿踏步段坡度弯折，伸入踏步段内的总长度为 l_a。

4. 踏步段低端上部纵筋

(1)伸入低端平板要求。钢筋伸至低端平板底部后沿平板水平弯折，伸入低端平板内的总长度为 l_a。

(2)伸入踏步段要求。钢筋伸入踏步段的水平投影长度应为 $l_n/5$，且$\geq(l_n/4 - l_{ln})$，弯折同 16G101—1 中板的负筋。这里，d 为纵向钢筋直径，l_n 为梯板跨度，l_{ln} 为低端平板长。

5. 踏步段及高端平板上部纵筋

(1)伸入踏步段要求。钢筋从高端平板伸入踏步段，在距最上一级踏步侧边一个踏步宽 b_s 处沿踏步坡度弯折，伸入踏步段的水平投影长度为 $l_{sn}/5$，而且从高端梯梁伸出的水平投影长度应$\geq l_n/4$，弯折同 16G101—1 中板的负筋。这里，d 为纵向钢筋直径，l_n 为梯板跨度，l_{sn} 为踏步段水平投影长度。

(2)伸入高端梯梁要求。

1)当设计踏步段与平台板铰接时，平直段钢筋伸至端支座对边后弯折，而且平直段长度不小于 $0.35l_{ab}$，弯折段长度 $15d$（d 为纵向钢筋直径）。

2)当设计考虑充分利用钢筋的抗拉强度时，平直段伸至端支座对边后弯折，而且平直段长度不小于 $0.6l_{ab}$，弯折段长度 $15d$（d 为纵向钢筋直径）。

3)上部纵筋有条件时，可直接伸入平台板内锚固，从支座内边算起，总锚固长度不小于 l_a。

具体工程中，设计应指明采用何种构造。当多数采用同种构造时，可在图注中写明，并将少数不同之处在图中注明。

6. 梯板分布筋

在下部纵筋上方、上部纵筋下方均应设置分布筋。

五、ET 型楼梯梯板配筋构造

ET 型楼梯梯板配筋构造分为低端踏步段下部纵筋、中位平板及高端踏步段下部纵筋、低端踏步段及中位平板上部纵筋、高端踏步段上部纵筋、梯板分布筋，如图 9-12 所示。

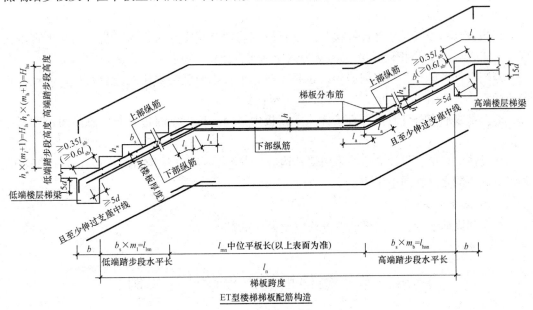

图 9-12 ET 型楼梯梯板配筋构造

1. 低端踏步段下部纵筋

低端踏步段下部纵筋伸入低端楼层梯梁的长度应≥5d，而且至少伸过支座中线。伸入中位平板顶端后，沿平板水平弯折，伸入中位平板水平段内的总长度为 l_a。

2. 中位平板及高端踏步段下部纵筋

(1)伸入低端踏步段要求。钢筋从中位平板伸至踏步段上部纵筋下沿踏步段坡度弯折，从中位平板水平段伸出的长度应为 l_a。

(2)伸入高端楼层梯梁要求。钢筋伸入高端楼层梯梁的长度应≥5d，而且至少伸过支座中线。

3. 低端踏步段及中位平板上部纵筋

(1)伸入低端楼层梯梁要求。

1)当设计踏步段与平台板铰接时，平直段钢筋伸至端支座对边后弯折，而且平直段长度不小于 0.35l_{ab}，弯折段长度 15d（d 为纵向钢筋直径）。

2)当设计考虑充分利用钢筋的抗拉强度时，平直段伸至端支座对边后弯折，而且平直段长度不小于 0.6l_{ab}，弯折段长度 15d（d 为纵向钢筋直径）。

具体工程中，设计应指明采用何种构造。当多数采用同种构造时，可在图注中写明，并将少数不同之处在图中注明。

(2)伸入高端踏步段长度要求。钢筋伸至高端踏步段底部后沿踏步段坡度弯折，伸入高端踏步段内的总长度为 l_a。

4. 高端踏步段上部纵筋

(1)伸入中位平板要求。钢筋伸入中位平板底部后沿平板水平弯折，伸入中位平板的总长度为 l_a。

(2)伸入高端楼层梯梁要求。

1)当设计踏步段与平台板铰接时，平直段钢筋伸至端支座对边后弯折，而且平直段长度不小于 $0.35l_{ab}$，弯折段长度 $15d$（d 为纵向钢筋直径）。

2)当设计考虑充分利用钢筋的抗拉强度时，平直段伸至端支座对边后弯折，而且平直段长度不小于 $0.6l_{ab}$，弯折段长度 $15d$（d 为纵向钢筋直径）。

3)上部纵筋有条件时，可直接伸入平台板内锚固，从支座内边算起，总锚固长度不小于 l_a。

在具体工程中，设计应指明采用何种构造。当多数采用同种构造时，可在图注中写明，并将少数不同之处在图中注明。

5. 梯板分布筋

在下部纵筋上方、上部纵筋下方均应设置分布筋。

第三节　楼梯钢筋工程量计算实例

16G101—2图集中的11种类型的现浇混凝土板式楼梯都有各自的楼梯板钢筋构造图，而且钢筋构造各不相同，因此，要根据工程选定的具体楼梯类别进行计算。

一、AT型楼梯钢筋计算过程分析

(一)确定计算条件

计算楼梯钢筋前，可将计算时所需的条件指出列明，以便计算能更为简便、准确。AT型楼梯钢筋的计算条件分为楼梯板的各个基本尺寸数据、计算长度时可能用到的系数，详见表9-6。

表 9-6　AT型楼梯计算条件及系数

梯板净跨度	梯板净宽度	梯板厚度	踏步宽度	踏步高度	斜坡系数
l_n	b_n	h	b_s	h_s	k
注：在钢筋计算中，经常需要通过水平投影长度计算斜长： 　　斜长＝水平投影长度×斜度系数 k 　　斜度系数 k 可以通过踏步宽度和踏步高度来进行计算： 　　斜度系数 $k=\sqrt{b_s^2+h_s^2}/b_s$					

(二)确定保护层厚度

楼梯中所包括的各构件保护层厚度的取定为：踏步段、楼间平板、中间平板、楼层平板均按板的保护层取定；梯梁按梁的保护层取定；梯柱按柱的保护层取定；梯基按基础保护层取定。

(三)踏步段下部纵筋及其分布筋的计算

1. 踏步段的下部纵筋的计算分析

踏步段的下部纵筋位于踏步段斜板的下部，沿踏步段宽度方向等间距布置，两端分别锚入高端梯梁和低端梯梁。根据 16G101—2 图集中踏步段的下部纵筋配筋构造要求，其计算分析见表 9-7。

微课：**AT 型楼梯踏步段下部纵筋计算分析**

表 9-7　踏步段的下部纵筋计算分析

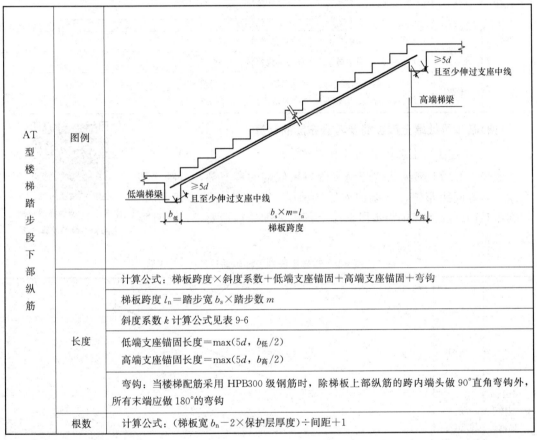

AT型楼梯踏步段下部纵筋	图例	
	长度	计算公式：梯板跨度×斜度系数＋低端支座锚固＋高端支座锚固＋弯钩
		梯板跨度 l_n＝踏步宽 b_s×踏步数 m
		斜度系数 k 计算公式见表 9-6
		低端支座锚固长度＝$\max(5d, b_{低}/2)$
		高端支座锚固长度＝$\max(5d, b_{高}/2)$
		弯钩：当楼梯配筋采用 HPB300 级钢筋时，除梯板上部纵筋的跨内端头做 90°直角弯钩外，所有末端应做 180°的弯钩
	根数	计算公式：(梯板宽 b_n－2×保护层厚度)÷间距＋1

AT 型楼梯踏步段下部纵筋的起步距离为一个板的保护层厚度。

2. 踏步段的下部纵筋上分布筋的计算分析

在下部纵筋上应布置分布筋，垂直于踏步段下部纵筋，根据设计要求等间距布置，分布筋将与下部纵筋连成钢筋网。其计算分析见表 9-8。

微课：**AT 型楼梯踏步段下部受力纵筋上的分布筋计算分析**

AT 型楼梯踏步段属于单向板，分布筋不属于受力钢筋，根据分布筋的受力性质，踏步段下部纵筋之分布筋的起步距离参照 16G101—1 中梁箍筋的起步距离，按距梯梁边 50 mm 取定。

表 9-8　踏步段的下部纵筋上分布筋计算分析

AT型楼梯踏步段下部纵筋上分布筋	图例	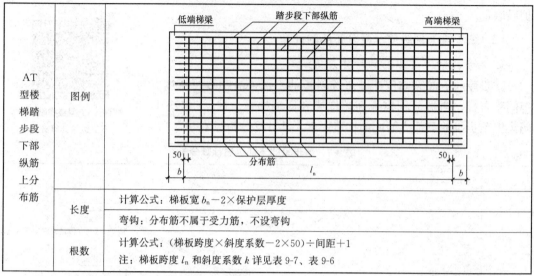
	长度	计算公式：梯板宽 $b_n-2\times$保护层厚度
		弯钩：分布筋不属于受力筋，不设弯钩
	根数	计算公式：(梯板跨度×斜度系数-2×50)÷间距$+1$
		注：梯板跨度 l_n 和斜度系数 k 详见表9-7、表9-6

(四)踏步段低端上部纵筋及其分布筋的计算

1. 踏步段低端上部纵筋的计算分析

踏步段低端上部纵筋位于踏步段斜板低端的板上部，沿踏步段宽度方向等间距布置，下端锚入低端梯梁，上端伸入踏步段斜板。根据16G101—2图集中踏步段低端上部纵筋配筋构造要求，其计算分析见表9-9。

微课：AT型楼梯踏步段
上部受力纵筋计算分析

表 9-9　踏步段低端上部纵筋计算分析

AT型楼梯踏步段低端上部纵筋	图例	 $l_n/4$ $\geqslant0.35l_{ab}$ $\geqslant0.6l_{ab}$ $15d$ 低端梯梁边线
	长度	计算公式： (梯板跨度$/4+$伸入支座水平长度)×斜度系数$+15d+90°$直弯钩
		梯板跨度 $l_n=$踏步宽 $b_s\times$踏步数 m
		伸入支座水平长度＝低端梯梁宽－梁保护层厚度 同时应满足：①当设计踏步段与平台板铰接时，平直段长度不小于 $0.35l_{ab}$；②当设计考虑充分利用钢筋的抗拉强度时，平直段长度不小于 $0.6l_{ab}$
		斜度系数 k 计算公式见表9-6
		$90°$直弯钩＝梯板厚度－板保护层厚度×2
	根数	计算公式：(梯板宽 $b_n-2\times$保护层厚度)÷间距$+1$

AT 型楼梯踏步段低端上部纵筋的起步距离与踏步段的下部纵筋相同，距离板边一个板的保护层厚度。

2.踏步段低端上部纵筋下分布筋的计算分析

在上部纵筋下应布置分布筋，垂直于踏步段低端上部纵筋，根据设计要求等间距布置，分布筋将与踏步段低端上部纵筋连成钢筋网。其计算分析见表 9-10。

微课：AT 型楼梯踏步段上部受力纵筋下的分布筋计算分析

表 9-10   踏步段低端上部纵筋下分布筋计算分析

AT 型楼梯踏步段上部纵筋上分布筋	图例	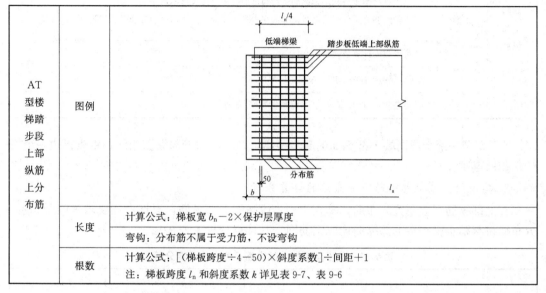
	长度	计算公式：梯板宽 $b_n - 2 \times$ 保护层厚度
		弯钩：分布筋不属于受力筋，不设弯钩
	根数	计算公式：[(梯板跨度÷4−50)×斜度系数]÷间距＋1
		注：梯板跨度 l_n 和斜度系数 k 详见表 9-7、表 9-6

分布筋的起步距离同下部纵筋，按距低端梯梁侧边 50 mm 取定。布置范围为踏步段低端上部纵筋伸入踏步段内部分的下方。

(五)踏步段高端上部纵筋及其分布筋的计算

1.踏步段高端上部纵筋的计算分析

踏步段高端上部纵筋位于踏步段斜板高端的板上部，沿踏步段斜板坡度等间距布置，下端伸入踏步段斜板，上端锚入高端梯梁。根据 16G101—2 图集中踏步段高端上部纵筋配筋构造要求，其计算分析见表 9-11。

表 9-11   踏步段高端上部纵筋计算分析

AT 型楼梯踏步段高端上部纵筋	图例	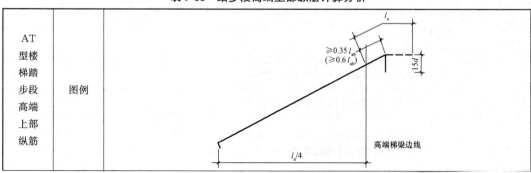

	长度	计算公式：（梯板跨度/4＋伸入支座水平长度）×斜度系数＋15d＋90°直弯钩
AT型楼梯踏步段高端上部纵筋	根数	梯板跨度 l_n＝踏步宽 b_s×踏步数 m
		伸入支座水平长度＝低端梯梁宽－梁保护层厚度 同时应满足：①当设计踏步段与平台板铰接时，平直段长度不小于 $0.35l_{ab}$； ②当设计考虑充分利用钢筋的抗拉强度时，平直段长度不小于 $0.6l_{ab}$； ③上部纵筋有条件时，可直接伸入平台板内锚固，从支座内边算起总锚固长度不小于 l_a
		斜度系数 k 计算公式见表 9-6
		90°直弯钩＝梯板厚度－板保护层厚度×2
		计算公式：（梯板宽 b_n－2×保护层厚度）÷间距＋1

AT 型楼梯踏步段高端上部纵筋的起步距离与踏步段的下部纵筋相同，距离板边一个板的保护层厚度。

2. 踏步段高端上部纵筋下分布筋的计算分析

在上部纵筋下应布置分布筋，垂直于踏步段高端上部纵筋，根据设计要求等间距布置，分布筋将与踏步段高端上部纵筋连成钢筋网。其计算分析见表 9-12。

表 9-12　踏步段高端上部纵筋下分布筋计算分析

AT型楼梯踏步段上部纵筋下分布筋	图例	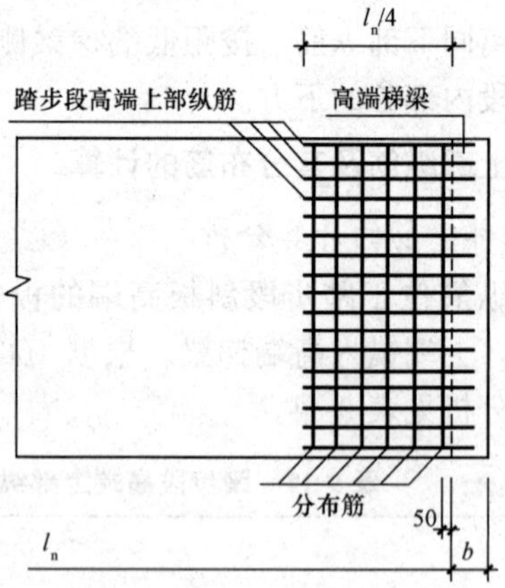
	长度	计算公式：梯板宽 b_n－2×保护层厚度
		弯钩：分布筋不属于受力筋，不设弯钩
	根数	计算公式：[（梯板跨度÷4－50）×斜度系数]÷间距＋1 注：梯板跨度 l_n 和斜度系数 k 详见表 9-7、表 9-6

分布筋的起步距离同下部纵筋，按距低端梯梁侧边 50 mm 取定。布置范围为踏步段低端上部纵筋伸入踏步段内部下方。

二、AT 型楼梯钢筋计算实例

通过上面的计算过程分析，现在以图 9-13 为例来展示某 C30 现浇混凝土 AT 型楼梯钢筋的计算过程。

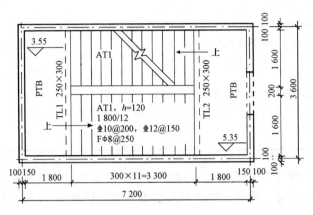

图 9-13　实例图

(一)了解楼梯相关信息

该实例的注写方式为平面注写方式，可获取到以下钢筋及各尺寸信息：

(1)梯板类型及编号：楼梯间某一层平面的双跑楼梯均为 AT1，梯板厚度为 120 mm。

(2)踏步段总高度为 1 800 mm，踏步级数为 12 级。

(3)梯板支座上部纵筋：Φ10@200。

(4)梯板下部纵筋：Φ12@150。

(5)梯板分布筋：ϕ8@250。

(6)低端梯梁：TL1　250×300；高端梯梁：TL2　250×300。

(7)梯板净跨尺寸：300×11＝3 300(mm)。

(8)梯板净宽度尺寸：1 600 mm。

(9)楼层平板宽度：1 800 mm。

(10)层间平板宽度：1 800 mm。

(11)梯井宽度：200 mm。

(12)其他背景条件：混凝土强度等级为 C30、板保护层厚度为 15 mm、梁保护层厚度为 25 mm、踏步段与端支座为刚性连接。

(二)确定计算条件

根据所得信息确定本实例的计算条件，将满足计算楼梯钢筋所需的数据列出，见表 9-13。

表 9-13　AT 型楼梯实例计算条件及系数

梯板净跨度	梯板净宽度	梯板厚度	踏步宽度	踏步高度	斜坡系数
l_n	b_n	h	b_s	h_s	k
3 300 mm	1 600 mm	120 mm	300 mm	150 mm	1.118

注：1. 踏步高度 h_s 的确定：

踏步高度＝踏步段总高度/踏步级数

即 $h_s = H_s/(m+1) = 1\ 800/12 = 150\text{(mm)}$

2. 斜度系数 k 的确定：

斜度系数可以通过踏步宽度和踏步高度来进行计算：

斜度系数 $k = \sqrt{b_s^2 + h_s^2}/b_s = \sqrt{300^2 + 150^2}/300 = 1.118$

本实例仅计算一跑 AT1 梯板，实际计算时，可根据工程中共有几个 AT1 相应乘以几倍。楼层平板、层间平板、梯梁、梯柱不在本实例的计算范围，应分别按板、梁、柱进行计算。

(三)踏步段下部纵筋及分布筋计算

(1)踏步段下部纵筋计算过程及图例见表 9-14。

表 9-14　踏步段下部纵筋计算表

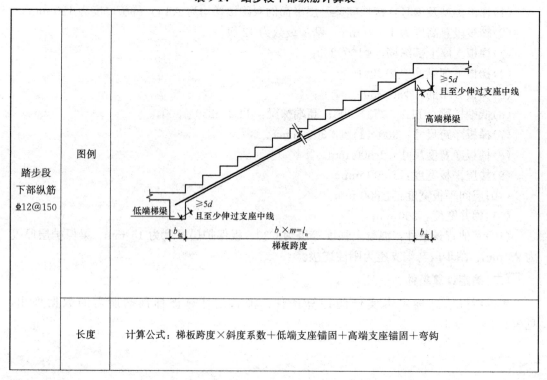

踏步段下部纵筋 ⏀12@150	图例	
	长度	计算公式：梯板跨度×斜度系数＋低端支座锚固＋高端支座锚固＋弯钩

	长度	低端支座锚固长度＝max($5d$，$b_{低}/2$) ＝max(5×12，$250/2$) ＝125(mm) 高端支座锚固长度＝max($5d$，$b_{高}/2$) ＝max(5×12，$250/2$) ＝125(mm)
		弯钩：非光圆钢筋，不做弯钩
踏步段 下部纵筋 Φ12@150		单根长度＝$3\,300\times1.118+125+125=3\,939.4$(mm)
	根数	计算公式：(梯板宽b_n－2×保护层厚度)÷间距＋1
		根数＝$(1\,600-2\times15)\div150+1=11.47\approx12$(根)(根数向上取整)
	总长度	计算公式：单根长度×根数
		总长度＝$3\,939.4\times12=47\,272.8$(mm)

(2)踏步段下部纵筋上分布筋计算过程及图例见表9-15。

表9-15 踏步段下部纵筋上分布筋计算表

	图例	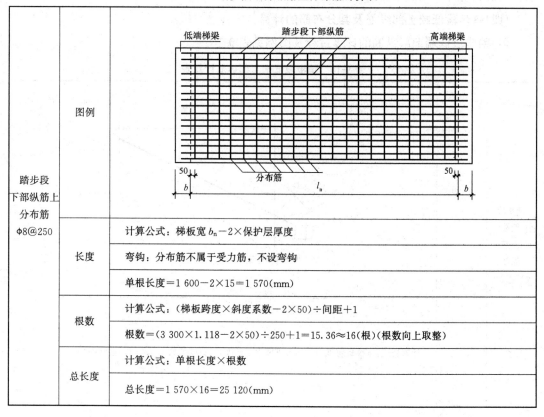
踏步段 下部纵筋上 分布筋 Φ8@250	长度	计算公式：梯板宽b_n－2×保护层厚度
		弯钩：分布筋不属于受力筋，不设弯钩
		单根长度＝$1\,600-2\times15=1\,570$(mm)
	根数	计算公式：(梯板跨度×斜度系数－2×50)÷间距＋1
		根数＝$(3\,300\times1.118-2\times50)\div250+1=15.36\approx16$(根)(根数向上取整)
	总长度	计算公式：单根长度×根数
		总长度＝$1\,570\times16=25\,120$(mm)

(3)计算结果要点分析。

1)下部纵筋高低端支座锚固长度。锚入高低端梯梁的斜段长度满足 $\max(5d, b/2)$, 故计算时不需乘以斜度系数, 如图 9-14(a)所示。

2)起步距离。下部纵筋的起步距离: 板式楼梯与梁式楼梯不同, 板边缘与侧边第一根钢筋的摆放如图 9-14(b)所示。

分布筋的起步距离: 距高低端梯梁边 50 mm 摆放, 如图 9-14(c)所示。

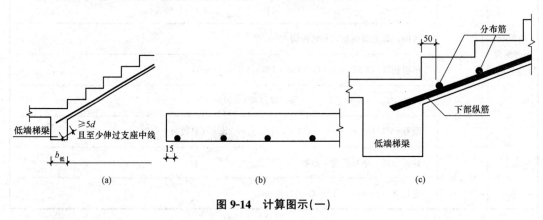

图 9-14 计算图示(一)

3)钢筋质量的计算。根据表 9-14 计算出了踏步段下部纵筋钢筋总长度, 钢筋质量可待各种钢筋长度计算完成后再统一计算。

(四)踏步段低端上部纵筋及其分布筋的计算

(1)踏步段低端上部纵筋的计算过程及图例见表 9-16。

表 9-16 踏步段低端上部纵筋计算表

踏步段低端上部纵筋 $\Phi10@200$	图例	
	长度	计算公式: (梯板跨度/4+伸入支座水平长度)×斜度系数+15d+90°直弯钩

踏步段 低端 上部 纵筋 Φ10@200	长度	伸入支座水平长度＝(低端梯梁宽－梁保护层厚度) ＝250－25＝225(mm)
		90°直弯钩＝梯板厚度－板保护层厚度×2 ＝120－15×2＝90(mm)
		单根长度＝(3 300/4＋225)×1.118＋15×10＋90＝1 413.9(mm)
	根数	计算公式：(梯板宽b_n－2×保护层厚度)÷间距＋1
		根数＝(1 600－2×15)÷200＋1＝8.85≈9(根)(根数向上取整)
	总长度	计算公式：单根长度×根数
		总长度＝1 413.9×9＝12 725.1(mm)

(2)踏步段低端上部纵筋下分布筋的计算过程及图例见表9-17。

表9-17 踏步段低端上部纵筋下分布筋计算表

踏步段 上部 纵筋 下分 布筋 Φ8@250	图例	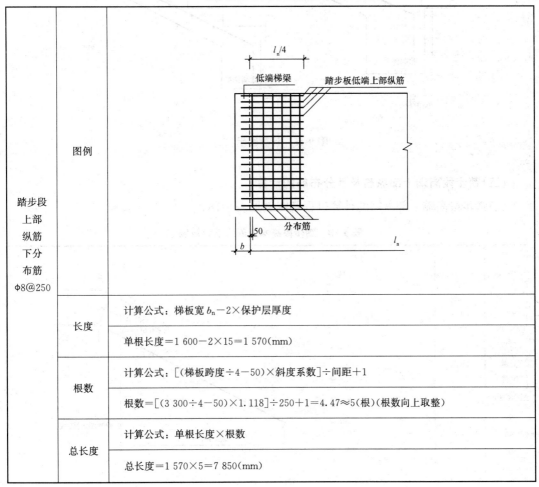
	长度	计算公式：梯板宽b_n－2×保护层厚度
		单根长度＝1 600－2×15＝1 570(mm)
	根数	计算公式：[(梯板跨度÷4－50)×斜度系数]÷间距＋1
		根数＝[(3 300÷4－50)×1.118]÷250＋1＝4.47≈5(根)(根数向上取整)
	总长度	计算公式：单根长度×根数
		总长度＝1 570×5＝7 850(mm)

(3)计算结果要点分析。

1)踏步段低端上部纵筋低端支座锚固长度。根据背景条件，本工程楼梯踏步段与端支座为刚性连接，故其锚入低端梯梁的平直段长度不小于 $0.6l_{ab}$，如图 9-15(a) 所示，且需伸至支座对边，再向下弯折 $15d$。验算过程如下：

①在 16G101—2 图集中第 18 页表中查出 l_{ab} 为 $35d$。

②计算 $0.6l_{ab}=0.6\times35\times10=210(\text{mm})$。

③计算伸入支座对边长度：

长度＝（支座宽－保护层厚度）×斜度系数＝$(250-25)\times1.118=251.55(\text{mm})$

④可确定踏步段低端上部纵筋低端支座锚固长度应按伸至支座对边再向下弯折 $15d$ 计算。

2)分布筋的摆放范围。分布筋的起步距离：距低端梯梁边 50 mm 摆放，摆放范围为低端上部纵筋伸入踏步段内长度的下方，如图 9-15(b) 所示。

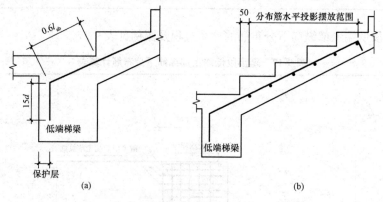

图 9-15　计算图示(二)

(五)踏步段高端上部纵筋及其分布筋的计算

(1)踏步段高端上部纵筋的计算过程及图例见表 9-18。

表 9-18　踏步段高端上部纵筋计算表

踏步段高端上部纵筋 ⊈10@200	图例	

踏步段高端上部纵筋 Φ10@200	长度	计算公式：(梯板跨度/4+伸入支座水平长度)×斜度系数+15d+90°直弯钩
		伸入支座水平长度=低端梯梁宽－梁保护层厚度=250－25=225(mm)
		90°直弯钩=梯板厚度－板保护层厚度=120－15×2=90(mm)
		单根长度=(3 300/4+225)×1.118+15×10+90=1 413.9(mm)
	根数	计算公式：(梯板宽b_n－2×保护层厚度)÷间距+1
		根数=(1 600－2×15)÷200+1=8.85≈9(根)(根数向上取整)
	总长	计算公式：单根长度×根数
		总长度=1 413.9×9=12 725.1(mm)

(2)踏步段高端上部纵筋下分布筋的计算过程及图例见表9-19。

表9-19 踏步段高端上部纵筋下分布筋计算表

踏步段上部纵筋下分布筋 Φ8@250	图例	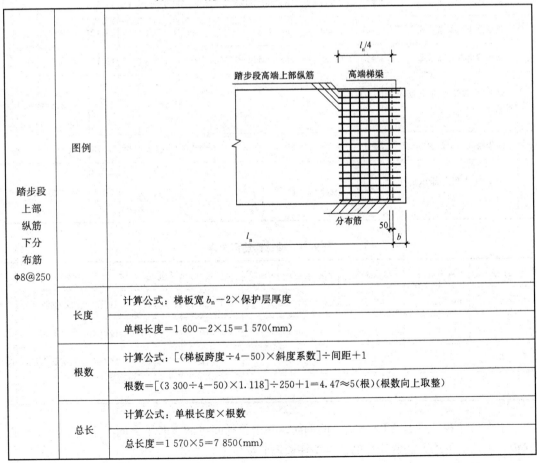
	长度	计算公式：梯板宽b_n－2×保护层厚度
		单根长度=1 600－2×15=1 570(mm)
	根数	计算公式：[(梯板跨度÷4－50)×斜度系数]÷间距+1
		根数=[(3 300÷4－50)×1.118]÷250+1=4.47≈5(根)(根数向上取整)
	总长	计算公式：单根长度×根数
		总长度=1 570×5=7 850(mm)

（3）计算结果要点分析。

踏步段高端上部纵筋及其分布筋与踏步段低端上部纵筋及其分布筋的摆放范围、起步距离在计算方法上大同小异。在此针对不同之处予以说明。

踏步段高端上部纵筋高端支座锚固长度应满足：①锚入低端梯梁的平直段长度不小于 $0.6l_{ab}$；②需伸至支座对边，再向下弯折 $15d$；③上部纵筋有条件时，可直接伸入平台板内锚固，从支座内边算起，总锚固长度不小于 l_a。如表 9-18 图例中的虚线部分所示。

表 9-18 是按本案例工程为无条件伸入平台板内锚固的情况计算的，具体工程可按实际情况计算。

（六）钢筋计算表的编写

将上面所计算的内容以钢筋计算表的方式列表计算，见表 9-20。根据钢筋规格及种类以钢筋汇总表的方式列出汇总表格，见表 9-21。

表 9-20　楼梯钢筋计算表

序号	名称	规格直径	长度计算式	单根长度/mm	根数	总长度/m	理论质量/(kg·m⁻¹)	总质量/kg
1	踏步段下部纵筋	⏀12	3 300×1.118+125+125	3 939.40	12	47.27	0.888	41.98
2	踏步段下部纵筋上分布筋	Φ8	1 600−2×15	1 570.00	16	25.12	0.395	9.92
3	踏步段低端上部纵筋	⏀10	(3 300/4+225)×1.118+15×10+90	1 413.90	9	12.73	0.617	7.85
4	踏步段低端上部纵筋下分布筋	Φ8	1 600−2×15	1 570.00	5	7.85	0.395	3.10
5	踏步段高端上部纵筋	⏀10	(3 300/4+225)×1.118+15×10+90	1 413.90	9	12.73	0.617	7.85
6	踏步段高端上部纵筋下分布筋	Φ8	1 600−2×15	1 570.00	5	7.85	0.395	3.10

表 9-21　楼梯钢筋汇总表

序号	规格直径	总长度/m	理论质量/(kg·m⁻¹)	总质量/kg	汇总/t	备注
1	12	47.27	0.888	41.98	0.04	HPB300 级钢筋直径>10
2	10	25.46	0.617	15.70	0.02	HRB400 级钢筋直径≤10
3	8	40.82	0.395	16.12	0.02	HRB400 级钢筋直径≤10
合计					0.07	

上面只计算了一跑 AT1 型楼梯的钢筋，一个楼梯间可能有若干个同类型或不同类型的梯板，可把按上述方法所计算的各类型梯板钢筋数量乘以倍数。

这里只介绍了 AT 型梯板钢筋计算的方法，其余 10 种类型的计算方法和思路是一样的，依据平法图集，通过前后对照、举一反三，可计算出各种类型梯板钢筋。

思 考 题

1. 楼梯平法施工图的三种表示方式分别是什么？
2. 16G101—2 标准图集中，适用于抗震设防烈度 6～9 度地区的现浇钢筋混凝土板式楼梯各有哪几种？
3. 各类型板式楼梯下部纵筋、上部纵筋、分布筋各有哪些构造要求？
4. 各类型板式楼梯下部纵筋、上部纵筋、分布筋应如何计算？

习　　题

计算附图中 AT1 的全部钢筋工程量，要求按照表 9-20、表 9-21 格式列表计算，写出计算过程并计算出钢筋总用量。

附录　钢筋计算截面面积与理论质量表

附表　钢筋的计算截面面积及理论质量

公称直径 /mm	不同根数钢筋的计算截面面积/mm²									单根钢筋理论质量 /(kg·m⁻¹)
	1	2	3	4	5	6	7	8	9	
6	28.3	57	85	113	142	170	198	226	255	0.222
6.5	33.2	66	100	133	166	199	232	265	299	0.260
8	50.3	101	151	201	252	302	352	402	453	0.395
8.2	52.8	106	158	211	264	317	370	423	475	0.432
10	78.5	157	236	314	393	471	550	628	707	0.617
12	113.1	226	339	452	565	678	791	904	1 017	0.888
14	153.9	308	461	615	769	923	1 077	1 231	1 385	1.21
16	201.1	402	603	804	1 005	1 206	1 407	1 608	1 809	1.58
18	254.5	509	763	1 017	1 272	1 527	1 781	2 036	2 290	2.00
20	314.2	628	942	1 256	1 570	1 884	2 199	2 513	2 827	2.47
22	380.1	760	1 140	1 520	1 900	2 281	2 661	3 041	3 421	2.98
25	490.9	982	1 473	1 964	2 454	2 945	3 436	3 927	4 418	3.85
28	615.8	1 232	1 847	2 463	3 079	3 695	4 310	4 926	5 542	4.83
32	804.2	1 609	2 413	3 217	4 021	4 826	5 630	6 434	7 238	6.31
36	1 017.9	2 036	3 054	4 072	5 089	6 107	7 125	8 143	9 161	7.99
40	1 256.6	2 513	3 770	5 027	6 283	7 540	8 796	10 053	11 310	9.87
50	1 964	3 928	5 892	7 856	9 820	1 1784	13 748	15 712	17 676	15.42

注：表中直径 $d=8.2$ mm 的计算截面面积及理论质量仅适用于有纵肋的热处理钢筋。

参 考 文 献

[1] 中华人民共和国国家标准.GB 50010—2010 混凝土结构设计规范(2015 年版)[S]. 北京：中国建筑工业出版社，2016.

[2] 中华人民共和国国家标准.GB 50011—2010 建筑抗震设计规范[S]. 北京：中国建筑工业出版社，2016.

[3] 中华人民共和国国家标准.GB 50007—2011 建筑地基基础设计规范[S]. 北京：中国建筑工业出版社，2012.

[4] 中华人民共和国国家标准.JGJ 3—2010 高层建筑混凝土结构技术规程[S]. 北京：中国建筑工业出版社，2011.

[5] 国家建筑标准设计图集.16G101—1 混凝土结构施工图平面整体表示方法制图规则和构造详图(现浇混凝土框架、剪力墙、梁、板)[S]. 北京：中国建筑标准设计院，2016.

[6] 国家建筑标准设计图集.16G101—2 混凝土结构施工图平面整体表示方法制图规则和构造详图(现浇混凝土板式楼梯)[S]. 北京：中国建筑标准设计院，2016.

[7] 国家建筑标准设计图集.16G101—3 混凝土结构施工图平面整体表示方法制图规则和构造详图(独立基础、条形基础、筏形基础、桩基础)[S]. 北京：中国建筑标准设计院，2016.

工程设计图纸目录及选用标准图集目录

工程名称 ___办公大厦___ 工程编号 ___GLD16-01___ 工程造价 _____ 万元

项目名称 ___办公大厦___ 建筑面积 _____ 出图日期 ___年 月 日___

目 录

序号	图 号	图 名	图纸型号	序号	图 号	图 名	图纸型号
\multicolumn{4}{结 构}							

<table>
<tr><td colspan="4" align="center">结　　构</td><td colspan="4"></td></tr>
<tr><td>序号</td><td>图　号</td><td>图　名</td><td>图纸型号</td><td>序号</td><td>图　号</td><td>图　名</td><td>图纸型号</td></tr>
<tr><td>1</td><td>结施-01</td><td>结构设计总说明(一)</td><td></td><td></td><td></td><td></td><td></td></tr>
<tr><td>2</td><td>结施-02</td><td>结构设计总说明(二)</td><td></td><td></td><td></td><td></td><td></td></tr>
<tr><td>3</td><td>结施-03</td><td>结构设计总说明(三)</td><td></td><td></td><td></td><td></td><td></td></tr>
<tr><td>4</td><td>结施-04</td><td>基础结构平面图</td><td></td><td></td><td></td><td></td><td></td></tr>
<tr><td>5</td><td>结施-05</td><td>-0.100梁平法施工图</td><td></td><td></td><td></td><td></td><td></td></tr>
<tr><td>6</td><td>结施-06</td><td>3.800梁平法施工图</td><td></td><td></td><td></td><td></td><td></td></tr>
<tr><td>7</td><td>结施-07</td><td>7.700~11.600梁平法施工图</td><td></td><td></td><td></td><td></td><td></td></tr>
<tr><td>8</td><td>结施-08</td><td>15.500、19.600梁平法施工图</td><td></td><td></td><td></td><td></td><td></td></tr>
<tr><td>9</td><td>结施-09</td><td>-0.100板平法施工图</td><td></td><td></td><td></td><td></td><td></td></tr>
<tr><td>10</td><td>结施-10</td><td>3.800板平法施工图</td><td></td><td></td><td></td><td></td><td></td></tr>
<tr><td>11</td><td>结施-11</td><td>7.700、11.600板平法施工图</td><td></td><td></td><td></td><td></td><td></td></tr>
<tr><td>12</td><td>结施-12</td><td>15.500、19.600板平法施工图</td><td></td><td></td><td></td><td></td><td></td></tr>
<tr><td>13</td><td>结施-13</td><td>-3.650~-0.100剪力墙、柱平法施工图</td><td></td><td></td><td></td><td></td><td></td></tr>
<tr><td>14</td><td>结施-14</td><td>-0.100~19.600墙体、柱平法施工图</td><td></td><td></td><td></td><td></td><td></td></tr>
<tr><td>15</td><td>结施-15</td><td>剪力墙柱表</td><td></td><td></td><td></td><td></td><td></td></tr>
<tr><td>16</td><td>结施-16</td><td>一号楼梯平法施工图</td><td></td><td></td><td></td><td></td><td></td></tr>
<tr><td>17</td><td>结施-17</td><td>二号楼梯平法施工图</td><td></td><td></td><td></td><td></td><td></td></tr>
<tr><td></td><td></td><td></td><td></td><td></td><td></td><td></td><td></td></tr>
<tr><td></td><td></td><td></td><td></td><td></td><td></td><td></td><td></td></tr>
<tr><td></td><td></td><td></td><td></td><td></td><td></td><td></td><td></td></tr>
<tr><td></td><td></td><td></td><td></td><td></td><td></td><td></td><td></td></tr>
<tr><td></td><td></td><td></td><td></td><td></td><td></td><td></td><td></td></tr>
<tr><td></td><td></td><td></td><td></td><td></td><td></td><td></td><td></td></tr>
<tr><td></td><td></td><td></td><td></td><td></td><td></td><td></td><td></td></tr>
<tr><td></td><td></td><td></td><td></td><td></td><td></td><td></td><td></td></tr>
<tr><td></td><td></td><td></td><td></td><td></td><td></td><td></td><td></td></tr>
<tr><td></td><td></td><td></td><td></td><td></td><td></td><td></td><td></td></tr>
<tr><td></td><td></td><td></td><td></td><td></td><td></td><td></td><td></td></tr>
<tr><td></td><td></td><td></td><td></td><td></td><td></td><td></td><td></td></tr>
<tr><td></td><td></td><td></td><td></td><td></td><td>日期</td><td>内容摘要</td><td>经办人</td></tr>
<tr><td></td><td></td><td></td><td></td><td>作废</td><td></td><td></td><td></td></tr>
<tr><td></td><td></td><td></td><td></td><td>变更</td><td></td><td></td><td></td></tr>
<tr><td></td><td></td><td></td><td></td><td>记录</td><td></td><td></td><td></td></tr>
</table>

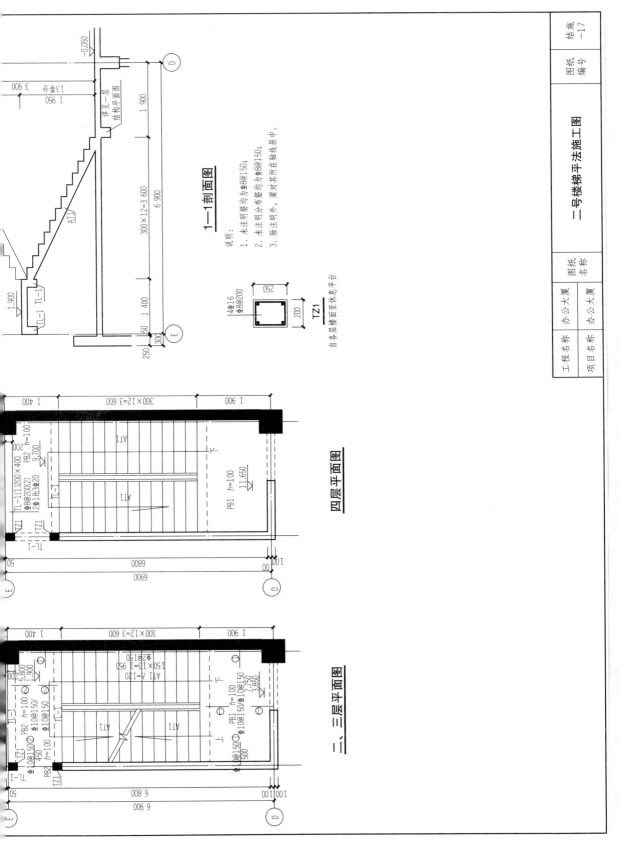

1—1剖面图

说明：
1. 未注明分布筋均为Φ8@150；
2. 未注明分布筋均为Φ8@150；
3. 除注明外，梁对其所在轴线居中。

TZ1

自各层楼面至休息平台

四层平面图

二、三层平面图

| 工程名称 | 办公大厦 | 图纸名称 | 二号楼梯平法施工图 | 图纸编号 | 结施 -17 |
| 项目名称 | 办公大厦 | | | | |

7·

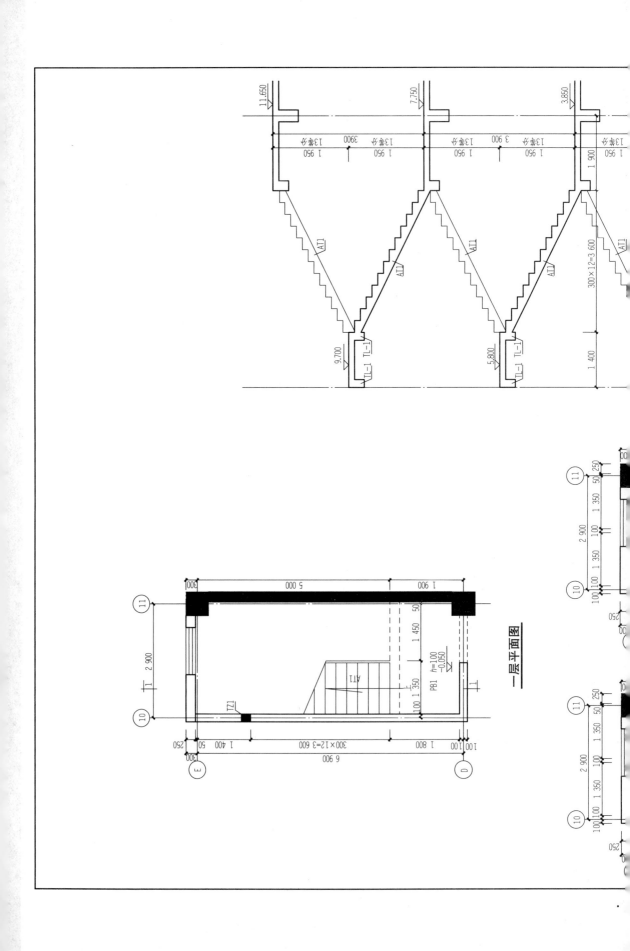

一层平面图